健康养殖技术问答丛书

牛羊兔

健康养殖技术问答

（上）

主　编：肖光明　江为民

编写人员：向　静　陈凯凡　谭美英　文乐元
　　　　　谭军强　吴交明　王建湘

湖南科学技术出版社

图书在版编目(CIP)数据

牛羊兔健康养殖技术问答/肖光明主编.——长沙:湖南科学技术出版社,2008.1

(健康养殖技术问答丛书)

ISBN 978－7－5357－5075－4

Ⅰ.牛… Ⅱ.肖… Ⅲ.①养牛学一问答②羊一饲养管理一问答③兔一饲养管理一问题 Ⅳ.

S83－44 S826－44 S29.1－44

中国版本图书馆 CIP 数据核字(2008)第 0048786 号

牛羊兔健康养殖技术问答(上)

主　　编:肖光明　江为民

责任编辑:彭少富

出版发行:湖南科学技术出版社

社　　址:长沙市湘雅路 276 号

　　　　　http://www.hnstp.com

湖南科学技术出版社天猫旗舰店网址:

　　　　　http://hnkjcbs.tmall.com

印　　刷:唐山新苑印务有限公司

　　　　　(印装质量问题请直接与本厂联系)

厂　　址:河北省玉田县亮甲店镇杨五侯庄村东 102 国道北侧

邮　　编:064101

出版日期:2017 年 10 月第 1 版第 3 次

开　　本:850mm×1168mm　1/32

印　　张:4.5

书　　号:ISBN 978－7－5357－5075－4

定　　价:35.00 元(共两册)

序

20世纪90年代中后期以来，国际上对健康养殖的研究已经涉及养殖生态环境的保护与修复、养殖系统内部的水质调控、病害生物防治技术、绿色兽药研发、优质饲料技术、健康种质资源与育种技术以及产品质量安全等多个领域，这些研究有的已经获得成果和实质性应用，如日本的有益微生物群(Effective Microorganisms，简称EM)技术、澳大利亚的微生物生态防病技术、美国的封闭式养殖系统水质调控技术及无特定病原体对虾育种技术等；有的研究如养殖容量限量与环境修复技术等取得了阶段性成果，受到广泛的关注。我国健康养殖研究也正在蓬勃兴起，如中科院淡水渔业中心对池塘动力学、微生物生态学的研究等，取得了可喜的成果。这些研究必将把养殖业推向一个崭新的发展时代，健康养殖就是这个时代发展的主题。

关于健康养殖，我认为其主要内涵可概括为"安全、优质、高效与无公害"，首先是产品必须安全可靠、无公害，能为社会所广泛接受；其次是养殖方式应该高效、可持续发展；再次是资源利用应该良性循环。因此，我们在实施健康养殖过程中，安全高效是目的。安全高效既包括生产的安全，不因养殖过程而减产，又包括产品的安全，不因产品质量而减收；养殖环境改造是关键。总的来说，养殖业既不能受到环境的污染，也不能对环境造成新的危害，要保持养殖对象自身最合适的生态环境；保障养殖对象的健康是重点，要筛选成熟的健壮无病、抗逆性强的养殖品种，投喂能满足健康生长需求的饲料，加强用药管理，生态防治病害等；选择适宜的养殖模式是基础，根据不同动物的生理特性，以无公害养殖生产标准为基础，开展混养轮养等生态养殖，保持良好的空间环境、水体环境和生态环境。

我国健康养殖方兴未艾，各级党委、政府非常重视，2007年中央"一号文件"就明确指出，建设现代农业的过程，就是改造传统农业、不断发展农村生产力的过程，就是转变农业增长方式、促进农业又快又好发展的过程，提出转变养殖观念，调整养殖模式，发展健康养殖，并将发展健康养殖业作为健全发展现代农业产业体系的重要措施。农业部为全面贯彻落实中央"一号文件"精神，决定实施发展现代农业"十大行动"，坚持用科学发展观指导今后一个时期农业的发展，把健康养殖作为促进养殖业增长方式转变的重要举措，要求在全国积极开展健康养殖示范区创建活动，推广生态健康养殖理念、养殖方式和生产管理技术，全面提升养殖产品质量安全水平，促进养殖业的可持续发展。

湖南省畜牧水产技术推广站站长、研究员肖光明同志主编的《健康养殖丛书》，一共有九册，内容涉及了生猪、牛、羊、兔、鸡、鸭、鹅、特种经济动物和淡水鱼、泥鳅、黄鳝、虾、蟹、龟、鳖、蛙，以及宠物、观赏鱼等，基本涵盖了养殖业生产的常见种类。丛书以最新的无公害养殖生产标准和无公害、绿色、有机畜禽水产品标准为规范，针对养殖生产中的关键环节，全面、系统地阐述了健康养殖技术。在该丛书即将出版之际，我荣幸地先睹为快。

该丛书内容新颖实用，表述生动活泼，语言通俗易懂，紧扣健康主题，切合生产实际，能带给读者新的理念，传给读者新的信息，授给读者新的技术,特别是作者选择一问一答的编撰方式,深入浅出,一看就懂,一学就会,一用就灵,很适合农民群众的阅读口味,是推广普及健康养殖新技术难得的教科丛书,值得广大农业科技推广、管理、教学人员和养殖生产者学习参考。

中国工程院院士

2013 年 5 月

前言

　　饲料和畜产品质量安全问题是制约我国畜牧业,特别是草食动物持续健康发展的两大关键因素。一方面,畜牧业的发展对粮食有很大的依赖性,虽然我国粮食产量位居世界前列,但由于人口众多,人均占有粮食并不多,若将大量粮食留作饲料粮,就会造成畜与人争粮的紧张局面。世界上许多发达国家的肉食主要来源于草食动物,如美国的肉食中 73% 由草转化而来,澳大利亚约 90%,新西兰接近 100%,而我国只有 6%~8%,其余 90% 依靠粮食转换而来。因此,如何解决饲料问题就成为当前畜牧业发展的重要问题。国家提出要大力发展草食动物生产,是"节粮型"畜牧业的主要内容,是对人畜争粮问题的破解,利于改善人们膳食结构,具有重大的战略意义。另一方面,畜产品质量安全问题正逐步成为消费者对动物源性食品的首要追求和争夺国内外市场的第一商业要素。我国是畜牧业大国,但畜产品在国际市场上占有的份额却相对较小,肉类产品的质量与国际标准有较大的差距;同时,由于滥用药物以及疫病造成的产品质量安全问题,影响了消费者的信心。

　　有鉴于此,作者编写了《牛羊兔健康养殖》一书,有针对性地从养殖品种、养殖方式与设施、养殖环境、饲料与药品、疾病防治、产品初加工、产品质量安全、产品运输、产品检疫、无害化处置,以及养殖经营管理等方面,遵循无公害、绿色、有机农产品生产的要求,对如何生产优质安全的草食动物产品进行一问一答,言简意赅,是广大农民脱贫致富必不可少的技术用书。

由于时间和水平有限,书中如存在错误和不当之处,敬请专家和读者批评指正。

编　者

2013 年 5 月

目　　录

第一章　奶牛的健康养殖技术

第二章　肉牛的健康养殖技术

第一章　奶牛的健康养殖技术

1. 什么是奶牛的健康养殖？

奶牛健康养殖是指在保护生态环境健康和农村村容整洁的前提下，按照国家对养殖业生产所制定的法律法规要求，对奶牛进行标准化生产，不断获取无病原残留和药物残留的安全优质牛奶的一种生产方式。它涵盖了资源持续利用、生态环境保护和奶产品安全等方面的科学范畴。具体包括农村清洁化的奶牛养殖区域规划和养殖小区建设，牛粪尿无害化、资源化的生物处理技术的应用，奶牛疫病的科学防控技术的应用，以及奶牛养殖过程中的标准化控制措施四个方面的内容。奶牛的健康养殖是我国社会主义新农村建设的一项重要内容。

2. 目前我国奶牛养殖生产中存在哪些问题？

目前，我国奶牛养殖主要存在以下方面的问题：一是奶牛品种整体水平不高。我国牛群整体质量与世界先进水平存在很大差距，良种奶牛种源不足，当今国际主要良种牛——荷斯坦良种奶牛比重不足 1/3。奶牛平均产奶量较低，全国每头奶牛平均年产量不足 3500 千克，而发达国家已达 6000～8000 千克，最高已达 14000 千克以上。二是产业化水平不高。一方面我国奶牛多为分散饲养，产业化组织程度低，相当一部分生产者没有与加工企业建立牢固而稳定的联结关系。另一方面，我国大部分乳品企业都没有形成自己稳定的奶源生产基地。在奶牛饲养比较集中的地区，往往存在着盲目建设乳品加工企业，争奶源、争奶牛饲养户的现象严重。三是奶牛疫病防治难度大。奶牛分散饲养造成疫病控制措施难以到位,加之奶牛在地区间流动量增加,疫病传播的风险加剧。滥用药物的情况还比较严重,部分牛奶药残超标。四是牛奶质量安全监督任务艰巨。目前各地手工挤奶比重过大,原料奶质量难以控制。在质量检测方面,第三方检测机制不够健全,质量检测体系还不完善。同时,在保鲜、储运、包装等环节不尽规范,也影响了鲜奶及乳制品的质量。五是饲料饲草生产和加工滞后。专用饲草饲料,特别是青绿饲料和优质牧草不足,奶牛饲养所需的工业饲料及其加工水平不适应生产发展的需求,大部分奶牛仍然处于随意喂养的状况。

3. 奶牛健康养殖的紧迫性、必要性及意义是什么？

我国奶牛生产的标准化体系建设起步较晚,奶牛疾病控制手段相对落后,疫病对奶牛生产的威胁大,一些病原微生物对牛奶的污染较为严重。同时,由于在奶牛饲养过程中,常常大量使用抗生素来预防和治疗疾病,因此,抗生素对奶产品的污染十分严重,奶产品的质量安全令人担忧,因此,发展奶牛的健康养殖已经迫在眉睫。

发展奶牛的健康养殖,有利于推广奶牛的标准化生产,在为人们供应健康的奶产品、保持良好的养殖生态环境、促进村容整洁等方面显得十分必要,而且意义重大。

4. 奶牛健康养殖的关键环节有哪些？

奶牛健康养殖主要包括以下三个关键环节:一是科学选择和规划奶牛养殖的场地,科学设计和建设好奶牛舍。二是按照奶牛养殖技术规范进行标准化养殖,正确选择、使用安全无公害的饲料和兽药,禁止使用违禁药品,防止饲料和兽药中有毒有害成分在鲜奶中残留超标。同时确保奶牛饮水符合标准要求。三是科学搞好奶牛粪便的生物治理和达标排放,确保奶牛养殖区的环境不受污染,并实现粪污的资源化。

5. 我国奶牛养殖业面临怎样的机遇与挑战?

一方面,国外奶牛的生产率水平高,奶牛的标准化生产体系已经日趋完善,奶产品的质量优势明显。另一方面,由于欧盟等国家的技术质量标准的限制,特别是日本的"肯定列表制度"自 2006 年 5 月 29 日实施以来,对农业化学品在食品中残留限量的规定更加苛刻,给我国奶业生产带来了严重的挑战。但是,中央"一号文件"提出了要大力推广健康养殖模式,加大了对畜牧业生产支持和动物产品质量安全规范管理的力度,又给我国的奶业的健康生产带来了前所未有的机遇。

6. 国家对奶牛的养殖有哪些政策支持?

(1)法律政策支持体系日趋完善。国家相继出台了《草原法》、《动物防疫法》、《兽药管理条例》、《饲料和饲料添加剂管理条例》、《畜牧法》、《农产品质量安全法》等专业法规,制定了无公害食品奶牛生产技术标准,标志着我国奶牛生产进入了法制轨道。

(2)完善补贴支持政策。国家加大了对奶牛良种进行补贴的政策,鼓励奶农户积极改良奶牛品种或引进良种奶牛,提高奶牛生产效率。

7. 国家对奶牛的健康养殖有哪些标准和规范?

目前,国家对奶牛的健康养殖已经发布了一套完整的无公害养殖技术标准和规范,这些标准和规范包括:《无公害食品　牛奶加工技术规范》、《无公害食品　奶牛饲养管理准则》、《无公害食品　奶牛饲养饲料使用准则》、《无公害食品　奶牛饲养兽医防疫准则》、《无公害食品　奶牛饲养兽药使用准则》等,此外,我国还制定了有关绿色食品牛奶的相关标准。

8. 影响牛奶产品安全性的主要因素有哪些?

(1)疫病的影响。如奶牛结核病、布氏杆菌病等,容易对奶产品造成污染。

(2)化学品污染。如使用违禁药物或药物残留超标等。

(3)饲养环境的污染。牛饮用水质差以及饲料质量低劣等因素的影响。

9. 养牛场(户)为什么要进行标准化养殖?

标准化是农业产业化的前提,是农产品加工的基础;没有标准化,产品质量就不可能迅速提高,就无法应对加入 WTO 带来的挑战。实施标准化养殖,一是可以让老百姓吃上放心食品,有助于国民健康;二是可以应对入世所带来的各种挑战,提升我国食品生产加工贸易量,增强市场竞争力;三是可以指导市场实现优质优价,促进生产、加工、销售一体化进程,提高养牛业的效益;四是可以保护生态环境,使养牛业生产走向可持续的健康发展道路。

10. 国外奶牛健康养殖的现状及发展方向如何?

近些年来,国外奶牛养殖业的发展已经从数量型向质量型方向转变。除法国、荷兰、意大利和大多数发展中国家的奶牛数量有增长以外,美国、瑞典、挪威等畜牧业发达国家,奶牛生产已经从数量发展模式向追求质量和单产的方向发展。2000 年,美国的奶牛头数已经由 1981 年的 1091.9 万头减少到了 750 万头,但是,单产则提高了 45%~63%,即由 5510 千克提高到 8000~9000 千克,目前,牛奶单产最高的国家已经达到了 14000 千克以上。同时,奶牛业发达的国家,其标准化管理体系也已经十分完善,奶牛生产的质量管理严格,奶产品的质量安全水平高。

随着人类经济的不断发展,世界奶牛养殖业也将进一步得到发展。奶牛发展将更进一步重视对黑白花等高产奶牛品种的选择和培育,并且将更加重视乳脂率和乳蛋白质含量的提高。奶牛业发展良好的国家,将从数量和质量并举的发展方向转为以质量提高为主的发展方向。

11. 国内奶牛健康养殖的现状与发展方向如何?

改革开放以来,我国政府十分重视奶牛生产的发展,积极引进国外奶牛良种,推广奶牛人工授精技术,成立奶牛育种协作组织,开展奶牛联合育种及开展种公牛后裔测定,不断改良奶牛品种,改善饲养管理,提高奶牛生产效率,使我国奶牛业得到了较好的发展。2004年,我国奶牛总量已经达到1000万头,人均拥有奶牛量由2002年的1/186头提高到1/130头,但是,还远低于美国的1/28头。国内奶牛单产水平也逐年有所提高。1983年上海牛奶公司称奶牛单产达到6889千克,到2004年,奶牛单产实现了8000千克。

但与一些发达国家和地区相比,我国奶牛业发展还存在较大的差距。除了奶牛单产水平偏低、黑白花奶牛数量不足、标准化管理水平低以外,一个不容忽视的问题就是奶牛疾病防治技术体系严重落后于奶牛养殖业的发展需要,疾病发生率较高,严重影响了奶牛的生产性能和牛奶的卫生质量。

我国奶牛养殖业的发展方向应着重放在良种奶牛的培育和平均产奶量的提高以及奶牛标准化生产等方面,要加大对奶牛疾病的控制力度,通过发展奶牛的健康养殖,不断提高我国奶产品的卫生质量,提高人们的健康水平。

12. 为促进我国奶牛养殖业的健康发展,应采取哪些对策和措施?

首先,应加强对奶业发展的统筹,避免盲目性。对奶业发展,国家应由有关部门牵头进行统筹,并制定出一个科学的发展规划。在产业发展指导中,应强调目前我国奶牛养殖首要的问题是提高劳动生产率和生产水平,而不是迷信"存栏数",盲目扩大养牛规模。

二是对奶业发展进行经济上、政策上和技术上的扶持。要借鉴美国、加拿大、印度、墨西哥等国家的经验，在奶业发展的初期，国家要建立经济上和政策上的扶持，帮助奶农建设基础设施，在市场较差时给予相应的经济补助等。加拿大政府一直到 2000 年才停止了对相关项目的资助，但政府每年还投入大量的研究经费解决奶牛生产中的技术问题。

三是加强奶业立法和制标工作，建立健全符合我国国情并与国际接轨的奶业法规和标准体系，并且要加强监察力度，从根本上杜绝乳制品行业中的欺诈行为。另外，在制定标准时必须考虑保护民族奶业健康发展。

四是对奶农实施价格补贴政策。尽管从 20 世纪 90 年代开始，奶业被列入了国家重点支持的产业，各地也采取了一些优惠政策和扶持措施，但由于认识不到位，对奶业的实际支持总是显得雷声大雨点小。因此，建议我国借鉴发达国家保护奶农利益的做法，对奶农实行价格补贴政策，以规避奶业生产风险。

13. 奶牛的健康养殖对场地的选择要符合哪些原则？

场地的选择要符合当地土地利用发展规划和村镇建设发展规划。距离居民区、厂矿、企业、其他牧场、畜产品加工厂至少 1000 米以上。地势高燥、平坦、易于排水；背风向阳、空气流通、光线充足；丘陵山地建场时应选阳坡；附近无污染源。场区土壤质量符合 GB 15618 的规定。距离交通要道至少 1000 米以上。电力供应方便，通讯基础设施良好。附近有充足的清洁水源，取用方便。

在以下地段不得建场：水源保护区、旅游区、自然保护区、环境严重污染区、畜禽疫病常发区、山谷洼地等易受洪涝威胁地段。肉牛和山羊健康养殖对场地的选择也要符合以上原则。

14. 怎样从环境的角度选择奶牛生产场址？

根据奶牛健康养殖生产对产地环境的要求，选择奶牛场址应与当地自然资源条件、气象因素、农田基本建设、交通规划、社会环境等相结合。①地势平坦干燥、背风向阳,排水良好,地下水位 2 米以下;山区丘陵坡度不应大于 25°。②地形开阔整齐,理想的是正方形或长方形,尽量避免狭长形和多边角。③水源水量充足,未被污染,水质应符合 NY 5027—2001 畜禽饮用水水质标准,并易于取用和防护。④较理想的土壤是沙壤土。⑤位置与环境的选择应符合 NY/T 388 畜禽环境质量标准。四周幽静,无污染源影响牛场。交通、供电、饲料供应方便,同时牛场也不对居民区造成污染。牛场附近噪音不应超过 90 分贝;不应有肉联、皮革、造纸、农药、化工等有毒、有污染危险的工厂,应远离交通要道和居民区 1000 米以上。有一定面积的饲料地,以解决青饲料所需。⑥气象因素:我国幅员辽阔,南北气温相差较大,应减少气象因素的影响。如北方不要将牛场建于西北风口处。

15. 奶牛场应符合哪些防疫条件?

奶牛场四周需建设围墙、防疫沟,并建有绿化隔离带。牛场入口处设车辆强制消毒设施。生产区、生活管理区、隔离区严格隔离,生产区前后出入口设人员更衣室、消毒室,人员跨区作业时均应严格消毒。生产区的运输工具要专用,尽量不让其他区域的运输工具进入生产区,必要时应经过强制消毒后方可进入生产区。病死牛只处理应符合 GB 16548 的规定。

16. 怎样规划奶牛场?

(1)规划牛场应遵循的原则。①在满足需要的前提下,要节约用地,不占或少占耕地。②考虑今后的发展,应留有余地。③尽量利用自然条件,为防疫卫生,管理联系以及实现机械化创造方便。④要有利于环境保护。

(2)分区规划。①生活区:是职工和家属常年生活和休息的场所,为了职工的卫生和健康,应规划在地势较高处的上风向。②管理区:应与生产区隔开,但应靠近生产区。③生产区:是集中奶牛和生产的区域,一般在生活区和管理区的下风向。

17. 奶牛场的建筑物有哪些？

奶牛场建筑物有奶牛舍、饲料库、干草棚及草库、青贮窖或青贮池、兽医室及病牛隔离舍、办公室和职工宿舍等。

18. 怎样布局奶牛场建筑物？

为提高工作效率，奶牛场各建筑物在功能关系上应统一协调，功能相同的建筑物应尽量靠近、集中。为保障卫生防疫、防火、采光、通风需要，建筑物应有一定的间隔。供电、供水、饲料运送路线应尽量缩短，以利节约投资。

布局要求：①牛舍应平行整齐排列，两墙端之间距离在 15 米以上。②数栋牛舍排列时，每栋前后距离应视饲养头数所占运动场面积大小来确定。成乳牛运动场面积每头不少于 20 平方米；青年牛和育成牛不少于 15 平方米；犊牛不少于 8～10 平方米。③车库、料库、饲料加工房应设在场门两侧，以方便出入。④散放饲养时，成乳牛休息棚应靠近挤奶厅（台）。⑤奶库应靠近成乳牛舍或挤奶厅（台）。⑥兽医室、病牛舍建于其他建筑物的下风向。⑦配种室应靠近成乳牛舍，为工作联系方便不应与兽医室距离太远。⑧青贮窖、干草棚应建于安全、卫生、取用方便之处。⑨粪尿池、污水池应建于场外下风向。

19. 怎样设计和建筑奶牛舍？

（1）主要结构。①基础：要求有足够的强度和稳定性，必须坚固，以防下沉和不均匀下陷，使建筑物发生裂缝和倾斜。②墙壁：维持舍内温度及卫生。牛舍墙壁要求坚固结实、抗震、防水、防火，并具良好的保温与隔热特性，同时要便于清洗和消毒；一般多采用砖墙。③屋顶：主要作用是防雨水、风沙侵入，隔绝太阳辐射。要求质轻、坚固耐用、防水、防火、隔热保温；能抵抗雨雪、强风等外力因素的影响。屋顶常见的形式有以下几种：单坡式：只有一个坡向，跨度小，有利于采光，适于单列牛舍。双坡式：有两个坡向，跨度大,保温性能好,适于双列式牛舍。联合式:与单坡式相似,只后墙上部屋顶多一短檐,起防雨、保温、挡风的作用。钟楼式或半钟楼式:是在双坡式屋顶上开单侧或双侧天窗,以利于通风和采光。④地面:牛舍地面要求致密坚实,不硬不滑,温暖有弹性,易清洗消毒。地面质量的好坏,关系着舍内的卫生状况。地面主要用来设置牛床、中央通道、饲料通道、饲槽、颈枷、粪尿沟等。大多数地面采用水泥,其优点是坚实,易清洗消毒,导热性强,夏季有利散热。缺点是缺乏弹性,冬季保温性差。⑤门:牛舍门高不低于 2 米,宽 2.2～2.4 米,坐南朝北的牛舍东西门对着中央通道,百头成年乳牛舍通到运动场的门不少于 2～3 个。牛舍门应向外开,以便于牛只进出、饲料运送、清除粪便等。门上不应有尖锐突出物,靠地面不应设台阶和门槛。⑥窗:主要用来通风换气和采光。窗户面积与舍内地面面积之比,成乳牛为 1:12,小牛为 1:(10～14)。一般窗户宽为 1.5～2 米,高 2.2～2.4 米,窗台距地面 1.2 米。窗户越大越有利于采光,但冬季在严寒地区应注意增加保温措施。窗户采光的强弱受入射角、透光角、玻璃透明度及舍内反光面的影响而有不同,故玻璃应常保持清洁,舍内墙壁应刷成白色。

(2)不同牛舍的建筑要求

1)舍饲拴系饲养方式:

①成年奶牛舍:多采用双坡双列式或钟楼、半钟楼式双列式。双列式又分对头式与对尾式两种。前者牛只易互相干扰、飞沫乱溅,不利于防疫保健、清除粪便和观察生殖器官,只是方便饲喂。后者除不便于饲喂外,克服了上述缺点,故一般多采用对尾式。每头成乳牛占用面积 8～10 平方米,跨度 10.5～12 米,百头牛舍长度 80～90 米。牛床长 1.6～1.8 米,宽 1～1.15 米,斜度 1%～1.5%。中央通道宽 2～2.4 米,拱度 1%。饲料通道宽 1.2～1.5 米。饲槽多采用低于饲料通道地面的统槽,上宽 0.6～0.7 米,下宽 0.5～0.6 米,深 0.4～0.5 米,前有一定坡度,后高出牛床 0.2～0.25 米。颈枷多采用自动或半自动推拉式,高 1.5～1.7 米,宽 0.12～0.18 米。颈枷要求坚固、灵敏、操作简便。粪尿沟宽 0.3～0.4 米,深

0.05～0.08米,两边沿应呈斜形以免损伤牛蹄。

②青年牛、育成牛舍:大多采用单坡单列敞开式。每头牛占用面积6～7平方米,跨度5～6米。牛床长1.4～1.6米,宽0.8～1米,斜度1%～1.5%。颈枷、通道、粪尿沟、饲槽等可根据牛群品种、个体大小及需要,参阅成牛奶牛舍的尺寸决定。

③犊牛舍:多采用封闭单列式或双列式。牛床长1～1.2米,宽0.6～0.8米。颈枷高1.2～1.4米,宽0.08～0.1米。饲槽可采用低于饲料通道地面的统槽,上宽0.4～0.5米,下宽0.3～0.4米,前有一定坡度,后高出牛床0.15～0.2米。双列式时中央通道为1.8～2米,饲料通道1.2～1.5米。单列式时清粪道为1.5米。粪尿沟宽0.2～0.3米,深0.05～0.08米,边沿切成斜状。

2)散放饲养方式:散放饲养节约劳力和投资,除挤奶厅(台)和贮乳间建筑质量要求较高外,牛舍建筑都较简单。精饲料集中于挤奶厅(台)饲喂,粗料均在运动场或休息棚设槽(或架)自由采食。在国外普遍采用这种方式,比传统的舍饲方式更适合奶牛的生态习性。

①挤奶厅(台):设有通道、出入口、自由门等,主要方便奶牛进出。挤奶厅(台)常见的有坑道鱼骨式、转盘式,也有管道式。

②自由休息牛栏:一般建于运动场北侧,每头牛的休息牛床用85厘米高的钢管隔开,长1.8～2米,宽1～1.2米,牛只能躺卧不能转动,牛床后端设有漏缝地板,使粪尿漏入粪尿沟。寒冷地区冬季在床上铺褥草取暖,褥草应常翻晒、更换以保持清洁。自由牛栏的房舍形式可采用单列敞开式,屋顶跨度应长,以遮阳和防雨,运动场设自动饮水槽。散放饲养的泌乳牛应分群(组),固定于一栋或一组牛栏,使每一群(组)成一个单元,挤奶时有秩序地进入挤奶厅(台),这样利于每一群(组)统一饲喂和管理。

20. 奶牛舍的附属设施有哪些?

(1)运动场:是奶牛活动和休息的地方,要求平整干燥,排水良好。运动场应随时修整,避免泥泞。靠近牛舍的一端应较高(坡度为 1.5％），其余三面是排水沟。运动场周围设有高 1～1.2 米的围栏，栏柱间隔 1.5 米，围栏必须坚固。运动场设的补饲槽和饮水槽周围应铺设 2～3 米宽坡度向外的水泥地面，使水向外流出。运动场内的凉棚应为南向，棚顶应隔热防雨，每头牛占用面积不少于 5 平方米。

（2）消毒池：设在场门口，应坚实，能承受出入车辆的重量，长、宽以常出入车辆的车轮间距和车轮周长而定，一般长不少于 4 米，宽 3 米，深 0.1 米，消毒药液应维持经常有效。人员来往在场门两侧应设紫外线消毒走道。

21. 奶牛对生活环境条件有哪些要求？

（1）温度。奶牛适宜温度标准为大牛 5℃～31℃，小牛 10℃～24℃。为控制适宜温度，炎夏应搞好防暑降温，严寒应搞好防寒保温。

（2）湿度。奶牛用水量大，舍内湿度会高，故应及时清除粪尿、污水，保持良好通风，尽量减少水汽。湿度大的牛舍利于微生物的生长繁殖，使牛易患湿疹、疥癣等皮肤病，气温低时，还会引起感冒、肺炎等疾病。所以，舍内相对湿度应控制在 50％～70％为宜。

（3）气流（风）。夏季气流能减少炎热，而冬季气流则加剧寒冷，所以在冬季舍内的气流速度不应超过 0.2 米/秒。低温潮湿的气流，易引起奶牛发生关节炎、肌腱炎、神经炎、肺炎等病，严重时，还会使奶牛瘫痪。

（4）光照。光照对调节奶牛生理功能有很重要的作用，缺乏光照会引起生殖功能障碍，出现不发情。牛舍一般为自然采光，夏季应避免直射光，冬季为保持牛床干燥，应使直射光射到牛床。

（5）灰尘。应尽量减少灰尘的产生，尽量不让灰尘进入牛舍。

（6）噪声。噪声大会引起牛奶产量下降，甚至还会引起早产、流产。噪声应控制在 90 分贝以内。

（7）有害气体卫生指标。氨（NH_3）浓度不应超过 0.0026％，硫化氢（H_2S）不应超过 0.00066％，一氧化碳（CO）不应超过

0.00241%,二氧化碳。(CO_2)不应超过 0.15%。除 CO_2 外,其他均为有毒有害气体,超过卫生指标许可,则会给奶牛带来严重损害。CO_2 虽为无毒气体,但牛舍内含量过高,说明卫生状况极差,奶牛的健康也会受到影响,使奶牛生产能力下降。

22. 奶牛场应配备哪些检测设备及器具?

一般的奶牛场,应配备疾病诊疗、计量检测等方面的设备和器具。常用的临床诊疗设备有疫病快速检测卡、体温表、注射器等。此外,应配备磅秤、量尺等常用计量检测设备。

23. 奶牛场饮用水的卫生要求及防止污染的措施有哪些?

饮水是奶牛获得水营养的重要来源。因此,奶牛场的饮用水,应该符合 NY 5027 畜禽饮用水水质标准,保持畜禽饮用水的清洁卫生。

为了确保奶牛饮用水不受污染,奶牛场首先要选择一个洁净的水源,如地下井水或无污染的清洁河水。水井的位置要避免在低洼沼泽和易积水的地方,水井周围 20～30 米内不得设置厕所、污水粪坑、有害物质及生活垃圾堆等,水井周围 3～5 米内设置为水源卫生防护地带,禁止洗衣服、倒污水或让家畜接近。洁净河水的取水点应在污水排放口、牧场、码头的上游,20～30 米内不得设置厕所、污水粪坑、有害物质及生活垃圾堆,切实保护水源不受污染,从而保证水源水质良好。

24. 奶牛场对空气质量有什么要求?

奶牛的呼吸、排泄以及排泄物、垫料等的腐败分解,使牛舍空气中二氧化氮增加,同时产生一定量的氨、硫化氢等有害气体及臭味。这些有害气体含量过高,会严重影响奶牛的食欲、健康和生长。根据要求,奶牛舍空气中的各种有害气体含量不能超过规定标准,其中每立方米空气中氨气浓度应小于 20 毫克,硫化氢浓度小于 8 毫克,二氧化氮浓度小于 1500 毫克。因此,封闭式奶牛舍要经常注意通风换气,及时排除奶牛舍内各种有害气体,保持舍内空气新鲜。

25. 奶牛场存在哪些污染?

奶牛场的污染主要有粪尿、污水、废弃物、甲烷、二氧化碳等。奶牛每天消费大量的饲料、饲草,产生大量的粪便排泄物。如 1000 头规模的奶牛场日常粪尿 50 吨,每天产生的污水达 250～300 吨。这些粪尿和污水处理不当,会严重污染周围的环境。腐败、变质的饲料产生异味,奶牛的瘤胃在发酵过程中产生的甲烷和二氧化碳气体也由奶牛通过嗳气排出体外,所有这些气体都影响饲养人员的工作环境和周围大气环境,也是不可忽视的污染。此外,在奶牛生产中,为了预防与治疗奶牛疾病,常使用抗生素等药物,由此而导致的代谢产物在牛体内的残留,也可能通过牛奶危害人类的健康。因此,必须采取综合有效的措施,控制奶牛场的各种污染。

26. 如何防止奶牛场污水污染?

奶牛场每天清洗牛舍、牛体以及其他用具,消耗大量用水,同时也产生了大量的污水。据不完全统计,一个百头奶牛场每天产生的污水达 25～30 吨,这些污水如果不经过处理,会污染周围的环境。

奶牛场的污水可以利用人工湿地,通过微生物与水生植物的共生互利作用使污水净化;也可以通过消毒净化池使污水得到净化;还可以采用固液分离与理化处理方法而得以净化利用。固液分离的处理方法可将分离出的固体物用作有机肥料,而分离出的污水排入沉淀池,沉淀后的污水再排入汽化池或混凝剂处理池、酸化池处理。三级池净化处理后,最后排入鱼塘而得到净化。经过这样的处理,可以将水的化学耗氧量从 15 000 毫克/升降到 160～200 毫克/升。但这种处理工艺流程较长,占地面积大,工程投资费用高。

为了减少和防止奶牛场废水污染,应大力提倡节约用水和循环水再利用。因此,要注意提高奶牛场冲洗水的使用效率,减少干净水进入粪便处理系统,如将来自屋檐和地面的雨水与粪便处理系统分开排泄。对排水道用水泥硬化,防止污废水渗透污染。

27. 如何防止奶牛场气体污染?

奶牛场在生产过程中,由奶牛的粪便等废弃物产生一些有气味的混合气体,直接散发到牛场周围,不仅影响奶牛的健康和生产性能,也影响居民健康和环境保护。因此,必须控制奶牛场产生的有害气体。奶牛场产生的有害气体成分较多,主要有氨和硫化氢。

在奶牛场,氨主要是由细菌和酶分解粪尿产生的。根据空气采样测定,氨含量少时为 6～35 毫克/升,氨含量高时多达 150～350 毫克/升。氨可以溶解或吸附在潮湿的地面、墙壁和奶牛的黏膜上。长期处于低浓度氨的环境,奶牛体质变弱,采食量下降,产奶量下降。新鲜粪便中的含硫有机物可以厌氧降解,在通风良好的牛舍,硫化氢浓度可以控制在 10 毫克/升以下。如果通风不良或管理不善,硫化氢浓度显著增加,甚至达到使奶牛中毒的剂量,轻者影响产奶量,严重会导致死亡。

为了减轻奶牛场气体污染的危害,可以在饲料或垫料中添加一些除臭剂。奶牛生产中应用较多的是在饲料中添加沸石粉,它可以选择性地吸附胃肠中的细菌及氨、硫化氢、二氧化碳等有害气体。同时,由于它的吸水作用,可以降低牛舍内空气湿度和粪便水分,可使氨气浓度降低 30% 以上。

28. 如何防止奶牛场粪便污染?

随着养牛业生产规模化、集约化地迅速发展,产生了大量的粪便,如果控制与处理不当,不但直接造成对环境的污染,粪便还产生臭气及滋生蚊蝇,影响周边环境。所以,奶牛粪便对环境造成的污染也日益加剧。防止奶牛场粪便污染主要通过以下几个途径:

①生产和使用环保型饲料。饲料是污染的源头,奶牛采食量

大,饲料中未被消化吸收利用的氮、磷和金属元素等随粪便排出,可导致严重的环境污染。通过合理处理饲料原料,科学设计饲料配方,合理使用奶牛饲料添加剂等,可显著提高饲料利用率,从而有效地降低奶牛粪便中氮、磷和金属元素含量,减少对环境的污染。

②经济有效的粪便贮存与处理,是防止奶牛场粪便污染的重要措施。奶牛场的粪便处理有多种方法,主要是土地还原法、厌气发酵法、人工湿地处理和生态工程处理等。牛粪的主要成分是粗纤维以及蛋白质、糖类和脂肪类等物质,它们在环境中易分解,可以被土地稀释和扩散,逐渐得到净化。将牛场粪尿进行厌气发酵生产沼气,不仅可以净化环境,而且可以获得生物能源。同时,通过发酵后的沼渣、沼液把种植业、养殖业有机结合起来,形成一个多次利用、多层增值的生态系统。目前许多国家采用这种方法处理奶牛粪便。

29. 如何对养牛场粪便进行无害化处理?

牛场粪便无害化处理方法包括生物发酵还田、生物处理制作有机肥、生物处理用作畜禽饲料、粪尿沼气处理等方法。这些处理方法符合减量化、清洁化、资源化的原则。

具体而言,牛舍内实行人工捡粪,要求每日清粪两次,用捡粪车装粪经污道运送到粪便处理场进行集中生物处理,发酵生产优质高效的生物有机肥,或者直接经过堆积发酵作肥料使用。牛尿和没有捡尽的粪渣可经污道排入沼气池进行发酵利用,沼气水排出后再经二级沉淀后达标排放。

30. 如何对病死牛进行无害化处理?

对于因疫病原因需要扑杀的奶牛,应在当地兽医行政主管部门指定的地点进行规范性扑杀,传染病奶牛尸体要按照国家《畜禽病害肉尸及其产品无害化处理规范》(GB 16548)进行处理。病死牛尸体不得随意丢弃于野外,以免造成传染病原的扩散和疫病流行。有使用价值的病牛，应予以隔离饲养和积极治疗，病愈后方能归群。

31. 世界上有哪些优良的奶牛品种？

世界上奶牛品种大多数是在西欧国家培育而成，如原产于荷兰以产量高而闻名于世的荷斯坦奶牛；英国培育的有以乳脂著称的娟姗牛，有抗逆性较强（抗热、抗病等）的更赛牛、爱尔夏牛等。

热带、亚热带地区如印度、巴基斯坦特有的奶水牛，在我国华南、西南地区也有一定量饲养。同时，世界各地也培育了一些产奶性能相对较好的乳肉兼用品种。如瑞士的西门塔尔牛、我国的三河牛等。此外，我国青藏高原有养牦牛挤奶人饮的习惯。

世界上培育的奶牛品种很多，近年来各国为了提高奶牛的生产水平，都在优选品种。目前各国饲养的奶牛品种以荷斯坦奶牛为当家品种，使奶牛的品种日趋单一化与大型化。荷斯坦奶牛具有产乳量高，产乳的饲料报酬高，生长发育快等特点，受到各国奶牛饲养者的喜爱，在奶牛中饲养的比例不断增加，其他奶牛品种日渐减少。在美国、日本，荷斯坦奶牛占饲养奶牛总数的 90％以上，英国占 64％，荷兰、新西兰、澳大利亚等国都是以发展荷斯坦奶牛为主。

32. 在我国适宜养殖什么品种的奶牛？

由于我国的奶牛饲养量少，牛奶总产量和单产与发达国家比较存在很大的差距，所以，我国仍处在奶牛养殖的快速发展期。就全国来讲，大力养殖产奶量高的荷斯坦奶牛应是大多数饲养者的第一选择。在北方地区，由于夏季相对炎热持续时间短，适宜奶牛饲养的时间长，因此，可以选择饲养个体大、产奶量高的乳用型荷斯坦奶牛；在我国南方地区，则宜选择耐热性相对较好、抗病力较强的乳肉兼用型荷斯坦奶牛。

我国华南、西南地区夏季大多持续炎热、潮湿，荷斯坦奶牛往往难以适应，造成疾病增加，产奶量下降，繁殖困难。因此，在这些地区,可以结合饲养水牛的习惯,充分利用当地大量的水牛资源,发展奶用水牛生产,或用奶用水牛与我国的水牛杂交,生产牛奶,这是发展我国牛奶生产,特别是解决南方部分地区奶源缺乏的一条可行的途径。

我国目前饲养的奶牛除产奶量平均水平相对较低外,牛奶的乳脂率亦较低,荷斯坦牛的乳脂率通常只有 3%～3.4%,而我国食品工业对奶油的需要量很大,人们对牛奶营养成分的要求也越来越高。对出口的乳制品,我国生产的荷斯坦牛奶含脂率往往达不到规定的指标。所以,也可以引进饲养乳脂率含量高、抗逆性较好的娟姗牛。

33. 如何选购奶牛?

(1)外貌体形观察。我国现在饲养的绝大多数奶牛,都是我国育成的中国荷斯坦奶牛(又称黑白花奶牛)。该品种奶牛好坏主要从以下几方面进行判断:

①体形。高产奶牛的个体外貌是毛色黑白花(也有很少部分是红白花),体格强壮,体形呈三角形,后躯发达,尻部方正,外貌清秀,毛短,皮薄且富于弹性。我国有些地方用黑白花奶牛与本地牛进行杂交,外貌尽管还表现为黑白花,但其体形明显较小,三角形体形也不明显,生产性能很低,所以要避免选择那些体格小、尻部尖斜的低产杂种牛。

②乳房。乳房是奶牛产奶的重要器官。高产奶牛的乳房体积大且结构匀称,与身体附着好,大而不下垂,乳房弹性较好,挤奶前后体积变化大,挤奶前乳房充盈,挤奶后变得柔软,并形成许多皱纹,这种乳房腺体组织发达,乳静脉大而明显,乳井大,生产能力较高。而低产奶牛的乳房各乳区大小不均匀,乳房附着性较差,乳房悬垂,乳房表面静脉不明显,乳井小,乳房大但弹性差,挤奶前后体积差别不大。习惯把这种乳房称为"肉质乳房",产奶能力差。还有的奶牛乳房很小,显然产量不会太高。另外还要注意乳头的形状和长短,是否便于机器挤奶。

③蹄部。购牛时要仔细观察牛的步态和蹄形,蹄形异常的牛常有肢蹄病。对于圈舍饲养的奶牛,肢蹄病很易发生,会直接影响奶牛的产奶性能和使用期限。

④精神状态和食欲。健康的奶牛一般眼睛明亮有神,食欲良好,皮毛光亮,身体发育良好,步态轻盈。有病的奶牛眼睛无神,有时弓背,头顶柱子,喜卧,皮毛散乱,发育不良等。

(2)年龄和胎次的选择。判断牛的年龄主要依据牛的牙齿。选购奶牛尽量选初产到 5 岁左右的牛。正常情况下,奶牛在 1.5～2 岁时初配,3 岁前产第一胎,为尽可能利用奶牛的生产年限,使养牛得到效益,要尽可能买 5 岁以内的牛,最好是头胎奶牛。

(3)详细的妊娠检查。为了购得一头健康、生产能力好的奶牛,一般都要做一次详细的妊娠检查,确定是否怀孕和怀孕时期,因为在奶牛群体中约有 7% 的牛存在繁殖障碍。如养殖场有详细的妊娠记录,则要认真检查;否则一定要请专业技术人员进行妊娠检查。

总之,购买奶牛需要一定的专业技术知识。所以养殖户最好聘请专业技术人员帮助挑选,以购买到健康良好、无疾病、生产能力高的奶牛。

34. 荷斯坦牛有何品种特性和生产性能?

荷斯坦牛产于荷兰,也称荷兰牛,因其毛色为黑白花片,俗称黑白花牛。荷斯坦牛因适应性强而输出到世界各国,经过各国的不断培育,出现了一定差异,培育成各具特点的荷斯坦奶牛。

外貌特征:纯乳用型,体格高大。成年母牛体形清秀,结构匀称,皮下脂肪少,前望、上望、侧望均呈楔形,后躯发达,乳静脉粗大而多弯曲,乳房发达且结构良好;被毛较细短,毛色为黑白花或红白花,额部多有白星,鼻镜宽广,颌骨坚实,前额宽而微凹,鼻梁平直。成年公牛体高 147 厘米,母牛 137 厘米,公牛成年体重 900～1200 千克,母牛 650～750 千克。性成熟年龄:12 月龄。适配年龄15～18 月龄。平均单产 6000～8000 千克,乳脂率 3.64%～3.7%。

适应性能良好,乳用型明显,适合机器挤奶,遗传稳定,很多地区均可饲养,抗病力强,饲料报酬率高。

35. 中国荷斯坦牛有何品种特性和生产性能？

中国荷斯坦牛原名"中国黑白花牛",于 1992 年更名为"中国荷斯坦牛",是我国饲养奶牛的当家品种,是利用引进国外各种类型的荷斯坦牛与我国的黄牛杂交,并经过长期的选育而形成的一个品种,这也是我国唯一的奶牛品种。该品种分布于全国各地,以黑龙江、内蒙古、甘肃、新疆等北方草原地区数量为多。中国荷斯坦牛多属于乳用型,具有明显的乳用型牛的外貌特征。

(1)外貌特征。体格高大,结构匀称,头清秀,皮薄,皮下脂肪少,被毛细、短,后躯较前躯发达,乳房大而丰满,乳静脉粗而且弯曲。侧望体躯呈楔形,毛色为明显的黑白花片。额部有白星,腹下、四肢下部及尾帚为白色。成年公牛体高 143～147 厘米,体重 900～1200 千克;成年母牛体高 130～145 厘米,体重 600～750 千克。

(2)生产性能。一般年平均产奶量为 4500～6000 千克,乳脂率为 3.6%～3.7%。

中国荷斯坦牛按体形分大、中、小三个类型。大型:主要是用从美国、加拿大引进的荷斯坦公牛与本地母牛长期杂交和横交培育而成。特点是体形高大,成年母牛体高可达 136 厘米以上。中型:主要是利用从日本、德国等引进的中等体形的荷斯坦公牛与本地母牛杂交和横交而培育成,成年母牛体高在 133 厘米以上。小型:主要利用从荷兰等欧洲国家引进的兼用型荷斯坦公牛与本地母牛杂交,或利用北美荷斯坦公牛与本地小型母牛杂交培育而成。成年母牛体高在 130 厘米左右。

自 20 世纪 70 年代初以来,由于冷冻精液人工授精技术的广泛推广,各省、市、自治区的优秀公牛精液相互交换,以及奶牛饲养管理条件的不断改善,以上三种类型的奶牛的差异也在逐步缩小。

我国幅员辽阔,各地的饲料种类、气候条件和饲养管理水平差异很大,因此,中国荷斯坦牛在各地的表现也不相同,从总体上看对高温气候条件的适应性较差。据报道,在黑龙江省,当气温上升到 28℃ 时,其产奶量明显下降,但当气温降到 0℃ 以下时,其产奶量没有明显的变化。武汉地区在 6~9 月份高温季节,产奶量明显下降,且影响繁殖率,7~9 月份是发情受胎最低的月份。在广州地区每年 7~8 月份的产奶量比 3~4 月份的产奶量低 22.7%,因此,在夏季高温季节,要注意遮阴降温和保持牛舍及运动场的通风。

36. 娟姗牛有何品种特性和生产性能?

娟姗牛原产于英吉利海峡的娟姗岛。该牛体形小,头小而清秀,额部凹陷,两眼突出,乳房发育良好,毛色为不同深浅的褐色。成年公牛体重 500~700 千克,母牛体重 350~450 千克。娟姗牛性成熟较早,一般 16 月龄便开始配种,较耐热。年平均产奶量为 3500 千克左右,乳脂率平均为 5.5%~6%,乳脂色黄而风味好。

37. 草原红牛与新疆褐牛各有何品种特性和生产性能?

我国培育的草原红牛和新疆褐牛均属于乳肉兼用型品种,这两种牛的共同特点是适应性强,体格健壮,抗病力强,发病率低,耐粗饲,并适合放牧。

草原红牛的原产地是内蒙古草原,是用乳肉兼用型的短角牛与当地蒙古牛杂交培育而成。牛全身被毛紫红色或红色,部分牛的腹部或乳房有小片白色。草原红牛的体格较小,但产肉性很好,在完全放牧的条件下,18 月龄的体重达 320 千克,屠宰率为 50.8%,净肉率 41%。

新疆褐牛是用纯种褐牛和含有褐牛血统的阿拉乌塔牛对本地黄牛进行长期的杂交改良,经长期选育而形成的乳肉兼用型品种,主要产于新疆的伊犁和塔城的牧区和半农半牧区,现分布于新疆的天山南北。新疆褐牛有角,向侧前上方弯曲,呈半椭圆形,角稍直,呈深褐色。头顶、角基部、嘴巴周围和背线呈灰色或黄白色。

眼睑、鼻镜、尾尖和蹄壳呈深褐色。成年母牛体高 121.8 厘米,体重 430.7 千克。在完全放牧的条件下,秋季 2.5 岁的公牛体重 323.5 千克,屠宰率 50.5%,净肉率 38.4%。

草原红牛和新疆褐牛的产奶性能随着饲养条件不一样,变异很大。在纯放牧条件下,冬春季节适当补饲干草、青贮饲料和精料,第二胎 213 天平均产乳量为 1495 千克,平均乳脂率为 4.03%。新疆褐牛以舍饲为主加放牧,第三胎以上 298 天的产乳量为 3420 千克,乳脂率为 4.03%~4.08%。

38. 奶水牛有哪些品种? 各有何品种特性和生产性能?

世界上奶水牛主要分为印度水牛、巴基斯坦水牛两大类。我国先后引进了河流型乳肉兼用型水牛品种(包括印度的摩拉水牛和巴基斯坦的尼里拉菲水牛)进行饲养,对中国本地沼泽型水牛进行杂交改良,发挥了良好的作用。

摩拉水牛原产于印度的雅么纳河西部,俗称印度水牛。1957 年引进我国,我国南方各省均有饲养,现分布于广西、湖南、广东、四川、安徽、湖北、云南、江苏、河南、江西、陕西、贵州、福建、浙江等地。摩拉水牛抗病能力强,耐粗饲,少有疾病发生。

摩拉水牛体形高大,四肢粗壮,体形呈楔形,尻扁斜,皮薄而软,富光泽;被毛稀疏,皮肤被毛黝黑,少数为棕色或褐灰色,尾帚白色或黑色,头较小,前额稍微突出,角向后上内卷曲呈螺旋状,耳薄下垂,胸深宽发育良好,蹄质坚实。母牛乳房发育良好,乳静脉弯曲明显,乳头粗长。成年牛平均体高 132.8 厘米,成年公牛体重 450~800 千克,母牛体重 350~750 千克。

摩拉水牛是较好的乳用水牛品种,年平均产奶量 2200~3000 千克,乳脂率 7.6%。它与我国本地水牛杂交的杂种较本地水牛体形大,生长发育快,役力强,产奶量高。该牛具有耐粗饲,耐热,抗病能力强,繁殖率高,遗传稳定的优点,但集群性强,性情较敏感,下奶稍难,宜在水源多的地方饲养。

用摩拉水牛与本地水牛进行杂交，可大幅度提高杂交后代的生产性能。我国本地水牛泌乳期产奶量约 700 千克，摩杂一代水牛平均泌乳期产奶量 1400～1600 千克，三品杂或杂二代可达 1900 千克，优秀个体 305 天产奶量达 3800 千克，高峰泌乳日达 19.5 千克。杂种公水牛 2 岁达 400～500 千克，经肥育的青年公牛屠宰率为 52%，净肉率达 43%，产肉量是本地同龄水牛的 2 倍。

尼里拉菲水牛属河流型乳用水牛品种。主产于巴基斯坦旁遮普省，印度旁遮普州也有分布。成年公、母牛体重分别为 900 千克和 700 千克左右，平均一个泌乳期泌乳量为 1800～2000 千克，最高日产 13.4 千克，乳脂率 7% 以上。屠宰率 50%～55%，净肉率 41.3%。我国从巴基斯坦引进，用以改良中国水牛，效果显著。现分布于华南、西南、华中、华东的许多地方。

39. 如何对奶牛进行品种改良？

对于奶牛的品种改良，我们通常采用引进国外的高产奶牛良种的冷冻精液，对地方奶牛进行人工授精，通过大量繁殖杂交奶牛，促使产奶性能不断提高，从而实现改良国内奶牛品种的目的。

40. 奶牛的采食特性是什么？

（1）采食时不经过仔细咀嚼。上颌无门齿，采食时不经过仔细咀嚼即将饲料咽入瘤胃内，易将混入饲料中的异物误食入瘤胃内，引起创伤性网胃炎或心包炎。

（2）不能啃食过矮的草。牧草高度低于 5 厘米时，放牧的牛不易吃饱。

（3）有竞食性，在自由采食时互相抢食。

41. 奶牛喜欢摄食哪些饲草？

奶牛喜欢摄食的饲草种类包括优质干草、青贮饲料、块根和青绿多汁饲料等饲草。青绿多汁饲料不仅适口性好，而且还能促进消化液的充分分泌，从而提高其他饲料的利用效率。

42. 奶牛不同阶段有何饲养标准?

奶牛不同阶段饲养标准见表1.1～表1.7。

表1.1　　　　　成年牛维持的营养需要标准

体重(kg)	350	400	450	500	550	600	650	700
干物质(kg)	5.02	5.55	6.06	6.56	7.04	7.54	7.93	8.44
奶牛能量单位（NND）	9.17	10.13	11.07	11.97	12.88	13.73	14.59	15.43
产奶净能（MJ）	28.79	31.8	34.73	37.57	40.38	43.10	45.77	48.41
可消化粗蛋白质(g)	243	268	296	317	341	364	386	408
粗蛋白质(g)	374	413	451	488	524	559	594	628
钙(g)	21	24	27	30	33	36	39	42
磷(g)	16	18	20	22	25	27	30	32
胡萝卜素(mg)	37	42	48	53	58	64	69	74
维生素5（1000单位）	15	17	19	21	23	26	28	30

表1.2　　　　成年母牛干奶期的营养需要标准(维持＋妊娠)

体重(kg)	350	400	450	500	550	600	650	700
干物质(kg)	8.7	9.22	9.73	10.24	10.72	11.20	11.67	12.13
奶牛能量单位（NND）	15.78	16.80	17.73	18.66	19.53	20.40	21.26	22.09
产奶净能（MJ）	49.54	52.72	55.65	58.54	61.30	64.02	66.70	69.33
可消化粗蛋白质(g)	505	530	555	579	603	626	648	670
粗蛋白质(g)	777	815	854	891	928	963	997	1 031
钙(g)	45	48	51	54	57	60	63	66
磷(g)	25	27	29	32	34	36	38	41
胡萝卜素(mg)	67	76	86	95	105	114	124	133

体重(kg)	350	400	450	500	550	600	650	700
维生素 A (1 000 单位)	27	30	34	38	42	46	50	53

表 1.3　　　　泌乳牛对干物质、蛋白质、纤维素和碳水化合物的需要量

名　称	单　位	日泌乳量(kg)			
		25	35	45	54.4
干物质进食量	千克	20.3	23.6	26.9	30
日增重	千克	0.5	0.3	0.1	0~0.2
泌乳净能	兆/天	27.9	34.8	41.8	48.3
	兆卡/千克	1.37	1.47	1.55	1.61
蛋白质					
代谢蛋白质(MP)	克/天	1 862	2 407	2 954	3 476
日粮中 MP	%	9.2	10.2	11	11.6
瘤胃降解蛋白质(RDP)	克/天	1 937	2 296	2 639	2 947
甘粮中 RDP	%	9.5	9.7	9.8	9.8
过瘤胃蛋白质(RUP)	克/天	933	1 291	1 677	2 089
日粮中 RUP	%	4.6	5.5	6.2	6.9
粗蛋白质	%RDP＋%RUP	14.1	15.2	16	16.7
纤维和碳水化合物					
中性洗涤纤维	至少%	25~33	25~33	25~33	25~33
酸性洗涤纤维	至少%	17~21	17~21	17~21	17~21
非纤维碳水化合物	最大%	36~44	36~44	36~44	36~44

表 1.4　　　　每产 1 千克不同乳脂率的奶的营养需要

乳脂率(%)	2.5	3.0	3.5	4.0	4.5
干物质(千克)	0.31~0.35	0.34~0.38	0.37~0.41	0.40~0.45	0.43~0.49
NND	0.80	0.87	0.93	1.00	1.06
产奶净能(MJ)	2.51	2.72	2.93	3.14	3.35
DCP(g)	44	48	52	55	58
CP(g)	68	74	80	85	89

乳脂率(%)	2.5	3.0	3.5	4.0	4.5
钙(g)	3.6	3.9	4.2	4.5	4.8
磷(g)	2.4	2.6	2.8	3.0	3.2

表 1.5　　　　　　　　后备母牛营养需要

阶段	月龄	达到体重 (kg)	净能 (NND)	干物质 (kg)	粗蛋白质 (g)	钙(g)	磷(g)
哺乳期	0	35~40	4.0~4.5	—	250~260	8~10	5~6
犊牛期	3	85~90	5.0~6.0	2.5~2.8	350~400	16~18	10~12
	6	155~170	8.0~9.0	3.6~4.5	540~580	22~24	14~16
发育期	12	302	12~13	5.0~6.0	600~650	30~32	20~22
	15	360	13~15	6.0~7.5	650~720	35~38	24~25
育成期	初产	532	18~20	9.0~11	750~850	42~47	28~34

表 1.6　　　　　　　　泌乳牛对矿物质营养的需要量

名　　称	日泌乳量(kg)			
	25	35	45	54.4
可吸收钙(g/d)	52.1	65	76.5	88
日粮钙(%)	0.62	0.61	0.67	0.6
可吸收磷(g/d)	44.2	56.5	68.8	80.3
日粮磷(%)	0.32	0.35	0.36	0.38
镁(%)	0.18	0.19	0.2	0.21
氯(%)	0.24	0.26	0.28	0.29
钾(%)	1	1.04	1.06	1.07
钠(%)	0.22	0.23	0.22	0.22
硫(%)	0.2	0.2	0.2	0.2
钴(mg/kg)	0.11	0.11	0.11	0.11
铜(mg/kg)	15.7	15.7	15.7	15.7
碘(mg/kg)	0.6	0.5	0.44	0.4
铁(mg/kg)	12.3	15	17	18

名　　称	日泌乳量(kg)			
	25	35	45	54.4
锰(mg/kg)	14	14	13	13
硒(mg/kg)	0.3	0.3	0.3	0.3
锌(mg/kg)	43	48	52	55

表 1.7 　　　　　　泌乳牛对维生素的需要量

名　　称	日泌乳量(kg)			
	25	35	45	54.4
维生素 A(IU/d)	75 000	75 000	75 000	75 000
维生素 D(IU/d)	21 000	21 000	21 000	21 000
维生素 E(IU/d)	545	545	545	545
维生素 A(IU/kg)	3 685	3 619	2 780	2 500
维生素 D(IU/kg)	1 004	864	758	680
维生素 E(IU/kg)	27	23	20	18

43. 奶牛饲料六大营养成分都含有哪些物质?

奶牛饲料含有水分、粗灰分、粗蛋白、粗脂肪、粗纤维、无氮浸出物六大营养成分,所含的物质见表 1.8。

表 1.8 　　　　　　饲料六大成分含有的物质

成　　分	包含的物质
水　　分	水(及挥发性酸及碱)
粗灰分	必需元素:钙、钾、镁、钠、磷、氯、铁、锰、铜、钴、碘、锌、钒、砷、硅、钼、硒、铬、氟、锡、镍 非必需元素:钛、铝、硼、铅
粗蛋白	蛋白质、氨基酸、胺、含氮糖苷、糖脂、B 族维生素、核酸
粗脂肪	脂肪、油、蜡、有机酸、色素、胆固醇、维生素 A、维生素 D、维生素 E、维生素 K

成　分	包含的物质
粗纤维	纤维素、半纤维素、木质素、果胶质等
无氮浸出物	纤维素、半纤维素、木质素、蔗糖、果聚糖、淀粉、果胶、有机酸、树脂、丹宁、色素、水溶性维生素

44. 奶牛健康养殖日粮配制的原则是什么？

日粮是指每头奶牛昼夜采食各种饲料的总量。它是根据饲养标准所规定的各种营养物质的种类和数量进行合理配比，人工配置成能满足奶牛营养需要的粮食。日粮配置的原则：①要根据饲养标准配置，而且把能量的需要量列为优先考虑的指标。②尽量选本地生产、价格低、来源广的饲料，以降低成本，增加收益。③日粮以青绿多汁饲料和青干草为主，不足的营养用精料补充。④饲料要多样化，使营养物质互补。⑤要求饲料的适口性好，且易消化。

奶牛常用饲料用量：麦麸不超过 25%，玉米、小麦等籽实不超过 75%，同一种饲料及其籽实和副产品不超过 75%，大豆饼、棉籽饼、菜籽饼等饼类不超过 25%，糖蜜不超过 8%，尿素 1.5%～2%。奶牛全价最低营养成分（风干计）：泌乳净能为每千克 5.02～6.69 兆焦，粗蛋白质为 12%～14%，粗纤维 15%～20%，钙为 0.5%～0.7%，磷为 0.4%～0.5%，粗料为体重的 1.5%～2%。一般每产 3 千克奶，饲喂 1 千克精料。

45. 怎样配制奶牛日粮？应注意什么？

奶牛日粮配置一般多采用试差法。方法是：①根据奶牛体重、产乳量、乳脂率等方面，从饲养标准表中查出各种营养每日的需要量。②根据当地的饲料供应情况，从饲养营养成分表中查出所用饲料含有营养成分的数量。③按奶牛的营养需要试配日粮。试配时先用青粗料、多汁饲料满足营养需要，不足部分则用精料补足。④将试配日粮与饲养标准进行对比。当试配工作初步完成后，即将试配日粮所含的各种营养物质量与饲料标准比较,找出各种营养成分的差异,根据其差进行调整。如试配日粮与饲养标准比较后,假设在能量方面少了 5 兆焦,而蛋白质则多了 23 克,此外钙磷比例也不恰当,磷比钙多了,于是就要调整。调整的方法是把能量饲料增加一些,把蛋白质饲料减少一些,另外再加一些含钙的饲料。调整后再进行计算,若还不符合饲养标准,就应再进行调整,一直到饲养标准基本相符,这个配方就算完成。但是还需要通过饲养实践来检验这个配方是否合理。如饲喂后奶牛产奶量不下降,每天都能吃完,体况也不发生变化,这个日粮才算真正配得合理,否则还要根据产奶量、体况等再进行调整。例如:体重 600 千克的奶牛,日产奶 25 千克的日粮配方(泌乳盛期)见表 1.9。

注意事项:

(1)严禁用发霉变质、冰冻和有毒的饲料。某一饲养阶段饲料种类要基本保持一致,不要突然改变饲料;根据不同饲养阶段的营养需要,控制使用精料,注意不要过量使用精料;冬季或早春不要喂冰冻饲料或饮冰水。

表 1.9　　奶牛(体重 600 千克、日产奶 25 千克)日粮配方

饲　料	给量(kg)	占日粮(%)	占精料(%)
豆　饼	1.6	4.5	16.2
植物蛋白粉	1.0	2.8	10.1
玉　米	4.8	13.5	48.5
麦　麸	2.5	7.1	25.2
谷　草	2.0	5.6	—
苜蓿干草	2.0	5.6	—
青贮料	18.0	50.8	—
食　盐	0.1	0.28	—
磷酸钙	0.3	0.85	—
胡萝卜	3.0	8.5	—
合　计	35.3	100	—

(2)饲料中的蛋白质、碳水化合物和脂肪含量不能过低或过高,应根据奶牛的营养标准,合理供给。

①蛋白质含量过低会出现营养不良,影响钙、磷吸收,促进骨软质的发生;产生不孕症、难产或怀孕母牛流产、产弱胎和死胎。蛋白质含量过高:蛋白质饲料价格高,饲喂过多蛋白质饲料,会提高饲养成本,降低生产效益;同时蛋白质饲料属于生理酸性饲料,喂量过多,在奶牛种公牛体内产生大量的有机酸,不利于精子形成。

②碳水化合物含量过低:诱发酮病;出现性周期紊乱、卵巢萎缩、持久黄体或卵泡囊肿,形成低脂肪乳;在蛋白质供应不足时容易发生营养不良症等。过高:特别是在高蛋白、高碳水化合物的日粮供给时易发生繁殖障碍,泌乳量下降,瘤胃酸中毒等。

③脂肪含量过低:产生营养不良症,出现脂溶性维生素缺乏症,形成消化不良、不孕等;发生皮肤干燥、发炎、生痂,甚至坏死;出现繁殖障碍、泌乳量下降等症状。过高:使卵巢发生脂肪变性,产生浸润,从而使实质部分发生萎缩,影响卵泡的形成和发育,产生不孕症;内分泌激素紊乱,促发酮病,导致泌乳量下降等。

46. 奶牛健康养殖常用饲料营养成分如何?

奶牛健康养殖常用饲料营养成分见表 1.10～表 1.12。

表 1.10　　　　　　　　奶牛常用饲料营养成分

饲料名称	干物质（%）	粗蛋白（%）	钙（%）	磷（%）	奶牛能量单位（个/kg）	可消化粗蛋白（g/kg）
甘薯蔓	13.0	2.1	0.20	0.05	0.22	13
苜蓿	20.2	3.6	0.47	0.06	0.36	22
野青草	25.3	1.7	—	0.12	0.40	10
玉米全株	27.1	0.8	0.09	0.10	0.49	5
玉米青贮（吉林）	25.0	1.4	0.10	0.02	0.25	8

饲料名称	干物质（%）	粗蛋白（%）	钙（%）	磷（%）	奶牛能量单位（个/kg）	可消化粗蛋白（g/kg）
玉米青贮	22.7	1.6	0.10	0.06	0.36	10
野干草	90.8	5.8	0.41	0.19	1.25	35
大麦草	90.9	4.9	0.12	0.11	1.17	14
稻草	90.0	2.7	0.11	0.05	1.04	7
小麦秸	90.0	3.9	0.25	0.03	0.99	10
玉米秸	90.0	5.8	—	—	1.21	18
大麦	88.8	10.8	0.12	0.29	2.13	70
高粱	89.3	8.7	0.09	0.28	2.09	57
小麦	91.8	12.1	0.11	0.36	2.39	79
玉米	88.4	8.6	0.08	0.21	2.28	56
大豆	88.0	37.0	0.27	0.48	2.76	241
黑豆	92.3	34.7	—	0.69	2.83	226
蚕豆	88.0	24.9	0.15	0.40	2.25	162
米糠	90.2	12.1	0.14	1.04	2.16	73
小麦麸	88.6	14.4	0.18	0.78	1.91	86
玉米皮	88.2	9.7	0.28	0.35	1.84	58
菜籽饼	92.2	36.4	0.73	0.95	2.43	273
豆饼	90.6	43.0	0.32	0.50	2.64	280
胡麻饼	92.0	33.1	0.58	0.77	2.44	215
花生饼	88.9	46.4	0.24	0.52	2.71	302
棉籽饼	89.6	32.5	0.27	0.81	2.34	211

说明：此表摘录自中国奶牛营养和饲养标准（2000）；表中数据指原样中营养成分含量。

表 1.11　　　　　奶牛常用蛋白质饲料和能量饲料的营养价值

饲料名称	干物质(%)	可消化总养分(%)	奶牛产奶净能(MJ/kg)	奶牛能量单位(kg)	粗蛋白质(%)	非降解蛋白质(%)	可降解蛋白质(%)	粗脂肪(%)	粗纤维(%)	无氮浸出物(%)	粗灰分(%)
玉　米	86.0	79.9	7.66	2.44	8.0	52	48	3.3	2.1	71.2	1.4
大　麦	87.0	74.9	6.99	2.23	11.0	27	73	1.7	4.8	67.1	2.4
小　麦	87.0	78.7	7.48	2.39	13.9	22	78	1.7	1.9	67.6	1.9
小麦麸	87.0	62.9	6.23	1.99	15.7	29	71	3.9	8.9	53.6	4.9
大豆粕(浸提)	87.0	76.6	7.28	2.32	43.0	35	65	1.9	5.1	31.0	6.0
大豆饼(机榨)	87.0	71.5	7.87	2.51	41.0	35	65	5.7	4.7	30.0	5.7
膨化大豆	93.0	—	9.12	2.91	37.7	—	—	19.7			
棉籽饼(机榨)	88.0	57.9	6.82	2.17	40.5	43	57	7.0	9.7	24.7	6.1
亚麻粕(机榨)	88.0	71.3	7.06	2.25	34.8	35	65	1.8	8.2	36.6	6.6
芝麻粕(浸提)	92.0	62.2	7.82	2.49	39.2	30	70	10.3	7.2	24.9	10.4
啤酒糟	88.0	59.4	6.60	2.11	24.3	50	50	5.3	13.4	40.8	4.2
玉米胚芽粕(浸提)	90.0	66.6	6.35	2.03	20.8	22	78	2.0	6.5	54.2	5.9
玉米蛋白饲料	88.0	73.0	7.03	2.24	19.3	61	39	7.5	7.8	48.0	5.4
鱼粉(秘鲁产)	88.0	77.7	6.78	2.16	62.8	60	40	9.7	1.0	—	14.5

饲料名称	干物质（%）	可消化总养分（%）	奶牛产奶净能（MJ/kg）	奶牛能量单位（kg）	粗蛋白质（%）	非降解蛋白质（%）	可降解蛋白质（%）	粗脂肪（%）	粗纤维（%）	无氮浸出物（%）	粗灰分（%）
鱼粉（浙江产）	88.0	71.6	6.90	2.20	52.5	60	40	11.6	0.4	3.1	20.4
整粒棉籽	92.0	80.9	9.20	2.93	20.0	39	61	19.0	24.0	25.6	3.8
甜菜渣颗粒	90.0	64.6	6.21	1.97	9.3	34	66	1.0	18.0	57.5	4.2

表 1.12　奶牛常用青、粗饲料和矿物饲料的成分和营养价值

饲料名称	干物质（%）	可消化总养分（%）	奶牛产奶净能（MJ/kg）	奶牛能量单位（kg）	粗蛋白质（%）	非降解蛋白质（%）	可降解蛋白质（%）	粗脂肪（%）	粗纤维（%）	无氮浸出物（%）	粗灰分（%）
苜蓿干草	93.8	60.2	5.94	1.89	18.1	30	70	3.3	31.4	31.6	9.4
苜蓿草块（脱水）*	92.0	66.6	5.94	1.89	17.8	60	40	3.0	25.0	37.0	9.2
苜蓿草块（日晒）*	92.0	61.5	5.65	1.80	16.6	30	70	3.0	28.0	35.2	9.2
羊草	91.6	56.5	4.35	1.39	8.7	40	60	3.6	29.4	45.3	4.6
野干草	91.6	50.0	4.23	1.37	7.7	40	60	2.1	29.0	41.7	12.2
稻草	88.0	42.8	2.89	0.92	5.3	—		1.9	31.8	32.4	16.6
玉米秸（黄）	83.9	50.0	4.69	1.49	7.4	—		4.6	25.1	5.3	0.4
野青草	22.2	11.3	1.13	0.36	2.9	—		0.6	5.5	8.3	4.9
黑麦草	14.3	9.9	0.88	0.28	3.1	30	70	0.7	3.0	9.8	2.7
芜青	12.0	6.2	0.71	0.22	1.6	30	70	0.4	1.0	5.8	3.0
胡萝卜	16.8	8.9	1.38	0.44	1.7	—		0.7	2.2	9.1	2.8

饲料名称	干物质(%)	可消化总养分(%)	奶牛产奶净能(MJ/kg)	奶牛能量单位(kg)	粗蛋白质(%)	非降解蛋白质(%)	可降解蛋白质(%)	粗脂肪(%)	粗纤维(%)	无氮浸出物(%)	粗灰分(%)
青豌豆壳	11.9	7.8	1.09	0.35	2.3	—	—	0.3	2.8	5.8	0.7
玉米青贮	19.8	12.5	1.21	0.39	1.6	31	69	0.7	7.1	7.9	2.5
黑麦草青贮	27.6	16.7	1.97	0.63	2.6	22	78	1.2	6.2	18.4	3.7
芜青青贮	18.7	11.6	1.72	0.54	2.7	—	—	0.9	3.4	9.6	2.1
单飞粉	98.0	—	—	—	—	—	—	—	—	—	—
沸石粉	98.0	—	—	—	—	—	—	—	—	—	—
凹凸棒粉	98.0	—	—	—	—	—	—	—	—	—	—
骨　粉	92.0	—	—	—	—	—	—	—	—	—	72.0
碳酸氢钙	98.0	—	—	—	—	—	—	—	—	—	76.0
轻质碳酸钙	99.0	—	—	—	—	—	—	—	—	—	86.0

＊加拿大产

47. 不同体重的奶牛每头每天摄食多少配合饲料？

不同体重的奶牛每头每天配合料的喂量参考表 1.13。

表 1.13　　　不同体重的奶牛每头每天配合料用量(供参考)

奶牛体重(kg)	每头每天配合料用量(kg)
100～179	1.00
180～225	1.65
226～325	2.05
326～425	2.95
425 以上	3.90

48. 奶牛健康养殖对饲料中的有毒有害物质有何要求？

（1）饲喂奶牛的粗饲料，包括牧草、野草、青贮料、农副产品（藤、蔓、秸、秧、荚、壳）和非淀粉质的块根、块茎，应是在无公害食品生产基地中生产的，农药残留不得超过国家有关规定，无污染、无发霉、无变质、无异味的饲料。

（2）对配合饲料的原料，要求具有一定的新鲜度，在保质期内使用，发霉、变质、结块、异味及异臭的原料不得使用。

（3）对饲料添加剂的使用，应严格按照产品说明书规定的用法、用量使用；严禁使用违禁的饲料添加剂。

（4）禁止使用肉骨粉、骨粉、血浆粉、动物下脚料、动物脂粉、蹄粉、角粉、羽毛粉、鱼粉等动物源性饲料。

（5）合理使用微量元素添加剂，尽量降低粪尿、甲烷的排出量，减少氮、磷、锌、铜的排出量，降低对环境的污染。

肉牛健康养殖所用饲料也应符合以上要求。

49. 奶牛饲料中禁止使用哪些药物？

根据国家的有关规定，禁止在奶牛饲料中添加使用以下类别的药物及添加剂：禁止使用有致畸、致癌和致突变作用的兽药及添加剂；禁止在饲料及饲料产品中添加未经国家畜牧兽医行政管理部门批准的、《饲料药物添加剂使用规范》以外的兽药品种，特别是影响奶牛生殖的激素类药、具有雌激素样作用的物质、催眠镇静药和肾上腺素等兽药；禁止使用未经国家畜牧兽医行政管理部门批准作为兽药使用的药物；禁止使用未经国家畜牧兽医行政管理部门批准的用基因工程方法生产的兽药。

此外，禁止使用农业部 193 号公告中规定禁止使用的药物。

50. 奶牛有哪些饲养方式？

我国奶牛的饲养方式，常以拴系饲养方式为主。北美和西欧推广了散栏(即自由牛床)饲养、集中挤奶的饲养管理方式,有效地提高了牛奶的产量、乳脂率、繁殖率和劳动生产率,降低了奶牛乳房炎和蹄病的发生率。

51. 奶牛的养殖规模以多大适宜?

奶牛的养殖规模可以根据一个劳动力养殖奶牛的适宜头数而确定。一般而言,在奶牛养殖场或奶牛养殖小区内,一个劳动力以饲养管理 20 头奶牛为宜。单元式奶牛养殖小区内,可以设计建设 20 个奶牛生产单元,每个单元饲养 20 头奶牛,由一个专业养殖户饲养管理,整个小区的奶牛饲养规模达到 400 头,正好建一个集中挤奶厅。

52. 母牛选择什么时机配种为好?

准确掌握母牛发情的客观规律,适时配种,是提高受胎率的关键。母牛产后 45～60 天开始第 1 次发情。发情间隔时间一般为 18～21 天,发情多在午前,发情时母牛阴户肿胀、柔软而松弛,阴唇黏膜充血,潮红有光泽,阴户内流出黏液。最初流出的黏液为清亮透明样,可拉成丝,以后随时间延长逐渐变白而浓厚,具有牵缕性,有时带有少量的血样分泌物流出。因此,我们要选择这个时候给母牛配种或输精。

53. 怎样进行奶牛的人工授精配种操作?

对奶牛进行人工授精配种,最好的方法是直肠把握输精法。操作时将输精管平插入子宫颈内 5～7 厘米,然后慢慢注入精液,输精完毕后将输精管慢慢拉出,以防损伤母牛阴道或精液外流。

54. 犊牛饲养管理要点有哪些?

加强犊牛(0～6 月龄)的管理,供应合理的营养,是保证犊牛健康和提高成活率的关键。

(1)犊牛的营养需要:哺乳期 50～60 天,全期哺乳量 300～400

千克(含初乳),精料喂量 185 千克,干草喂量 170 千克。期末体重
达 155～170 千克。犊牛 3 月龄以前的培育方案见表 1.14,犊牛各
阶段的日粮营养需要见表 1.15。

表 1.14　　　　　　犊牛 3 月龄以前的培育方案

日龄或月龄	全奶(kg)		精料 (kg/d)	干草 (kg/d)	青贮料 (kg/d)
	日喂量	全期喂量			
0～5 天	4.0(初乳)	20	—	—	—
6～15 天	5.0	50	训食	训食	—
16～25 天	7.0	70	自由	自由	—
26～35 天	6.5	65	0.5～1.0	0.2～0.4	—
36～45 天	6.0	60	1.0～1.5	0.4～0.8	—
46～60 天	5.0	75	1.5～2.0	0.8～1.0	训食
2～3 个月	2.0	60	2.0～2.5	1.0～1.2	自由

表 1.15　　　　　　犊牛各阶段的日粮营养需要

阶段划分	月龄	预期体重 (kg)	能量单位 (NND)	干物质 (kg)	粗蛋白 (g)	钙(g)	磷(g)
哺乳期	0	35～40	4.0～4.5	—	250～260	8～10	5～6
	1	50～55	3.0～3.5	0.5～1.0	250～290	12～14	9～11
哺乳期	2	70～72	4.6～5.0	1.0～1.2	320～350	14～16	10～12
	3	85～90	5.0～6.0	2.0～2.8	350～400	16～18	12～14
断乳后	4	105～110	6.5～7.0	3.0～3.5	500～520	20～22	13～14
	5	125～140	7.0～8.0	3.5～4.4	500～540	22～24	13～14
	6	155～170	7.5～9.0	3.6～4.5	540～580	22～24	14～16

(2)犊牛的日粮要求。①哺乳期 5 天以内以喂初乳为主。犊
牛出生后 4～6 小时对初乳中的免疫球蛋白吸收力最强,故在生后

0.5～1小时饲喂初乳,每次喂量2千克。使其尽早获得母源抗体,提高其抗病力。②5天以后转喂常乳,并开始训练采食精料。③犊牛第7天开始采食干草,10天左右开始训练采食混合饲料。④随着日龄增长,精料量也相应增加,30日龄以后精料逐渐增加到1千克左右,6月龄以前增至2～2.5千克。⑤45天开始加喂青贮料。5～6月龄,青贮料平均每头日喂量3～4千克,优质干草1～2千克。日粮钙磷比不宜超过2∶1。

(3)饲喂注意事项。①及时喂初乳:犊牛出生后应立即饲喂初乳。②可用代乳品替代常乳:母牛产犊后7天所分泌的乳称为常乳,是犊牛的主要食物,用于犊牛初乳喂过后到断奶时的一段时间。为了降低饲养成本,也可用代乳品以取代部分或全部牛乳。优质代乳品粗蛋白含量应为24%～28%,脂肪含量为15%～20%,纤维素含量应少于0.5%。③发酵酸乳喂牛:将产后3～5天的母牛剩余初乳装在干净的塑料桶里或干净的镀锡奶罐里在10℃～24℃中放置而成。制作时至少应准备3个大贮存罐,一个装正在喂的酸乳,一个装发酵待喂的,一个装新鲜初乳,每喂完一罐,立即将贮存罐清洗干净。不同奶牛的初乳可以混合一起,每次加入新的初乳后应与罐内酸乳混合均匀,新鲜初乳中加1%丙酸,在32℃可保存3周,丙酸能使牛乳pH值降低到4.6,可抑制腐败菌生长,喂时应在1000千克酸乳中加0.5千克碳酸氢钠,以改善其适口性,乳房炎奶不得采用。④犊牛开食料:犊牛在7～10龄时开始吃干饲料,开食料只要能满足犊牛的能量、蛋白质和口味需要即可。同时,犊牛也能吃少量的青干草,以刺激瘤胃发育,此时可让犊牛自由采食优质的青干草。

(4)犊牛管理。①犊牛的生活环境应清洁、干燥、宽敞、阳光充足、冬暖夏凉。有条件的地方应做到单栏饲养。②喂奶要做到四定:定位、定时、定量、定人。每次喂完后要用干净的毛巾擦干嘴部,并不要急于解夹,须待牛的食欲反射消失之后。③牛出生后20～30日龄去角,务必要去干净。④按月龄、断奶情况分群管理。可分为哺乳犊牛群管理(0～3月龄)、断奶犊牛群管理(3～4月龄)、断奶后犊牛群管理(4~6 月龄),每日称体重一次。⑤满 6 月龄时称体重、测体长体高,转入育成牛群饲养。

55. 怎样健康饲养管理育成奶牛?

7 月龄至产犊前为育成阶段。育成牛需采食大量青饲料、青贮料和干草,营养不够时,要补喂一定量的精料,一般日喂量为 1.5~3 千克。

7~12 月龄是奶牛增长速度最快的阶段。基础饲料用干草、青草等,饲喂量以奶牛能吃饱为准,并适当喂给精料,视牛个体大小和粗料质量,每天精料用量为 1.5~3 千克。

12 月龄至初配,母牛消化器官已接近成熟,此时应喂给足够的青粗饲料,适当搭配少量精料(1~4 千克),以满足营养需要。

育成母牛受胎后,怀孕初期饲养与配种前无多大差异。但怀孕最后 4 个月要调整营养,尤其应注意维生素 A 和钙、磷的补充。精料喂量视膘情而定,应逐渐增加,一般为 4~6 千克,以适应产后大量饲喂精料的需要,但不宜过肥。

56. 怎样健康饲养管理干奶期奶牛?

干奶期(妊娠后期)指由停止挤奶至预产前 15 天,一般为 45 天。

(1)管理。干奶牛与产奶牛应分开单独(群)饲养,以免干奶牛贪食产奶牛的精料引发消化道疾病。为预防难产,干奶牛每天应在舍外活动 2~4 小时。

(2)饲养。由于泌乳停止,干奶牛需要营养减少,日粮应及时调整。干奶后 5~7 天乳房尚未变软,精料宜少喂;7 天后精料可适当增加,再过 5~7 天可按标准饲养。日干物质采食量应占母牛体重的 2.0%~2.5%(每千克干物质含产奶净能 5.43 兆焦,粗蛋白含量为 13%)。日粮以粗饲料为主,干草 3~5 千克,青贮料 10~12 千克,糟粕及多汁饲料 5 千克,精料 3~4 千克,切勿喂量过多,以免体况过肥,造成难产。干奶牛体况应保持中上等水平。为了解饲养效果,可于干奶后 20～25 天内评定一次体况。如体况过肥,则应减料,反之则应加料。

57. 怎样健康饲养管理围产期奶牛?

围产期指产前产后各 15 天。奶牛从妊娠后期,经历分娩、产后复原,从干奶到分泌初乳、常乳等生理变化,消化机能减弱,食欲差,是一个难养阶段,应特别细心。

(1)前期。产前奶牛转入产房管理,设专人护理,临产前产房彻底消毒,保持清洁卫生。日粮中精料喂量适当增加,但不宜过多,以免发生难产等不良后果。日干物质采食量占体重 2%～2.5%,每千克含产奶净能 6.27 兆焦,粗蛋白由 13% 提高到 15%,粗纤维不少于 20%。在乳热症多发牛群,产前两周改喂低钙日粮(钙、磷每日喂量为 50 克和 30 克),对预防酮病、乳热有良好效果,此外还应减喂食盐。产前 4～7 天,如乳房过度肿大,可减少或停喂精料和多汁饲料。产前 2～3 天,为防止便秘,精料可适当增加麸皮含量。在胎衣不下较多的牛群,产前 20 天可注射硒-维生素 E 制剂,有良好预防效果。

(2)接产。产房要保持安静,接产前对奶牛尾部及后躯用 0.1% 高锰酸钾溶液清洗消毒。母牛分娩是正常的生理过程,在人的监护下应尽可能使其自然分娩。但护理人员在接产前应做好准备,提供必要的助产设备,并注意观察分娩过程是否正常。如需助产应按产科要求进行检查和操作,尽量避免人为损伤和感染产道。母牛产后及时饮温麸皮汤,配方为温水 10 升,加麸皮 0.5 千克,食盐 50 克,搅拌后饲喂。犊牛生后严格断脐消毒,及时喂给初乳。在产后 6 小时内观察母牛产道有无损伤和出血,12 小时内观察母牛努责情况,24 小时内观察胎衣脱落情况。发现异常及时请兽医处理。

(3)围产后期(产后复原期),指产后至 15 天。

①分娩期,指产后至 4 天。产后母牛开始泌乳,各器官功能变化十分剧烈。所以头几天应加强管理,以促进其恢复正常和防止

产后疾病发生。严禁过早催乳，产房应保持清洁。如乳房水肿严重，每次挤奶时应热敷和按摩 5～10 分钟，并减少饮水量。为减轻母牛乳腺功能的活动，照顾产后消化功能较弱的特点，1～3 天内日粮应以优质干草为主，补以少量玉米面、麸皮粥（1～2 千克），以免引起消化道疾病。一般经 4～5 天即可逐渐增加精料、多汁料及青贮料，增加精料每天以 0.5～1 千克为限。至产后第 7 天，如乳房水肿消失，日粮即可按标准饲养。日干物质采食量占母牛体重 2%～2.5%，每千克干物质含产奶净能 6.27 兆焦，粗蛋白含 15%，粗纤维 17%。产后一周内供饮充足温水（37℃～38℃），不喂冷水，以免引起肠炎等病症。产犊最初几天，母牛乳房内血液循环及乳腺泡活动的控制与调节均未正常，挤奶不得挤尽，以免乳房内压降低，微血管渗出加剧，引发产后瘫痪。一般产后 1 小时内，挤第一次奶，第 1 天要少挤，第 2 天挤 1/3，第 3 天挤 1/2，第 4 天挤尽。

②产后 7～15 天。在正常情况下，产后 7 天常乳分泌大量增加，营养需要明显增加。10 日后日粮营养应高于标准 15%～20%，以干草为主，逐渐增加青贮料，至产后 15 天可增加到 15 千克以上，干草 3～4 千克。产后 7 天可喂块根、糟渣类 5～7 千克。为避免失重过大，精料喂量可逐渐增加。但喂量不得超过日粮干物质的 50%，以免引发酸中毒、四胃移位等疾患。与此同时，日粮钙磷不能缺，否则不仅产奶下降，还会引发软骨症、肢蹄症等。钙磷不足可补喂矿物质添加剂。每日钙不低于 150 克，磷不低于 100 克。

58. 怎样健康饲养管理泌乳盛期的奶牛？

泌乳盛期指产后 16～100（120）天。这一阶段母牛体质和乳腺功能得到恢复。在正常情况下，供给足够能量、蛋白质、维生素和矿物质，就能充分挖掘出母牛的产奶潜力，并且能维持较长的一段时间。为了使饲养更符合奶牛的生理营养需要，泌乳盛期分为泌乳上升期和高峰期。

（1）上升期。指产后 16～40 天，此期内奶牛产奶量由少到多，直至高峰,营养需要急剧增加。日干物质采食量应占母牛体重 2.7%～3.3%,每千克干物质中含产奶净能 6.9 兆焦,粗蛋白含量 18%～19%,精料比例可增加到 50%,但粗纤维含量不应少于 18%。

(2)高峰期。指产后 41～100 天,这一阶段奶牛食欲好,泌乳量多,营养需要量大。日采食干物质量占体重 3%～3.5%,每千克干物质含产奶净能约 7.1 兆焦,粗蛋白含量 18%～19%。精料喂量可适当增加,但粗纤维不少于 17%,否则会影响泌乳牛的消化功能。因常规饲料浓度很难满足高产奶牛的营养需要,日粮可加入少量(0.3～0.4 千克)动(植)物油。为缓解精料过多而造成副作用,每头每天可加喂碳酸氢钠 100～150 克。

母牛产后 40～45 天一般出现第一次发情。因此要特别注意观察发情,做好配种工作。对超过 60 天不发情的个体,应及时诊治。

59. 怎样延长泌乳盛期奶牛的产奶持续时间?

奶牛泌乳高峰多出现在产后 45 天左右,而饲料最大采食量通常出现在产后 85 天左右。因此,母牛采食的营养往往不能满足产奶需要,必须喂些适口性好,高能量和高蛋白饲料。为了延长产奶高峰持续时间,达到高产稳产,可采取下列措施。

(1)采取"引导"饲养法。一般在母牛泌乳盛期,在原有饲养标准上,额外增加 15%～20% 的饲料,以促进产奶量上升,现已不限于泌乳盛期才开始增加饲料。从母牛干乳的最后 2 周开始,直到产犊后达到泌乳高峰时,喂给高水平的能量饲料,不仅能提高产奶量,而且预防了酮血症发生。具体做法是:自产犊前 2 周开始,每天约喂 1.8 千克精料,以后每天增加 0.45 千克,直到母牛每 100 千克体重吃到 1～1.5 千克的精料为止。如体重 550 千克的奶牛,每天精料最多喂 5.5～8 千克。在 2 周内共喂精料 60～67 千克。母牛产犊后仍然按每天 0.45 千克增加精料,直到产乳高峰,或达到自由采食量为止。待泌乳盛期过去,再按产奶量、体重等调整精料喂量。采用"引导"饲养法,可使母牛在产犊前在体内贮备足够营养物质,为泌乳盛期多产奶打下基础;从泌乳后 2 周直到泌乳高峰到来,保证奶牛对精料始终有良好食欲,有利于母牛提前达到泌乳高峰,可避免因无法采食大量精料而影响产奶量。

(2)先粗后精饱食法。对分娩后泌乳曲线呈上升趋势的奶牛,采取先喂粗料,然后尽量多喂精料,使之吃饱的方法,其优点是奶牛可以根据本身增加产奶的营养需要,自由采食,不受饲料定额限制。产奶高的自然多吃饲料,产奶低的少吃饲料,这样可以完全发挥个体产奶潜力。当采食量增加到一定程度时,牛也就不再多吃了。这时产奶量不再上升,此时视为达到泌乳曲线高峰。

饱食法的给料量,比奶牛饲养标准要高,平均多吃 20% 左右,特别是 1～3 胎牛表现明显。饱食法精料可吃到 15 千克,但应避免超过 15 千克。对泌乳盛期的母牛,特别是高产牛,补喂小苏打对提高产奶量,延长产奶高峰期有明显效果。特别对经常喂大量青贮料的牛效果会更好,其方法是从母牛临产前 10 天开始,直到泌乳高峰期以后,每天喂给精料量的 1.5%～2% 小苏打,与精料混合均匀喂给。

(3)实行定期的交替饲养法。定期交替饲养法是指每隔一定的天数,改变饲养水平与饲养特性的方法,使奶牛始终保持旺盛食欲,提高饲料利用率,达到高产的目的。具体做法通过变换饲料品种数量来实现,如从产后 20 天开始,每天每头奶牛给干草 8 千克,青贮料 10 千克,甜菜渣 12 千克,精饲料 7 千克,如此保持 1 周。以后 1 周内将精料逐渐减少到 3 千克,而干草则增加到 11 千克,多汁饲料增加到 30 千克,这时产奶量尚未下降,持续 1 周后,在下一周的 2～3 天内,把精料重新增加到 10 千克,这时产奶量已有所提高,然后在一周内再将精料的量降低至 4～5 千克,干草则增加到 14 千克,多汁料为 40 千克,产奶量没有下降。一周后,精料又逐渐增加到 11～13 千克,这时产奶量已增加。

60. 怎样健康饲养管理泌乳中期奶牛？

泌乳中期(妊娠期)指产后 100～270 天。此阶段泌乳量逐渐减少,但因泌乳盛期刚过,多数牛体况不好,同时怀孕处于中期,所以营养不能减少太多。日采食干物质的量应占体重 3%～3.2%,每千克饲料含产奶净能 6.7 兆焦,粗蛋白含量 17%～18%,为防止低产牛采食精料过多造成浪费,其喂量可根据产奶量随时加以调整。

61. 怎样健康饲养管理泌乳后期奶牛？

泌乳后期(妊娠后期)指产后 271 天至泌乳停止。这个阶段饲养特点应以满足产奶和胎儿后期发育为依据,并根据奶牛体况确定适当的营养标准。日采食干物质的量占体重 3%～3.2%,每千克干物质含产奶净能 6.27 兆焦,粗蛋白含量 16%～17%。如体况欠佳,精料可保持较高水平。泌乳后期奶牛对饲料利用率高于干奶期。所以此期调整奶牛体况是最好时机。

62. 夏季如何饲养管理泌乳奶牛？

奶牛是耐寒怕热的家畜,其适宜的温度为 10℃～20℃,一般环境温度在 4℃～24℃、相对湿度 60%～80% 时,对产奶量影响较小,25℃ 以上对产奶量越高的奶牛影响越大,下降幅度每日可达 5～10 千克。主要是因为高热和高湿度环境条件会给奶牛造成严重的应激反应,减少了用于支持产奶量和维持身体所需养分的摄入量。因此,夏季奶牛的饲养管理主要任务是防暑降温,以缓解高温高湿对奶牛的危害。

(1)预防热应激。在高温高湿环境下,要采取遮阳措施以减轻热应激。另外采用风扇和喷淋降温也十分有效。用水喷淋(不是喷雾)使奶牛的身体完全浸湿,然后用风扇使水分蒸发,给奶牛降温,从而提高饲料采食量和产奶量。

(2)注意饲料的适口性。据测定,奶牛在 22℃～25℃ 时采食量开始下降,30℃时下降幅度可达40%。因此,应以增进奶牛食欲为饲养重点,加喂一些如苜蓿干草、胡萝卜丝、甜菜丝等适口性好、易消化的饲料。可在饲料中添加脂肪酸钙、整粒棉籽等过瘤胃脂肪,日粮中脂肪含量可配到5%~7%。同时,夏季日粮要保证体积小、浓度高,以满足个体营养需要。

(3)夜间饲喂,少量多次。在饲喂时间上,应选择一天温度相对较低的夜间增加饲料饲喂量。从晚上8:00到第二天早上8:00饲喂量可占整个日粮的70%,以保证每日奶牛摄取足够的营养物质,充分发挥其产奶潜力。在饲喂方法上应注意少喂勤添,每天饲喂4次为宜。

(4)供应充足清洁的饮水。夏季应保证让奶牛饮上干净充足、清凉、无污染的饮水,并相应增加饮水次数。

(5)合理选用添加剂。在炎热的夏季,由于呼吸和排汗的增加,常常会引起矿物质的不足,因此,应在日粮中添加钾、钠、镁、钙、磷等矿物质,钾可增加到占日粮干物质的0.8%~1.3%,钠0.5%、镁0.3%。另外,蛋氨酸被称为饲料蛋白质的营养强化剂,如在奶牛饲料中添加0.1%~0.2%的DL-蛋氨酸,能使产奶量提高15%~24%,饲料转化率提高100%以上。即每吨饲料添加1~2千克蛋氨酸,可节省100千克配合饲料。磷酸脲作为国内用于牛羊等反刍家畜的一种新型促进剂,如每天每头奶牛补饲150克,日产奶量可增加1.33千克,日增重和饲料转化率分别提高10%和8%,要求饲料添加剂不含违禁药物成分。

63. 冬季如何饲养管理奶牛?

由于冬季异常寒冷,青绿饲料匮乏,如果饲养管理不当,极易导致奶牛产奶量下降,甚至影响奶牛的正常生长发育。冬季奶牛的健康饲养管理,应做好以下工作。

(1)做好防寒保暖工作。冬季牛舍内的温度一般应保持在8℃~17℃,温度过高也会对奶牛产生副作用。当夜间气温降到0℃以下时,应将奶牛赶入圈舍过夜,以防冻伤乳头或体能过多消耗。在冷空气入侵、气温突然下降时,应及时堵塞后窗和通风孔,搞好圈舍保温。对于围产期母牛、新生犊牛、高产牛的圈舍要适当加温,保证牛舍温度在 15℃～17℃。此外,奶牛白天在运动场内活动的时间不宜超过 6 小时,最好是上下午各活动 3 小时。

(2)饮水必须加温。未经加温处理的自来水和井水,在冬季容易结冰,奶牛饮用后常导致消化不良,从而诱发消化道疾病。因此,在给奶牛饮水时,最好将水加热到 15℃～25℃。如果向温水中加点食盐和豆末,不仅可增强牛的饮欲,而且有降火消炎的作用。

(3)调节牛舍湿度。奶牛全部进入圈舍后,要注意保证牛舍内通风良好,湿度不能过大,相对湿度不宜超过 55%。湿度过大,会对奶牛产生强烈的外界刺激,影响其产奶量,严重者还会感染真菌类疾病。同时,要及时清除粪尿,保持圈舍清洁干燥。

(4)饲料应多样化。进入冬季后,奶牛受外界环境变化影响,应及时调整饲料配比,力求多样化。在精饲料的供给方面,蛋白质饲料不变,玉米的供给量要增加 20%～50%,从而增加能量饲料的比重;在粗饲料方面,最好饲喂青贮、微贮饲料或啤酒糟等,以此代替夏秋季奶牛采食的青绿多汁饲料。

(5)适量补充饲喂。冬季奶牛的草料成分比较单一,可在其饲料中加入适量的钙和磷,一般每天可喂 5～15 克。尿素是补充蛋白质的有效措施,可酌量饲喂。一般 6 月龄以上的犊牛日喂 30～50 克,青年牛日喂 70～90 克,成年母牛日喂 150 克左右。但是,尿素适口性差,可按 1% 与精料混合后拌草饲喂,喂后半小时内不宜饮水。

(6)悉心抓好配种。奶牛通常是"夏配春生,冬配秋生",冬季配种怀胎,可避开炎热夏季产犊,有利于奶牛获得高产。因此,奶牛养殖户应抓住冬季的大好时机,做好奶牛的配种工作,提高准胎率,为新生犊牛顺利降生和健康生长打下基础。

(7)注意刷拭牛体。刷拭牛体不仅可以使奶牛保持体表清洁,而且能促进皮肤血液循环和新陈代谢,有助于调节体温和增强抗病能力。因此,每天应早晚两次刷拭,每次 3～6 分钟,需周密刷拭全身各部位,不可疏漏。此外,要定期对牛舍、运动场进行消毒,并按防疫程序进行疫苗注射,发现疾病早治疗,确保奶牛健康,保证多产奶。

64. 拴系式奶牛舍管理技术要点有哪些?

(1)每日清扫饲槽,修补坑洞,保持饲槽底部的平整。饲槽应比奶牛前蹄高出 9~13 厘米。奶牛可从干净、光滑的饲槽中采食到更多的饲料。

(2)至少每周清洗一次水槽,保证水压正常。应有足够的水压,可同时供应数个水槽。水槽应设在饲槽旁,而非牛床旁。挤完奶后,奶牛进行运动,需大量饮水,应在运动场入口处附近设置饮水槽。

(3)保持牛床干净、干燥、有铺垫,建议垫 10 厘米左右的沙土或铡过的秸秆。如果放草垫应置于上层,可防止潮湿和湿疹的发生。关键是要保持垫料、垫子的干净和干燥,这样不但奶牛舒适,而且可防止发生乳房炎,提高牛奶质量。

(4)保持正常的通风。牛舍内聚集的氨气会造成呼吸系统疾病。一旦闻到异味,应立即通风。在通风良好的牛舍内,奶牛排尿产生的异味会马上消散。简单的夏季通风方法是在牛舍一端开口,另一端安装 1 台引风机,使气流通过整个牛舍。重要的是将奶牛呼出的浊气排出去。良好的通风也能清除致病菌。但冬天要注意由于通风而引起奶牛感冒。

65. 为什么不能突然改变奶牛的日粮?

奶牛瘤胃内存在的大量微生物(细菌和原虫)直接影响奶牛的生长发育与产乳量高低,而瘤胃微生物必须在合适的环境下才能正常繁殖,这些环境条件是:①瘤胃内具有微生物生长和繁殖所需要的稳定而均衡的营养物质;②瘤胃内温度为 39℃～41℃,酸碱度为弱酸性;③高度缺氧甚至是厌氧环境,在瘤胃背囊内常含有气体,一般为 CO_2(50%～70%)、甲烷(20%～45%)以及少量的氨、氢、氧等其他气体。

只有保持饲料日粮的稳定,才能保证瘤胃环境不发生急剧的改变。正常情况下,瘤胃从前到后,从上到下节律运动搅和内容物,使瘤胃中未消化完的食糜均匀进入后段消化道。如果突然改变饲料成分,造成瘤胃的蠕动减弱,积食,其 pH 值发生改变,产生的大量气体不能及时排出,则可能形成瘤胃膨气。另外,奶牛摄食不同的饲料日粮,在瘤胃中就会形成不同的微生物种类和组成与其相适应。如饲喂五谷杂粮、干草日粮时,双毛虫数量较多;当以苜蓿干草为主时,头毛虫和前毛虫数量颇高。另外,各种细菌如纤维素消化菌、蛋白分解菌、淀粉分解菌等,为饲料的分解提供各种不同的酶,负担不同的消化功能。因此,当日粮改变后,瘤胃中微生物的组成也会随之变化。但为适应新的日粮组成而形成新的微生物比例,需要 12～15 天的时间。如果经常变化日粮,就会使瘤胃微生物体系不能适应而出现消化不良等症状。必须改变日粮时,应有 5～7 天的适应期。

66. 提高奶牛产奶量的管理措施有哪些?

通常采取下列管理办法,可以降低奶牛场成本,提高产奶量和经济效益。

每年给奶牛削蹄修整 2 次;在冬季每天给奶牛进行 16 小时的阳光和灯光照射;冬季使牛舍温度保持 15℃左右,夏季坚持早放牧、晚收牧,避免曝晒和寒冷刺激;冬季和早春气温较冷,给奶牛饮用温水;夏秋季节在夜晚放牧;在夜间 12 时左右,把奶牛赶到运动场活动一段时间;每天用木梳或铁刷梳刷牛体;坚持在挤奶前按摩奶牛的乳房。

67. 怎样增强奶牛的体质?

首先就是要控制好奶牛场的环境温度。奶牛适宜的环境温度一般为 10℃～20℃,在此范围内,奶牛饲料消耗少,发病率低。如果牛舍的温度在 0℃以下时,牛体就消耗大量能量以维持体温。气温超过 20℃，就会导致奶牛散热困难，增加热性疾病。因此，饲养奶牛要尽量保持牛舍内冬暖夏凉。

其次是要确保奶牛饲料营养平衡和饲料质量安全。要求根据奶牛的产奶量水平，科学合理地设计营养供给水平。确保能量、蛋白质等主要营养要素满足奶牛的生产需要。要按一定比例充分饲喂优质青干草、青绿牧草和青贮饲料，饲喂玉米秸、麦秸、稻草等农作物秸秆时，应作一定的处理。应特别注意奶牛饲喂酸败青贮料容易引起的酸中毒现象，如发现此种现象应马上停止饲喂，改喂优质干草，并就其病情进行对症治疗。同时注意供应充足的清洁饮水，奶牛冬季饮水还要注意保证温度适宜，一般成年母牛 12℃～14℃，产奶、怀孕牛 15℃～16℃，犊牛 35℃～38℃。

第三是补充食盐。食盐是胃液的主要成分之一，可供给奶牛不可缺少的氯和钠元素，因此，应视奶牛的体重和产奶量而定，每天供给奶牛一定量的食盐，用量为 30～50 克，用量要准确，以防中毒。除按日粮 1％拌入精料外，也可专设盐槽或复合舔砖，让牛自由舔食。

第四是要加强奶牛运动。运动可以提高奶牛的消化率和健康体质。奶牛长期缺乏运动，不仅会使产奶量下降，还会导致一些疾病的发生。

第五是要注意驱除体内外寄生虫。每年秋冬季节，要对奶牛做一次粪检，发现体内外寄生虫，要及时驱虫。同时，对牛体宜每天刷拭，清除污垢，以促进血液循环，增强奶牛的御寒能力和抗病能力，提高产奶量。

68. 怎样预防奶牛的疾病？

奶牛疫病除了口蹄疫、结核病、布氏杆菌病等一、二、三类动物传染病之外，临床上常见的奶牛疾病主要有酮病、蹄病、隐性流产、不孕症、乳房炎、子宫炎等常规性疾病。

要正确预防各种奶牛疾病，要求在奶牛的日常管理中采取以下主要措施：

一是要根据奶牛的消化特点和营养需要，合理搭配饲料，特别是优质粗饲料的供给要充足，以防止饲料品种单一，配合不合理等原因引起奶牛酮病和产后瘫痪等营养代谢性疾病。

二是要加强对奶牛的饲养管理。要充分注意奶牛室内环境的清洁卫生，经常注意奶牛卫生，认真刷拭，特别要保持孕牛腹部卫生，防止阴道炎、子宫炎的发生。饲养员、挤奶员和兽医人员要定期检查身体，结核病患者不应接触牛群。要加强对奶牛体外的刷拭，保持体表的清洁卫生，要注意及时做好奶牛的修蹄工作，能有效防止蹄病的发生。

三是要切实搞好奶牛常见疾病的监控和免疫接种。要防止从疫区引进不健康奶牛，加强对结核病、布氏杆菌病等疫病的定期检疫，及时隔离治疗或清除染疫病牛，同时要做好当地奶牛常见疫病的免疫接种工作。

69. 奶牛场怎样取得动物防疫合格证?

从外地(市)引进奶牛或销往外地(市)奶牛，须经该地(市)动物防疫监督机构检疫合格后方可运进或运出。养殖规模在 10 头以上的奶牛场，应配备动物防疫专职人员，定期对奶牛进行疫病检查和防治工作，并接受动物防疫监督机构的监督检查。动物防疫监督机构应定期对奶牛场(户)进行严格的奶牛布氏杆菌病、结核病和其他疫病检查，符合动物防疫条件的发给动物防疫合格证。

70. 怎样进行奶牛的疫病监测?

(1)加强引种监测。异地引进奶牛、奶牛冻精、奶牛胚胎的，应当先到引入地动物防疫监督机构办理审批手续，并经输出地动物防疫监督机构检疫合格后，方可引进。引进的奶牛必须隔离饲养后，持输出地动物防疫监督机构的检疫合格证明和有效的免疫证明到输入地动物防疫监督机构申请检疫，检疫合格后应按照国家有关规定在输入地动物防疫监督机构的监督下，再隔离观察饲养一个半月以上，经再次检疫合格后，方可混群饲养。

由本辖区输出奶牛到异地饲养,必须持有效的免疫证明提前七天报市动物防疫监督机构,经市动物防疫监督机构检疫合格后,方可启运到异地饲养。奶牛、奶牛冻精、奶牛胚胎必须到国家指定的供应单位购买。

(2)加强疫病的监测。动物防疫监督机构应定期对奶牛场(户)进行奶牛布氏杆菌病、结核病和其他重点疫病的监测,监测的结果应当及时通知奶牛养殖场(户)。对检出的阳性牛不得以外卖方式进行处理,必须在当地动物防疫监督机构的监督下,按照国家有关规定在指定的地点进行无害化处理,处理结果报动物防疫监督机构备案。

根据奶牛饲养户的实际情况,对下列疫病进行临床检查,必要时作实验室检验:口蹄疫、蓝舌病、牛白血病、副结核病、牛肺疫、牛传染性鼻气管炎和黏膜病;多雨年份的秋季应作肝片吸虫的检查。

71. 怎样控制和扑灭奶牛场疫病?

当发生奶牛烈性传染病疫情时,奶牛场(户)应立即向当地畜牧兽医主管部门报告,重大疫情不得超过 12 小时。畜牧兽医主管部门应当立即派人到现场按照《中华人民共和国动物防疫法》的规定划定疫点、疫区、受威胁区,并及时报请同级人民政府决定对疫点、疫区实行封锁,受威胁区必须采取紧急防治措施。

对染疫、疑似染疫、病死或死因不明的奶牛,由县级以上人民政府按照有关法律法规的规定,组织有关部门和单位采取扑杀、销毁或无害化处理等强制性措施,任何单位和个人应当予以配合,不得拒绝。同时按动物防疫监督机构的有关规定进行全面的消毒防疫工作。

疫点出入口必须设置明显标志,配备消毒设施;疫区内的奶牛和牛奶不得运出奶场,不能销售;奶牛场的工作人员、出入的车辆及有关物品必须采取消毒和其他强制性措施。

奶牛场(户)根据畜牧兽医主管部门提出的紧急防治措施扑灭疫点、疫区的疫情后,对该病进行一个潜伏期以上的监测,未出现新的奶牛病例,方可提出解除封锁的申请,经县级以上畜牧兽医主管部门确认后,报原决定封锁的人民政府解除封锁,同时报上级人民政府备案。

72. 防治奶牛不妊症应采取哪些措施?

奶牛不妊症是奶牛场一种常见的疾病。由于不能按期繁殖,延长了产犊间隔,有的母牛因长期不妊而失去饲养价值予以淘汰,因此对奶牛生产效益和育种影响极大。对于奶牛不妊症,我们应当采取综合措施加以防治。

(1)认真仔细地进行发情鉴定。及时而准确地观察发情母牛,是防治不妊的先决条件。对育成繁殖母牛和产后 50～60 天,应加强发情观察。发情观察遵照"三观察"法,即早、中、晚在母牛上槽时逐棚、逐头观察,对其表现应做仔细记录。对产后发情不明显或卵巢静止的母牛,及时使用促性腺激素、前列腺素等药物诱导发情。

(2)及时而准确的输精。在正确发情鉴定前提下,及时而准确的输精是提高受胎率、防止不妊的关键。要固定好配种员,不要随便更换,因为固定的配种员比较熟悉全群母牛的繁殖情况,掌握配种技术。

(3)加强临产和产后母牛的监护。临产前和产后母牛监护的目的是促使母牛体质尽快恢复,保证其健康和高产,以持续维持足够的再生产能力。一般而言,要强调母牛的自然分娩,必须进行人工助产时,要严格按照技术规程进行操作。对于产后 12 小时胎衣仍然不下时,应采用剥离加灌注抗生素的方法处理。若胎衣粘连过紧,不易剥脱者,用抗生素(金霉素粉 1.5～2 克、土霉素粉 2～4 克)一次灌入子宫,隔日 1 次,直到阴道分泌物清亮为止。产后 7～14 天检查阴道黏液状况,当黏液不洁时,应做好记录,严重者予以治疗。母牛产后康复的标准:一是食欲、泌乳正常,全身健康;二是子宫恢复良好,阴道分泌物清亮。

(4)及时对母牛生殖系统和全身性疾病进行治疗。奶牛全身和生殖器官疾病均可引起母牛不妊。个体不同,疾病不同,治疗方法各异。为了能采取合理治疗方案,临床上应对病牛仔细检察,确定病性,找出病因,并采取相应的治疗措施。

当牛群中大批母牛发生不妊时,应对饲养管理、健康状况、繁殖管理技术等进行全面调查和综合分析。查日粮组成、饲料品质、矿物质、维生素的含量;查母牛健康状况与营养状况,其中包括全身检查和生殖器官检查;查母牛配种情况;查精液品质等。

通过上述调查研究,运用我们现有知识和适当手段,加强饲养管理,正确治疗疾病等综合措施,母牛不妊症是可大大减少的。

73. 怎样治疗奶牛产后瘫痪?

对奶牛产后瘫痪的特效疗法是大量补充钙制剂,同时应辅以对症治疗。

(1)10%葡萄糖酸钙800～1000毫升,维生素 C 60～100 毫克,混合缓慢静脉注射。一次使用极有疗效,但疗效并不巩固,要在1～2天内重复注射维持剂量,维持剂量为首次突击剂量的 1/2～1/3。

(2)祖师麻注射液 20～40 毫升,骨宁注射液 20～40 毫升,当归注射液 20～40 毫升,复合维生素 B 20～40 毫升,10～20 毫升维生素 B_{12} 混合肌内注射。维丁胶钙 10～40 毫升肌内注射。

(3)口服钙糖片 100～400 片,维生素 E 100～200 粒,鱼肝油丸 100～200 粒。加常水,投服。

(4)泼尼松龙 10 毫升,行百会穴注射,隔日 1 次。

(5)中药:当归、川芎、坤草、防风、西茴、红花、杜仲、熟地、牛膝、川楝子、伸筋草、枸杞子、淫羊藿、乳香、没药、党参、穿山龙、龙骨、牡蛎、白术、云苓、川朴、乌药、甘草、明馏酒、童便、红糖为引,水煎投服。有热者加板蓝根、二花、连翘、黄芩、黄柏、知母、生地。

74. 怎样防治奶牛乳房炎?

(1)搞好清洁卫生和消毒工作。对牛舍、牛床、牛体、挤奶用具、挤奶人员手臂进行清洗和消毒。

（2）维护和保养挤奶器部件，使其完好无损且正常工作，特别是真空负压及挤奶器的维护。

（3）挤奶只能做到挤净，不能挤"过"。挤奶前及挤奶过程中，要对乳房认真擦洗、按摩。挤奶要轻快，绝对防止错过放乳反射的有效时期。奶挤完后，用消炎药膏对乳头孔进行封闭。

（4）一旦发现挤出的牛奶有豆腐渣时，预示奶牛有炎症，要将奶挤净（倒掉），并给奶牛注射抗菌药物。

（5）出现脓性乳房炎时，要将脓挤出，局部使用消炎药。为了防止厌氧菌生长，还要向乳房送风，并针对牛体全身症状，进行对症疗法。如消炎、止痛、封闭、降温等。

（6）加强饲养管理。加强对患牛护理，改善其饲养管理条件，饲喂营养丰富，易消化的饲料。增强牛体抵抗力，使牛尽快恢复健康。

75. 什么是胎衣不下？怎样预防？

正常情况下，奶牛产后4～6小时内排出胎衣。产后8～12小时仍然不能排出胎衣，即是胎衣不下。

预防胎衣不下除加强奶牛饲养管理外，对产后奶牛灌服生化汤，对预防胎衣不下效果明显。其方剂如下：红花40克、当归60克、川芎30克、益母草100克、甘草20克、红糖250克、黄酒500毫升，冬季酌加生姜。在母牛分娩破水时，接取羊水500毫升立即灌服，可促使子宫收缩，加快胎衣排出。在奶牛产前25～35天肌内注射亚硒酸钠维生素E 50毫升，产前2～8天一次性肌内注射维生素D_3 800万～1000万单位，可有效降低奶牛产后胎衣不下的发病率，对乳房炎的发生也有明显的预防作用。

发生胎衣不下时，可立即注射垂体后叶素50～100单位，也可注射催产素10毫升或麦角新碱6～10毫克。药物无效时，可施行手术剥离。

76. 怎样防治奶牛蓝舌病？

蓝舌病是反刍动物的一种病毒性传染病，其危害程度很大。本病无特效疗法，应以预防为主。可采用鸡胚化弱毒疫苗和牛胎肾细胞致弱的组织苗进行预防接种。平时要加强防范，禁止从有本病的地区引进奶牛，对奶牛舍定期进行消毒，杀灭吸血昆虫，防止本病的传播。如果发生本病，应迅速按规定上报疫情，并采取有效的疫病控制措施，迅速消灭疫病。

77. 怎样防治奶牛布氏杆菌病？

奶牛布氏杆菌病重点在于预防。公牛布氏杆菌病一般无治疗价值，母牛流产后继发子宫内膜炎或胎衣不下时，可参照子宫内膜炎和胎衣不下的治疗方法进行治疗。

坚持不从疫区引种，不到疫区放牧。奶牛引进后，要隔离观察30天以上，并用凝集反应等方法做两次检疫，确认奶牛健康后方可合群。

切实做好本病免疫工作，每年应采用布氏杆菌疫苗免疫注射1次。发生本病，群体不大时，可实行全群淘汰。当奶牛群体很大时，要通过检疫淘汰病牛或者将母牛隔离饲养，暂时利用它们来培育健康犊牛群。

78. 怎样防治奶牛结核病？

加强防疫、检疫隔离和卫生消毒是防治奶牛结核病的有效措施。牛场应于每年春、秋季进行两次结核病检疫，无症状阳性牛应隔离饲养或淘汰。病牛污染的牛棚、用具用20%漂白粉、5%来苏儿溶液消毒。可疑牛于检疫后的2个月复检，凡两次可疑者可判为阳性；引进牛需进行结核病检疫，确为阴性者再入场；患结核的饲养员，不得从事养殖生产。无症状的结核阳性牛可在一偏僻场地集中饲养，此为结核牛场，该场母牛所产犊牛立即与母牛分开，喂3~5天初乳后，调入中转站内饲喂，到20~30日龄做第1次结核检疫,100～120 日龄做第 2 次检疫,160～180 日龄进行第 3 次检疫。如果 3 次检疫全为阴性者可调入健康群。

79. 怎样防治新生犊牛病毒性腹泻病?

新生犊牛病毒性腹泻病是由多种病毒引起的一种急性腹泻综合征:本病尚无特效疗法,关键是加强预防,对症治疗。

对于无病牛场,应加强兽医防疫制度:①坚持自繁自养原则。凡欲引进奶牛时,不从疫病区购牛,对新引进的奶牛进行血清中和试验,阴性者,再进入场内,严禁将病牛引入场内。②公牛及其精液能传播本病,故应加强公牛检疫,不使用有病公牛的精液。定期对全群牛进行血清学检查,以便及时掌握本病在牛群中流行状况。如发现有少数牛抗体阳性出现时,应将其淘汰,以防病情扩大。③病牛场与健牛场坚决隔离,严禁病牛场人员进入,防止将病带入。

本病发生以后,应迅速隔离发病牛,并根据临床症状对症治疗,以预防继发感染,减少死亡。应用收敛止泻、强心补液的治疗措施可缩短恢复期,减少损失。用抗生素和磺胺类药物,可减少继发感染,减少死亡。具体可采用口服高锰酸钾水,每次 4～8 克,配成 0.5%水溶液,灌服,每天 2～3 次,效果良好。或者每千克体重口服氟哌酸 10 毫克,每天 2 次。下痢不止,应口服次硝酸铋 10 克或活性炭 10～20 克,以保护肠黏膜,减少毒素吸收。本病高发区可接种疫苗预防本病。

80. 怎样防治奶牛传染性胸膜肺炎?

奶牛传染性胸膜肺炎又叫牛肺疫,是一种由丝状霉形体引起的高度接触性传染病。预防本病,平时注意饲养管理,搞好牛舍卫生,适时进行消毒,严禁从疫区引进病牛。老疫区要定期用牛肺疫兔化弱毒菌苗预防注射。发现病牛应隔离、封锁,必要时宰杀淘汰。污染的牛舍应用 3%来苏儿溶液或 20%石灰乳消毒。

本病早期治疗可达到临床治愈。病牛症状消失,肺部病灶被结缔组织包裹或钙化,但长期带菌,应隔离饲养以防传染。具体措施：①"九一四"疗法：取 3～4 克"九一四"溶于 5％葡萄糖盐水或生理盐水 100～500 毫升中，1 次静脉注射，间隔 5 日 1 次，连用 2～4 次，现用现配。②抗生素疗法：四环素或土霉素 2～3 克，每日 1 次，连用 5～7 日，静脉注射。链霉素 3～6 克，静脉注射，每日 1 次，连用 5～7 日。除此之外辅以强心、健胃等对症治疗。休药期 28 天。

81. 怎样防治奶牛传染性鼻气管炎？

牛传染性鼻气管炎（IBR）是牛的急性发热性呼吸道传染病。1950 年首先发现于美国西部的肉牛群，后来出现于奶牛群，1956 年分离出病毒，经鉴定为牛的疱疹病毒，在临床上易和牛流行热、牛流感、恶性卡他热及牛黏膜病综合征相混淆。我国原来没有本病，但由于近年国外传播十分广泛，我国陆续通过各种渠道购进种牛后，各地纷纷报道牛传染性鼻气管炎的阳性病例。

本病目前尚无特殊药物和疗法，主要是对症治疗，控制并发症，并加强护理。根本的办法是扑杀病牛，消灭传染源，对健康牛进行免疫注射。国外报道弱毒苗、灭活苗及亚单位苗已用于临床，国内尚无疫苗防治本病的报道。

82. 口蹄疫的主要特征及流行情况如何？

口蹄疫是一种病毒病，该病毒可以通过空气和患病动物的水疱、粪便和尿液释放出来的液体传播。灰尘、车辆及接触过病畜的人的衣物也能传播这种疾病。有研究表明，这种病毒传染性很强，能通过呼吸释放出来。在猪群上方可形成一团灰尘，顺风时能把病毒传播到 60 千米以外的地方。猪能排放出大量口蹄疫病毒。所有偶蹄动物，包括牛、绵羊、猪、山羊、骆驼、羊驼和鹿都可感染。但是，马不会感染这种病。人在接触动物时感染口蹄疫的可能性极小，后果是暂时的，也并不严重。食用患病畜肉通常不会感染。但是，如果病毒接触到人的嘴唇，就可能会被感染。所以，带病毒的牛奶有传染性。

口蹄疫的潜伏期开始于水疱出现前的 14 天。病毒可能在水疱出现 10 天前开始传播。牲畜主要通过直接接触传染,它们呼出的空气和排泄的液体也可传播病毒。口蹄疫病毒可能在环境中存活数周。肉类被加工后,通常会在 3 天之内失活。但是,动物感染病毒长达 56 天后,其奶水和精液中仍然可见口蹄疫病毒。一些恢复健康的动物会长期携带病毒。

口蹄疫已在畜牧大国广泛流行。在俄罗斯、土耳其、中东、亚洲部分地区、非洲和南美的某些地区,口蹄疫很常见。西欧的大部分地区都未见这种疾病。但是,意大利和希腊分别在 1993 年和 1994 年爆发过口蹄疫。据记载,澳大利亚最后一次出现口蹄疫是 1872 年。

发现病毒的屠宰场用氢氧化钠等药物彻底消毒,场内的牲畜要宰杀,并作无害化处理。口蹄疫疫区内的牲畜应全部宰杀并将尸体焚毁。

83. 怎样防治奶牛的感冒?

(1)诊断。病牛常在寒冷因素作用下突然发病,病畜精神沉郁,食欲减退,体温升高,结膜充血,流泪,鼻端干燥,皮温不整,口色青白,咳嗽,呼吸加快,肺泡音粗粝,心跳加快,反刍减弱或停止,前胃呈弛缓症状。

(2)治疗。肌内注射复方氨基比林,每次 20~50 毫升,每日 2 次,连续 2~3 日,休药期 28 天,弃奶期 7 天。肌内注射青霉素、链霉素,每次青霉素 160 万~320 万国际单位,链霉素 100 万~200 万国际单位,每日 2 次,连续 2~3 日。每次加地塞米松 5~20 毫升效果更佳,但怀孕母牛禁用,休药期 28 天,弃奶期 72 小时。

中药方以解表清热为主:①银花 45 克、连翘 45 克、桔梗 24 克、薄荷 24 克、牛蒡子 30 克、竹叶 30 克、芦根 45 克、荆芥 30 克、干草 18 克,水煎灌服,每天 1 剂,连用 3 天。②防风 60 克、荆芥 50 克、薄荷 50 克、紫苏 50 克、生石膏 40 克、生姜 50 克、大葱 100 克,水煎灌服,每天 1 剂,连用 3 天。如咳嗽太重,加杏仁 35 克,贝母 30 克。

除加强饲养管理,增强机体耐寒性外,还应防止牛突然受寒。

如防止冷风吹袭,冬季气候突然变化时注意防寒保温措施等。

84. 牛奶初加工产品分为哪几类?

牛奶初加工产品主要有消毒牛乳、还原牛奶、酸乳制品和加糖炼乳等类型。其中,消毒牛奶包括全脂消毒奶、强化消毒奶、巴氏消毒奶 3 个类型。

85. 牛奶的无害化初加工要符合哪些规定?

根据牛奶加工的技术规范要求,牛奶的无害化加工要符合以下有关规定。

(1)加工厂卫生条件应符合 GB 12693 的规定。

(2)原料乳应采用机械化挤奶,管道输送。原料乳中农药残留、抗生素、重金属及黄曲霉毒素含量应符合 NY 5045 规定。交乳方和收乳方均不应掺入水、食品添加剂及其他非乳物质。

(3)牛奶槽车及其输奶软管应消毒清洗,挤奶后乳温保持 6℃以下,从奶挤出后至加工前所经历的时间不得超过 24 小时。

(4)应脱除牛乳中毛、泥土等机械杂质及其表面微生物,脱除一部分体细胞及气体,通过过滤或离心来净化牛奶。

(5)添加的奶油应符合 GB 5415 的规定;添加的脱脂乳粉应符合 GB 5410 的规定。

(6)加工过程应采取自动封闭式工艺。

(7)杀(灭)菌方法。可采用低温长时间消毒法、高温瞬时消毒法和起高温瞬时消毒法对牛奶灭菌。

(8)包装车间无污染。非无菌灌装适用于巴氏杀菌乳;无菌灌装适用于灭菌乳。

(9)包装材料适用于食品,应坚固、卫生,符合环保要求,不产生有毒有害物质和气体,单一材质的包装容器应符合相应国家标准;复合包装袋应符合 GB 9683 的规定。包装材料仓库应保持清洁,防尘,防鼠,防污染。

(10)包装容器使用前应消毒,内外表面保持清洁。

86. 无公害牛奶对加工用水有何规定？

按照国家规定，无公害牛奶加工用水应该符合 NY 5028—2001《无公害食品　畜禽产品加工用水水质》的规定，其水质卫生要求符合 GB/T 5750《生活饮用水标准检验法》规定的要求。其中，加工用水各项污染物的浓度限值见表 1.16。

表 1.16　　　　　　加工用水各项污染物的浓度限值　　　毫克/升

序　号	项　目	限　值
1	pH 值	5.5～9.0
2	总砷	≤0.05
3	总汞	≤0.001
4	总镉	≤0.01
5	总铅	≤0.05
6	六价铬	≤0.05
7	氟化物	≤1.2
8	氯化物	≤300
9	氰化物	≤0.05
10	总大肠菌群（个/升）	≤10

87. 人工健康挤奶技术要点有哪些？

（1）严格做好挤奶前的准备工作：包括检查乳房外表的健康状况，有无红肿热痛或创伤；检查第一把奶，看奶中是否有凝块、絮状或水样奶，可及时发现临床乳房炎，防止炎性奶混入正常奶中，挤奶前做好乳房的清洁和消毒，并做好乳房按摩，保证鲜奶的清洁卫生。

（2）挤奶桶应是半开口式并附清洁纱布遮盖，以减少头发、牛毛、灰尘等污物进入奶桶的机会。

（3）用拇指和食指箍紧乳头基部，用中指、无名指、小指按顺序压榨，使乳头窦（乳头乳池）内压力增加，把牛奶从乳头窦中挤出。压榨的频率开始可以慢一点，当排入量加大时，要加快压榨速度，每分钟达到 80～120 次，每分钟挤奶量达到 1.5 千克。

（4）后乳房的牛奶量占到整个乳房牛奶量的 55%～60%，挤奶一般应从后乳房开始，每次挤奶必须充分挤干净。

88. 怎样进行牛奶的初加工？

进行牛奶初加工，首先就是要认真搞好鲜奶收购和质量验收，包括感观检测、新鲜度检测、营养成分检测、掺假检验、加食盐和乳腺炎奶的检验等，确保鲜奶质量优良。其次就是要进行初步处理，牛乳初步处理一般经过净乳（包括离心分离）、巴氏杀菌、标准化、离心除菌、均质和脱气等主要工艺。第三是根据要求搞好乳制品的包装。

89. 怎样加强牛奶的加工过程管理？

对于牛奶的加工过程的管理，牛奶加工单位必须具备下列条件：厂房（车间）建设布局合理，符合食品卫生要求；有与生产规模相适应的冷却、冷藏设施、辅助设备和清洗、卫生、消毒系统；有鲜奶包装生产线；有卫生、计量、质量检验机构或人员、检测设备和检验制度，检验人员须经培训合格，持证上岗。加工单位收购生鲜牛奶，必须按照国家规定的质量和卫生标准严格检查验收。不得收购禁止出售的牛奶、不得收购无"动物防疫合格证"的单位和个人销售的牛奶。加工单位必须严格执行牛奶出厂检验制度。牛奶的感官指标、理化指标、卫生指标必须符合国家标准，严禁卫生和质量不合格的牛奶出厂。上市牛奶的包装材料必须符合国家卫生标准、无毒无害；包装标识必须符合国家食品标签通用标准。

90. 为什么说奶牛场要提倡机器挤奶？

机器挤奶是利用挤奶机械完成挤奶工作。与手工挤奶相比，机器挤奶有以下几方面的优点。

(1)有利于提高牛奶的卫生质量。手工挤奶一般使用敞口的挤奶桶,灰尘、牛毛、牛体的碎屑甚至牛粪容易落入其中,污染牛奶。机械挤奶全过程是在密闭的管道内完成,牛奶被污染的机会减少。而且比较先进的机器挤奶设备,如管道挤奶设备,可以就地自动清洗管道,这样能避免因盛奶容器污染对牛奶造成二次污染。此外,机器挤奶通常将牛奶直接输入冷藏罐,使奶温迅速降至5℃左右,可以有效防止牛奶的变质。

(2)有利于保护奶牛的乳房。手工挤奶由于各人挤奶手法不同,用力不匀,易造成牛乳房慢性损伤。机器挤奶利用真空抽吸,有固定的挤奶节奏,每次挤奶的吸力和间隔时间均匀一致,可以减少对乳房的不利刺激,降低乳房炎发生率。

(3)有利于提高奶牛产奶量。机器挤奶速度均匀,可以在较短时间内完成挤奶过程,易与奶牛的排奶反射时间相吻合,从而防止牛奶不下,提高奶牛产奶量。

(4)可以减轻劳动强度,提高劳动生产率。采用人工挤奶,一个饲养员只能饲养6~8头产奶牛(包括挤奶操作);利用移动式挤奶器,每个饲养员可以饲养20~30头产奶牛;采用管道式挤奶机,每个饲养员可以饲养30~50头产奶牛。机器挤奶不仅能提高劳动生产率,而且有利于推行先进的饲养方法,如散栏饲养、自动饲喂等。如果配备奶容量计量器,还可以对每头牛的每次产奶量进行测量,有利于根据奶牛产奶水平,合理地饲养管理。

机器挤奶虽然有上述优点,但在挤奶操作时,必须严格执行操作规程。特别要注意擦洗乳房,消毒并擦净乳头,检查牛奶是否正常;要严格清洗挤奶机械,并保持其完好,定期检修,定期更换挤奶杯;挤奶节拍要合适,挤奶完毕必须立即去除奶杯,防止空吸乳房,最好购买自动脱落的挤奶器。

91. 我国奶业质量安全存在哪些问题?

一是挤奶方式以手工操作为主,鲜牛奶质量难以保证。二是鲜奶收购标准和方法相对滞后,我国一级生鲜牛奶中微生物含量允许值为50万个/毫升,荷兰、德国要求在10万个以下,英国、法国要求5万个以下。三是奶牛饲养水平落后,饲养规模小,单产低。四是奶牛育种技术不规范,系谱档案混乱,管理失控,奶牛品种质量整体水平低。乳品加工企业重复建设以及奶业管理法律体系滞后等也成为我国奶业质量安全管理中的主要问题。

92. 怎样提高我国牛乳及其制品质量安全水平和市场竞争力？

提高我国牛乳及其制品质量安全水平和市场竞争力可采取以下措施:奶牛养殖进行产业化开发,标准化生产,严把投入品质量安全关,控制药物残留,加快推进奶业机械化操作的步伐,在挤奶过程中确保生鲜牛奶的质量,开展质量管理认证,树立牛奶产品品牌。

93. 牛奶的无公害质量安全标准有哪些？

目前,我国无公害牛奶的质量安全标准包括 NY/T 5050—2001《无公害食品　牛奶加工技术规范》、NY 5142—2002《无公害食品　酸牛奶》、NY 5045—2001《无公害食品　生鲜牛奶》等标准内容。

94. 如何选择放心奶？

首先要到有牛奶生产经营资质的正规商家去购买牛奶产品,要选择购买信誉好的大品牌厂商生产的有密封包装的牛奶,不要购买散装的牛奶。不要购买现挤现卖、未经消毒的牛奶。

其次,要注意查看包装上的执行标准。巴氏消毒牛奶执行标准为 CB 5408.1,灭菌乳执行标准为 GB 5408.2,有些调配奶、含乳饮料执行企业标准 Q/××××。认清种类和名称,特别注意"含奶饮料"和"含乳饮料"都不是牛奶,它的营养价值无法与真正的牛奶相比。

第三要注意保质期,不要购买超过保质期的牛奶或马上就要到期的牛奶。

95. 哪些牛奶禁止销售?

不能销售的牛奶包括患结核病、布氏杆菌病及其他传染病的奶牛产的奶;患乳腺炎的牛和乳房创伤的牛产的奶;产后 7 天的初奶;应用抗生素类药物的牛用药期间和停药期内产的奶;变质奶、过期奶、污染奶和掺杂掺假奶。

96. 养殖企业或专业户怎样才能生产出放心奶?

(1)饲料的配制应根据奶牛的营养需要和标准进行合理、安全地配制,严禁使用违禁的饲料添加剂和药物。

(2)应按制度饲喂奶牛,不堆槽、不空槽、不喂发霉变质的饲料,应捡出饲料中的异物。

(3)保证足够的新鲜的清洁饮用水,水质符合 NY 5027《无公害食品　畜禽饮用水水质》要求,不能将洗菜水等已使用过的二次水用作奶牛饮水。

(4)不从疫区引进种奶牛,并做好饲养、收购登记。

(5)饲养奶牛应严格按照《中华人民共和国动物防疫法》的规定进行疾病预防,建立生物安全体系,防止奶牛发病和死亡,最大限度地减少化学药品和抗生素的使用。

(6)经常搞好环境卫生消毒,对病死牛必须作无害化处理。

放心牛肉的生产也应严格按以上标准执行。

97. 无公害牛奶生产过程要执行哪些标准?

无公害牛奶生产要执行以下标准:

(1)兽医防疫标准。①环境卫生条件:要求选址科学,符合动物防疫要求,并具有动物防疫合格证。②免疫接种:各场或专业户应按照《中华人民共和国动物防疫法》及其配套法规规定,对其饲养的奶牛进行防疫接种。③产地检疫:按照 GB 16549《畜禽产地检疫规范》和国家有关规定执行。④疫病的控制和扑杀:在怀疑发生或发生疫病时,应依据《中华人民共和国动物防疫法》及其配套法规规章规定,确诊后,视不同疫病种类、数量、规模等采取不同的控制和扑灭措施。⑤记录:用药和疫苗免疫、疫病监测、无害化处理、销售(调运)记录等完整,所有的报告、记录等材料翔实、准确和齐全。所有记录应存档,一般要求所有记录应在清群后保存两年以上。⑥自觉接受动物防疫监督机构进行定期或不定期的疫情监测。

(2)兽药使用标准

①药品合格。奶牛养殖需要的药品应在兽医指导下用药。预防、诊断和治疗用药的药品,必须符合《中华人民共和国兽医典》、《中华人民共和国兽药规范》、《兽药质量标准》、《兽用生物制品质量标准》、《进口兽药质量标准》和《饲料药物添加剂使用规定》及相关规定,所用兽药必须来自具有兽药生产许可证和产品批准文号的生产企业;或者具有进口兽药许可证的供应商。禁止使用未经国家畜牧兽医行政管理部门批准兽药或已经被淘汰的兽药。

②用药规范。不同畜禽饲养过程中兽药的使用存在差异,允许使用的药品种类和休药期也各有不同,各奶牛场均应按农业部278号的规定严格执行休药期制度。

(3)饲料及饲料添加剂使用标准

①饲料原料应无发霉、变质、结块,无异味、异臭,液体饲料应色泽均匀。卫生指标符合 GB 13078 的有毒有害物质及微生物允许量规定。禁止使用制药工业副产品。

②配合饲料、浓缩饲料和添加剂预混料应色泽一致,无发霉、变质、结块、无异味、异臭。有毒有害物质及微生物允许量符合 CB 13078 的规定。

③营养性添加剂和一般性添加剂具有该品种应有的色、味和形态特征,无异臭、异味。所用品种应属中华人民共和国农业部公布的《允许使用的饲料添加剂品种目录》以及取得试生产产品批文的新饲料添加剂品种,生产企业应是已取得农业部颁发的饲料添

加剂生产许可证的企业。其用法和用量应遵照饲料标签规定的用法和用量。

④药物饲料添加剂严格执行农业部发布的《饲料药物添加剂使用规范》规定的品种、用量和休药期。不使用国家规定的违禁药物。

无公害牛肉的生产也应严格执行以上标准。

98. 绿色牛奶食品生产过程要达到何要求？

按规定,绿色食品的生产过程对环境条件要求十分严格,无论是农作物种植、畜禽饲养、水产养殖,还是加工、储运、销售,都必须严格遵守无污染、无公害的生产操作规程,其主要要求是:

(1)生产区域内必须没有工业企业的直接污染,大气、土壤、灌溉用水和养殖用水均必须没有污染,并确保生产过程的环境质量不下降。

(2)农药、肥料、饲料和品种选用,必须严格遵守绿色食品生产准则,化学合成肥料、化学合成生长调节剂、添加剂的使用,必须符合环保要求,不得使用使产品含有残留的有毒有害物质。

(3)奶牛舍不可使用毒性杀虫药和灭菌药,不可使用化学合成激素、合成生长素及有机磷等有毒有害物品。

(4)食品加工不得使用国家明令禁止的色素、防腐剂、品质改良剂、糖精及人工合成的食品添加剂等。此外,最终产品必须由中国绿色食品发展中心指定的食品检测权威部门依照国家的标准检测检验合格,方可申请绿色食品标志使用权。使用绿色食品标志的单位和个人,在有效期内应接受抽检。

绿色牛肉的生产也应严格执行以上标准。

99. 怎样保存鲜牛奶？

牛奶要避光冷藏。用冰箱保存牛奶,一定要将牛奶放在冷藏室中,在温度0℃～5℃之间保存,千万不要把牛奶放在冷冻室中冷冻。牛奶最容易吸收异味,不要和有腥味和强烈刺激性气味的食物放在一起。

100. 怎样进行牛奶消毒？

在牛奶初加工过程中，常采用低温长时间杀菌、高温短时间杀菌和超高温瞬间灭菌方法对牛奶进行杀菌消毒。

（1）低温长时间杀菌。这种方法也称保持式杀菌法，是沿用很久的一种最基本的方法，即将牛乳加热到62℃～65℃，保持30分钟。经试验，采用这一方法杀菌，一般能杀死牛乳中的各种生长型致病菌，杀菌率可达99%，但对部分嗜热菌及耐热性菌以及芽孢等则不易杀死。因此经过这种方法消毒的牛乳仍有少量的乳酸菌残存，所生产的普通瓶装乳，在常温下只能保存0.5～1天。

低温长时间杀菌一般使用夹套立式圆筒状乳槽，也称保温缸或消毒缸。中间装有立式搅拌器，夹套中可通热水、蒸汽和冷水，所以也称冷热缸。缸上还附有温度计，以指示其温度，消毒槽多为不锈钢制成，其容积为500～1000升不等。

（2）高温短时间杀菌。高温短时间巴氏杀菌的主要设备有转鼓式加温消毒器和片式热交换器，有的还配有均质机和标准化机。采用这种设备消毒牛乳，全部过程在封闭管中进行，牛乳卫生质量较好。而且由于标准化机可将牛乳含脂率调到同一水平，均质化机可使牛乳中较大的脂肪球变小，达到均匀一致，因而成品质量更加细腻洁白，口感良好。

高温短时间杀菌通常采用全套杀菌设备，其杀菌温度及时间为72℃～75℃维持15～16秒。这种方法杀菌时间短，工作效率高，效果好，所有酶均被破坏。

（3）超高温瞬间灭菌。牛乳经过超高温强烈的热处理，杀死牛乳中存在的微生物。采用这种方法灭菌，牛乳具有极好的保存特性，可在较高的温度下长期贮藏。所以，乳品厂能向很远的地区推销灭菌牛乳。超高温杀菌设备为片式热交换器型，全套设备包括平衡槽、片式热交换杀菌器、乳泵、真空泵、均质机、标准化机、温度自动控制器及温度自动记录仪等装置。

用超高温瞬间灭菌，一般将牛乳加热到 135℃，保持 2 秒，并配合以各个环节的无菌操作及在无菌条件下进行包装，即可生产出高质量的无菌乳。

101. 什么是药物的休药期？

食品动物从停止给药到许可屠宰或它们的产品（乳、蛋）许可上市的间隔时间，我们称之为休药期，休药期也称停药期。不同的药物，其休药期不同。

兽药的休药期是为了避免供人食用的动物组织或产品中残留药物超量。为了保证人们在食用了动物组织或产品后不会危害身体健康，所以必须规定休药期。否则，就会使动物产品无法进入市场，甚至可能还引来贸易纠纷。

102. 奶牛的长途运输要做好哪些准备？

奶牛的长途运输，要认真做好汽车、饲草和饮水器具以及奶牛选购和防疫等方面的准备工作。

(1)运输工具的准备。奶牛运输一般选用汽车作为运输工具，途中管理相对灵活。应使用双排座的高护栏敞篷车，车护栏高度应不低于 1.8 米，切忌使用低护栏车。车厢顶部分用松木棒或钢管捆扎，可放途中饲喂的干草捆和饮水器具。车厢底放置 20～30 厘米厚的熏蒸消毒过的干草或草垫，用于防滑。

(2)饲草和饮水器具的准备。在长时间的运输过程中，牛只必须保证每天饮 3～4 次水，每头牛每天准备 5 千克左右干草采食。饲草要选经过熏蒸消毒的苜蓿或其他优良牧草。牧草分扎成捆，平均每捆 35～40 千克。草捆中严禁混有发霉变质的草，以免牛只食入后发病。干草捆可放在车厢的顶部，用帆布或塑料布遮盖，防止途中雨水浸湿变质。

每辆运牛车配备长 15 米以上的软水管一根，配发 10 个左右熟胶橡皮桶，或用帆布做成软水槽固定在车厢一边。另外运输途中若经过水源缺乏的地区，可备一个能装 100 千克水的大桶，预防水源缺乏时应急用。

（3）按品种要求，认真选购符合规定的奶牛，在运输前要搞好常见疾病的免疫接种并做好防疫标记，按规定做好检疫工作，办好运输检疫手续等。

103. 怎样做好奶牛的长途运输工作？

一般而言，奶牛的长途运输时间都很长，所以必须做好运输途中的护理工作。

（1）将奶牛正确装车。装车时，要用绳子将牛头系牢在车厢栏杆上，牛头距离栏杆 10 厘米，启运 30 千米以后，将绳子放长到 25 厘米左右。装牛数量应与车厢匹配，车身长度 12 米的汽车，在春、秋季每车可装 300 千克左右的未成年牛 21～26 头，夏季每车装 18～21 头。

（2）由于长途运输中牛只应激反应较大，免疫能力下降，因此在隔离场期间就应做好相应疫苗的免疫注射，确保牛只能够抵御疫病的侵袭。在途中一般常见的病有：牛前胃弛缓、产后胎衣不下、乳房炎、流产等疾病，还有因路面不平或车起步、急刹车造成牛只滑倒扭伤。

在运输途中由于时间、空间的限制，不能很好地给病牛治病，因此只能采取简单易操作的肌内注射方式，以抗炎、解热、镇痛的治疗方针，针对用药，控制病情的发展。

途中治疗所需药物：抗菌消炎药有盐酸普鲁卡因青霉素（油剂）、先锋霉素、链霉素。解热药有安乃近、氨基比林等。镇跛镇痛药有镇跛宁、跛痛消等合成注射液。乳房炎用药有乳炎净、房炎一针灵。另外在途中为降低应激反应，还可给每辆车备上葡萄糖粉、口服补盐液、水溶性多维等抗应激药。如有外伤可准备碘酒、双氧水涂抹，外伤流血不止的可注射止血敏、维生素 K_3 等止血药，对于受惊吓过度的牛可备一些静松灵、眠乃灵等镇静药。

妊娠牛在运输过程中，为防止应激造成的流产以及抽搐症，可肌内注射盐酸氯丙嗪，每千克体重 1～1.5 毫克，具有良好的防护作用。

（3）人员防护。在运输过程中，会出现各种各样的困难，只有通过精心的组织安排，细心的防护，才能将牛只顺利运送到目的地。

运输车辆过多时，可以将车辆和人员分组。如根据具体情况，可将 5～10 辆车分为 1 个小组，每辆车上 2 名司机，1 名饲养员，每个小组配 1 名兽医。小组统一行程，相互协作，安排好牛只的饮水、喂草和人员的食宿。饲养员和兽医要忌着红色服装。

在运输过程中，每行驶 2 小利后要停车检查，饲养员要细心观察，协同合作，发现有卧地牛时，切忌态度粗暴，千万不能对牛只粗暴地抽打、惊吓，紧急情况下可用木板或木棍、钢管将卧地牛隔开，避免其他牛只踩踏，再根据情况处理。如发现个别牛有攻击倾向时，饲养员要做好防护准备，应尽可能采取躲避措施，待牛只情绪冷静下来，也可用一些镇静药控制牛只狂躁。千万不可滥用武力或一味蛮干，造成人员或牛只不必要的损伤。

在运输过程中，饲养员和兽医要特别注意临产的孕牛，防止孕牛难产而造成损失。如在途中生产，要及时做好初生犊牛的防护。让犊牛及时吃上初乳，用木板或木棒栅栏将犊牛和大牛隔开，防止犊牛被挤踏伤。汽车起步或停车时要慢、平稳，中途要匀速行驶。

肉牛的长途运输参照以上方法执行。

104. 怎样进行奶牛的短距离运输？

奶牛短距离运输的时间不长，要求切实做好以下几项工作：一是准备工作。包括车厢隔断设施（木棍、钢管等材料）和防滑设施（铺垫碎草或秸秆等），装车前适当限饲停水，按规定做好检疫工作，办好运输检疫手续。二是正确装车。车厢面积与装牛数量相匹配。要求用绳子将牛头系牢在车厢栏杆上，牛头距离栏杆 10 厘米，启运 30 千米后，要停车检查牛群，并将绳子放长至 20～25 厘米。三是运输途中的检查与管理。装运牛车要坚持慢启慢停，匀速行驶，一级路面行驶速度为每小时 80 千米左右，二级路面为每小时 60 千米左右,三级路面为每小时 50 千米左右。同时,要根据不同的季节和气温合理安排行车的时间,避免严寒和酷热的时间运输行车。

105. 牛需要检疫哪些疫病?

按照我国规定,牛需要检疫的一类疫病包括口蹄疫、牛瘟、牛传染性胸膜肺炎、牛海绵状脑病、蓝舌病。二类疫病包括伪狂犬病、狂犬病、炭疽病、副结核病、布氏杆菌病、牛传染性鼻气管炎、牛恶性卡他性热、牛白血病、牛出血性败血病、牛结核病、牛焦虫病、牛锥虫病、日本血吸虫病等。三类疫病包括牛流行热、牛病毒性腹泻黏膜病、牛生殖器弯曲菌病、毛滴虫病、牛皮蝇蛆病等。

生产中,需要进行常规监测的疫病至少包括口蹄疫、结核病、布氏杆菌病等。

106. 怎样检疫牛布氏杆菌病?

牛布氏杆菌病检疫主要是根据临床症状和实验室诊断。①临床症状:主要表现流产,多发生在怀孕 5～7 个月,流产后多数伴有胎衣不下或子宫内膜炎,有的产死胎或弱胎,有的病牛出现关节炎、滑液囊炎、淋巴结炎或脓肿等。②实验室诊断:采样进行细菌学和血清学检验。

107. 怎样检疫牛结核病?

可采用皮敏试验检疫奶牛结核病,具体操作方式如下:①选择左颈侧中部上 1/3 处为注射部位,剪毛 5 厘米×5 厘米大小,3 个月内的犊牛可在肩胛部剪毛。在剪毛部位用检疫卡尺测量皮厚,做好记录。②剪毛处用酒精棉消毒。③无论牛只大小,每头在剪毛处皮内注射结核菌素 10000 国际单位,注射部位可见一小块凸起即可。④结果观察与判断。注射结核菌素 72 小时后观察结果并测量皮厚,与原皮厚进行对照。⑤阳性反应判断标准:注射部位发生炎症,皮厚比原来增加 4 毫米以上,即可判断为结核病阳性反

应。⑥可疑反应判断标准:注射部位炎症反应不明显,皮厚增加 2
～3.9 毫米的,可判为结核病疑似反应。疑似牛可在对侧重检,重
检仍为疑似的,可在 1.5 个月后进行复检,两次检疫均为疑似的,
可作阳性反应处理。⑦阴性反应判断标准:皮厚增加不到 2 毫米
的,可判断为阴性反应。

108. 怎样检疫牛口蹄疫?

牛口蹄疫检疫主要是根据临床症状和实验室诊断进行。①临
床症状:体温 40℃～41℃,食欲减退,闭口流涎,1～2 天后唇内面、
齿龈、舌面和颊部黏膜出现蚕豆大或核桃大的水疱,初期无色透明
或淡黄色,然后变为浑浊的灰白色,最后破裂、糜烂,形成疤痕,趾
间、蹄冠、乳头出现水疱,破溃形成烂斑逐渐愈合。另外犊牛看不
到特征性水疱,只是出现胃肠炎和心肌炎。②实验室诊断:采样送
兽医实验室做反向血凝试验。

109. 怎样检疫牛蓝舌病?

牛蓝舌病检疫主要是根据临床症状和进行实验室诊断。①临
床症状:大多数为隐性感染,急性病牛一般有高热、流涎,鼻镜、蹄
冠、乳头等处有轻微的溃烂、坏死和糠疹,舌充血、水肿呈蓝色伸出
口外,有轻度咳嗽,出现跛行,怀孕牛可发生流产、死胎和畸形胎。
②实验室诊断:采样送兽医实验室作琼脂扩散试验,必要时作病毒
分离。

110. 怎样检疫牛日本血吸虫病?

牛日本血吸虫病检疫主要是根据临床症状和实验室诊断。
临床症状:急性型表现为体温升高到 40℃ 以上,呈不规则的间
歇热,食欲减退、精神沉郁,20 天后发生腹泻,转为下痢,粪便夹杂
血液和黏稠团块,贫血、消瘦、无力,严重者死亡;慢性型表现为食
欲不佳,时好时坏,精神较差,有的病畜腹泻,粪便带血,消瘦,贫
血,母牛不孕或流产,犊牛生长缓慢。

实验室诊断:采样送兽医实验室作水洗沉淀虫卵检查,还可采用环卵沉淀反应、间接血凝、荧光抗体和酶联吸附试验作辅助诊断。

111. 公司加农户养奶牛的经营管理模式有哪些优越性?

实施公司加农户的奶牛生产经营管理模式,具有以下显著的优越性。其一,可以突出奶牛产业的小规模大群体的规模经营效益,能有效克服一家一户小规模分散经营,生产效益难以显示的矛盾。其二,大型的龙头公司一头牵着市场,一头连着农户,良好的市场运作,有效地化解农户养殖奶牛的市场风险。其三,公司加农户的管理模式,能够强化农户严格按照技术标准进行养殖生产,能够有效保证牛奶的质量安全。

112. 公司加农户养奶牛的经营管理模式要注意哪些事项?

发展公司加农户养奶牛的经营管理模式,要注意以下有关事项。一是政府和专业管理部门要注意加强对龙头企业的引导和扶持,支持龙头企业做大做强,有实力的大型龙头企业,才会有能力带动奶牛户发展奶牛养殖生产。二是要注意完善有效的法律监管机制,加大对企业和农户的奶牛标准化生产的法律监管力度,有力打击奶牛生产中的违规行为,确保奶产品的质量安全。三是要注意加强对奶农户的综合素质教育,切实提高奶农户奶牛养殖的技术水平和生产规范管理水平。四是对奶牛的生产经营活动统一管理,一般要求统一品种、统一防疫、统一兽药、统一技术服务、统一销售,以确保奶产品的质量安全。

113. 奶牛场的工作日程有哪些?

奶牛场要根据奶牛的生理规律(采食时间,挤奶间隔,反刍和休息等)制定完善的工作日程,工作日程确定以后要严格执行,不能任意变动和更改,要使奶牛养成习惯。

一般奶牛场采用的工作日程有"两挤两喂"、"三挤三喂"和"四挤四喂"3种,即每昼夜产奶 30 千克以下的奶牛,实行"两挤两喂"的工作日程,也就是每隔 12 小时挤 1 次奶,饲喂 1 次;30~40 千克产奶量的牛,采用"三挤三喂"的工作日程,每隔 8 小时挤 1 次奶,饲喂 1 次。对高产奶牛群(每昼夜产 40 千克以上)有实行"四挤四喂"的,但并不是次数越多越好。

114. 怎样安排奶牛场各月的工作?

奶牛场的生产比较繁杂,但为了使工作忙而不乱、有序地开展,须对各月份工作有计划地部署,总的说来大致安排如下:

1 月份:进一步落实防寒保暖防滑的措施,确保冬季用水,并且清洁卫生,尤其要做好产前奶牛、产后奶牛、病弱牛、犊牛的安全越冬。还要做好春节期间的精料饲料的贮备、加工等。

2 月份:分解全年的各项指标到班组、岗位或个人。继续做好防寒保暖工作,重点开展难孕牛的处理和配种工作,加强春季防疫,做好奶牛布氏杆菌病和结核病检疫的准备工作。评定在群牛的膘情,重点抓好瘦弱牛的复膘。

3 月份:落实青贮饲料的种植计划,签订收购合同。普查泌乳牛的乳房状况。开展环境和牛舍的春季大消毒,抓紧时间绿化牛场。注射炭疽疫苗、口蹄疫疫苗。

4 月份:强化奶牛的饲养管理,清理库房,把贮存时间长或水分含量高、尚未变质的饲料翻库重堆,并抓紧使用。开展春季修蹄,淘汰春季中生产效益极差的牛。做好青草收购的准备工作。

5 月份:整理草堆旁的边沟,修理已坏的屋面,落实仓库、草堆的防漏措施。在地沟和低洼潮湿处喷洒杀虫剂,消灭蚊蝇,开展场内全面消毒工作。做好天气骤热的应激措施,以防坏奶。控制老青草、水草进入场内,制止劣质饲料喂牛。

6 月份:做好加工青贮机械的检修工作,准备月底加工青贮玉米。做好防暑降温的准备工作,修理运动场凉棚,检修电风扇和淋水装置。做好精饲料配方的大幅度调改的准备,确保夏季饲料的营养。淘汰体质差、奶量低、多病的老弱奶牛。

7月份:开展防暑降温的各项工作。落实安全过夏措施,减缓产奶量的下降。加强防疫,预防乳房炎、蹄病、流产大面积发生及流感发生。制作青贮玉米等饲料,注射口蹄疫疫苗。

8月份:继续做好防暑降温工作,清理排水系统,加强对难孕牛的处理、治疗,积极开展技术人员和工人的培训,重视对干奶牛干奶效果的观察,签订种植黑麦草等饲草的合同。

9月份:检修青贮窖和青贮加工设备,准备制作秋季青贮饲料,晒制青干草,做好贮备的准备工作。清理、消毒产房,迎接产犊季节的来临,开展核心群的选定工作。下旬停配非难孕母牛,重点处理生殖道有疾患的奶牛。做好三季度牛群乳房的普查。

10月份:做好制作青贮饲料的扫尾结束工作。全场进行秋季大消毒,开展年内的第二次结核病检验工作。这一个月多数牛处于停配阶段,应进行繁殖人员的岗位培训和有关资料的整理,通过各种途径弥补配种技术的不足。同时,针对牛群中品种现状存在的不足,寻找在相关性状上优秀的公牛,待开配期使用。订购冬季使用的干草,做好下半年的修蹄工作,种植黑麦草。

11月份:进行牛群多种性状的检查核定工作,编制下一年度的育种繁殖方案。下旬开始大批量地配种,做好冬季块根饲料的收购和贮备工作及冬春季青绿饲料的供应计划。检修水电气设备,做好防寒保暖的准备工作。注射口蹄疫疫苗。

12月份:调整日粮,以满足产犊和产奶高峰奶牛的营养需要,对病程长、反复患病、难孕牛在更新的指标范围内尽快离场,尽可能推广产奶性能强和线性外貌评分高的奶牛。实施各种防寒措施,总结全年工作等。掌握牛群的年龄、胎次、妊娠牛数量、膘情及健康状况、全年单产、经济效益等情况,安排来年生产计划和总产、单产、经济效益等计划。

115. 为什么奶牛场最好配备计算机管理？

计算机已经用于各行各业，在奶牛生产上也有广泛的应用。如应用计算机查询信息，进行奶牛日粮配方，生产记录，计算机辅助的奶牛育种，奶牛的自动控制饲喂，奶牛挤奶自动化，奶牛场的经营管理等。

（1）奶牛日粮配方。现在已经开发了多种奶牛日粮配方的软件，可以根据奶牛的营养需要和饲料供给情况，采取最优化（营养的平衡和价格优化）设计，对各阶段奶牛的日粮进行电脑配方设计，大大减少了烦琐的手工计算，提高了奶牛营养的合理性和经济有效性。

（2）网上信息查询和产品营销。利用电脑上网，可以浏览世界各地奶牛生产经营情况，学习最新养殖技术，发布产品信息，网上求购相关产品和设备。

（3）生产记录和辅助奶牛育种。利用电脑软件记录奶牛的各种信息，如奶牛系谱档案、配种记录、母牛产犊记录、产奶记录等，这些记录既为奶牛场的一般生产管理所需要，也是奶牛育种工作的重要参考资料。随着新的选育种方法在奶牛上的应用，如 BLUP 法，计算机更成为必要的工具。

（4）牛场管理。如牛群饲料供应、信息存储、统计计算、奶牛生产分析、生产预测，牛群周转、牛群的健康监测和财务管理等。

（5）奶牛生产自动化控制。如奶牛自动饲喂、自动挤奶等。

第二章　肉牛的健康养殖技术

116. 什么是肉牛的健康养殖？

肉牛健康养殖是指在保护生态环境健康和农村村容整洁的前提下，按照国家对养殖业生产所制定的法律法规的要求，对肉牛进行标准化的养殖生产，不断获取无病害残留和药物残留的安全优质牛肉产品的一种肉牛生产方式。它涵盖了资源持续利用、生态环境保护和牛肉产品安全方面的科学范畴。具体包括农村清洁化的肉牛养殖区域规划和小区建设，牛粪无害化、资源化的生物处理技术的应用，肉牛疫病的科学防控技术应用，以及肉牛养殖过程中的标准化控制措施四个方面的内容。肉牛的健康养殖是我国社会主义新农村建设的一项重要内容。

117. 目前我国肉牛养殖生产中存在哪些问题？

目前我国肉牛养殖生产中主要存在以下方面的问题：①品种性能偏低。我国牛的品种资源虽然丰富，但役用牛品种较多。近年来，尽管我国对肉牛的引种改良和肉牛育种工作取得了一定的成效，但进程还不是很快，肉牛的良种化程度低，生长性能和产肉性能不高。目前我国肉牛的良种覆盖率只有 55%，肉牛平均胴体重 133 千克，仅相当于世界平均水平的 66%，每头存栏肉牛的年产肉量仅相当于美国的 33%。②牛肉的质量安全问题令人担忧。长期以来，我国农牧民对肉牛生产的投入不够，防疫手段落后，检验设备不全，一些重大疫病对肉牛生产的影响大，药物有毒有害物质的残留超标问题突出，牛肉质量安全水平低下。因此，尽管我国肉牛的生产成本较低和价格优势明显,但绿色贸易壁垒始终阻碍着我国牛肉的出口。③肉牛养殖技术尚不规范,肉牛生产技术相对落后。在肉牛的牛舍设计、牧草生产、饲料安全、粪污处理等方面的技术措施存在着明显不足。

118. 肉牛健康养殖的必要性、紧迫性及意义是什么?

一方面,由于肉牛养殖数量不断增加,各种细菌、病毒和寄生虫引起的发病率越来越高,例如口蹄疫等重大肉牛疫病给我国的畜牧业造成严重经济损失。滥用和非法使用药物使病原微生物的耐药性增强,直接影响药物的防治效果,养殖者只得更加普遍地使用抗菌药物,最终导致恶性循环,一些病原微生物也随着环境的变化而出现变异,新的疫病不断增加,预防控制的难度不断加大,给肉牛生产带来了极大的威胁。同时,增加了病原微生物和药物在动物体内的残留,对牛肉食品带来了严重的污染。疫病对牛肉食品的污染和药物有害成分在肉牛中的残留,严重威胁着人类的健康安全。另一方面,牛的粪污量增加和污物处理不当,影响着人类的居住环境,同样威胁人类的健康安全。可见,大力推广肉牛健康养殖方式已经迫在眉睫,并且十分必要。

发展肉牛健康养殖,有利于推动肉牛生产的专业化、标准化和产业化发展;有利于统一防疫,提高肉牛防疫效果,确保肉牛产品健康无病;有利于实现人畜分离,改善农村的人居环境,促进村容整洁;有利于按照现代生物科学排污技术的要求进行生物排污,变废为宝,有效地促进资源转化和农业循环经济的发展,更好地保护生态环境,实现人与自然的和谐发展。大力发展肉牛的健康养殖,在促进牛肉产品的质量安全水平和提高市场出口竞争力等方面均具有重要的现实意义。

119. 肉牛健康养殖的关键环节有哪些?

肉牛健康养殖主要包括以下 5 个关键环节:①科学选择和规

划肉牛养殖场,科学设计和建设好肉牛舍。②引进性能优良的肉牛品种,提高肉牛养殖效益。③按照肉牛的养殖技术规范进行标准化养殖,正确选择使用安全无公害的饲料和兽药,防止饲料和兽药中有毒有害等限制性成分超标,禁止使用违禁药品,同时确保肉牛场的饮水符合标准要求。④做好肉牛重大疫病的防控工作。⑤科学搞好肉牛粪便的生物治理和达标排放,确保肉牛养殖区的环境不受污染和肉牛粪污的资源化。

120. 我国肉牛养殖业面临怎样的机遇和挑战?

目前,在我国肉牛生产过程中,一是肉牛养殖量的增长,自然牧草的过度放牧和对人工草地开发的重视不够,造成了牧草资源的破坏和饲草短缺。加上我国肉牛的良种化程度低,养殖技术水平不够,效益偏低。二是粪便排放量增加,粪污的直接排放对自然环境造成了较大的污染。三是肉牛生产的标准化措施落实不到位,牛肉的质量安全水平偏低。由于欧盟等国家的技术质量标准的限制,特别是日本的"肯定列表制度"自 2006 年 5 月 29 日实施以来,对农业化学品在食品中残留限量的规定更加苛刻,使得我国牛肉的国际市场竞争力较弱。这些问题已经成为我国肉牛养殖业所面临的严重挑战。

然而,随着人们生活水平的不断提高,人们更加追求健康的生活,对肉食品的结构需求也发生了改变,牛肉等低脂肪的草食动物肉类产品的需求量不断增加,我国肉牛生产发展和市场空间巨大。同时,我国已经越来越重视畜牧业发展和肉类产品的质量安全工作。《中华人民共和国畜牧法》和中央"一号文件"提出要大力推行健康养殖的生产方式,农业部连续实施了"无公害食品行动计划"和"优势农产品质量安全推进计划",进一步加大了对畜牧业生产和质量安全生产的规范管理和扶持力度,我国发展肉牛生产有了十分明确的支持政策,迎来了新的发展机遇。

121. 国家对肉牛的健康养殖有哪些政策支持?

国家对肉牛的健康养殖制定了相关的配套政策。一是强化法律法规支持体系。认真贯彻实施《草原法》、《动物防疫法》、《兽药管理条例》、《饲料和饲料添加剂管理条例》,并出台了《畜牧法》、《农产品质量安全法》等专业法规,制定并实施了无公害肉牛生产标准和规范,确保了我国肉牛生产进入了法制轨道。二是加大投入支持政策。国家在优势肉牛生产区内加大了资金的投入力度,集中动物保护、种苗工程、安全优质等专项资金,大力扶持优势肉牛的产业发展;加大对优势肉牛实施免费检疫、免疫的制度,将出口鲜活肉牛的费用降低,用于补贴肉牛的育种、繁育等;制定优势肉牛产品标准,扶持名特优肉牛的品牌建设;加强对标准化示范区(基地)肉牛检测中心的建设等。三是完善补贴政策。充分利用WTO 协议中有关绿箱政策措施,加大对优势区域内肉牛的财政补贴,对肉牛养殖大户实行鼓励支持减免利息等优惠政策;对优势肉牛的资源品种、胚胎实施补贴政策。四是改革和完善流通体制。在优势产业区内加强对优势肉牛行业协会及中介组织的扶持,推进农业管理体制改革,建立产供销、内外化一体的体制;在优势肉牛产业区,建立拍卖、联销等经营体制,对优势产业区生产的肉牛实施优质优价,培育市场经营主体。

122. 国家对肉牛的健康养殖有哪些标准与
规范?

目前,我国在肉牛健康养殖方面,农业部已经出台和实施了无公害和绿色食品类的生产标准和规范,无公害食品标准主要包括《无公害食品　牛肉》(NY 5044－2001)、《无公害食品　肉牛饲养管理准则》、《无公害食品　肉牛饲养饲料使用准则》、《无公害食品　肉牛饲养兽药使用准则》、《无公害食品　肉牛饲养兽医防疫准则》、《无公害食品　肉牛饲养管理技术规程》等相关标准,绿色食品标准包括《绿色食品　肉及肉制品》、《绿色食品　产地环境技术条件》、《绿色食品　食品添加剂使用准则》、《绿色食品饲料和饲料添加剂使用准则》、《绿色食品　兽药使用准则》、《绿色食品　动物卫生准则》、《绿色食品　包装通用准则》。这些标准与规范的出台十分有利于促进我国肉牛产业整体技术水平的提高、促进我国肉牛生产与国际肉牛业接轨，生产出高效、优质、安全的牛肉，有利于提高我国牛肉的国际竞争力。

123. 影响肉牛产品安全性的主要因素有哪些？

①病原体污染，如牛口蹄疫病、寄生虫病等。②投入品污染，如使用违禁药物或药物残留超标等。③产地环境污染，如牛饮用水质差、空气质量受污染等。④加工污染，如添加禁用色素。

124. 国外肉牛健康养殖现状与发展方向如何？

近年来，国外养牛业无论在数量上还是在质量上都有显著的发展和提高。2004 年，全世界肉牛的总存栏量为 13.7 亿头，出栏肉牛 2.79 亿头，出栏率为 20.4％。当年牛肉总产量为 5788.3 万吨，人均占有 9.30 千克。牛肉次于猪肉（约占 28％）而居第二位。每头屠宰牛的酮体重为 207.5 千克。

世界牛肉产量最多的国家依次为美国（总产 1243.8 万吨，人均 42.74 千克，存栏牛 9670 万头）、巴西（总产 713.6 万吨，人均 40.49 千克，存栏牛 1.76 亿头）和中国（总产 532.0 万吨，人均 4.09 千克，存栏牛 1.06 亿头）。人均占有量最多的国家分别是澳大利亚（250.8 千克）、阿根廷（71.09 千克）、美国（42.74 千克）、加拿大（41.25 千克）。

肉牛品种大型化，生长速度不断得到提高。现代的大型肉牛品种夏洛来、利木赞、皮埃蒙特和南德温等，生长至 15 月龄，体重可达 400～450 千克以上，最高日增重有超过 2.0 千克的，平均宰前日增重可达 1.5～2.0 千克。

在肉牛生产上，充分利用肉牛的杂交优势，以提高生长速度和饲料报酬率。加拿大利用若干个肉牛品种进行二元、三元杂交，轮回杂交和终端轮回杂交,公牛和非种用母牛肥育作肉牛屠宰,种用杂交母牛被用于培育"复合型肉牛"品种。西欧和大洋洲一些国家,将荷斯坦奶牛与肉用品种公牛配种,所生杂种后代,肥育后屠宰肉用。

集约化和工厂化肉牛生产公司不断兴起,养牛场数量减少而规模不断扩大。美国北科罗拉多州芒佛尔特肉牛公司,年育肥肉牛 40 万~50 万头,产值达 3 亿多美元,是美国也是世界上最大的肉牛公司。除了饲养肉牛以外,还进行屠宰、加工和销售,真正做到了"公司+养牛户",产、加、销一体化的产业发展格局。

近年来,基于环保的需要和"有机农业发展模式"的出台,一些国家已经提出"可持续肉牛生产"的口号。其核心内容是:①以充分、有效、持续地利用天然草场为出发点。②通过划区轮牧,发展人工草场等,使天然草场的利用更加优化,减少对于粮食和贮备牧草的依赖性。③维持农牧民经济收入的不断增长。④为消费者提供健康卫生的"有机"(或绿色)牛肉。⑤长期保持生态环境的健康和稳定。

可持续发展的肉牛健康养殖模式已经成为国外肉牛发展的主要趋势。

125. 国内肉牛健康养殖现状与发展方向如何?

我国养牛业具有十分悠久的历史。早在春秋战国时期,牛就作为农业生产上的主要役畜,耕牛作为"农家之宝"一直延续下来。改革开放以来,随着农机具的推广,役用不再是养牛的唯一目的。国外一些优秀的肉牛良种和冷冻精液配种技术被引进国内,地方牛的杂交改良和肉用牛生产已经取得了十分瞩目的成就,得到了快速发展。特别自 20 世纪 90 年代实施秸秆养牛的方针以后,肉牛业的发展更如雨后春笋。我国牛肉的总产量已从 80 年代的世界第 4 位跃居第 3 位。

2004 年,我国各类牛的总存栏量为 1.084 亿头,为新中国成立初期的 2 倍以上。其中水牛 2276 万头,占 21%,牦牛 205 万头,占

1.9％，良种和改良奶牛 1000 万头，占 9.2％，其余 7359 万头，占 67.9％，系地方良种黄牛和一部分品改杂种牛。当年牛肉总产 532.0 万吨，人均占有量 4.09 千克。牛肉在整个肉类中的比例为 8.5％，大大低于猪肉的平均占有量和猪肉在肉类中所占的比例。每头屠宰牛的平均胴体重约为 136 千克，每头存栏牛平均产肉 49 千克。但是，与 20 世纪末相比，由于种种原因，我国肉牛的存栏数有减少的趋势。如 2004 年比 1998 年牛肉总产量只增加了 26.6 万吨，年平均增加 4.4 万吨，年均增长率仅为 0.9％左右。而 2004 年牛的存栏数比 1998 年减少了 1858 万头，每年平均减少约 310 万头。

我国尚无专门化的肉牛品种。目前生产牛肉多用地方良种黄牛，或良种黄牛与国外引进的肉牛品种（如安格斯、夏洛来、利木赞、南德温、西门塔尔和皮埃蒙特等）进行杂交以后所生的杂种牛。

除少数牧区以外，我国肉牛生产以"秸秆＋精料"方式为主，对架子牛和老残牛进行短期肥育。而高档的小牛肉和犊牛肉由于市场和饲养方式的限制，至今没有发展起来。至于"可持续肉牛生产技术"，至今还没有进入议事日程。我国牛肉的出口量特别小，而且近年来还有下降趋势，这与进口国所设置的"技术壁垒"有关，但也提醒我们，严格按照"无公害"或"绿色食品"的标准和要求，规范我国肉牛养殖生产，切实保证消费者的卫生和健康，走可持续发展的路子，已经成为我国肉牛产业发展的当务之急。

随着农业经济的不断发展，我国肉牛业的发展将从数量型增长模式向大型良种肉牛培育和可持续的健康养殖为主的质量型方向发展。同时，"农工综合体"、"公司＋基地＋农户"的发展模式以及"贸工农"相结合的规模肉牛发展途径已在我国初步形成，有待继续完善和发展。

126. 为促进我国肉牛养殖业的健康发展，应采取哪些政策和措施？

促进我国肉牛养殖业的健康发展可以采取的政策和措施有：

（1）适应国内外肉牛业的发展需要，加快我国黄牛品种改良的步伐。

牛既可以消耗天然草地的劣质牧草生产牛肉，也可以消耗大量的粮食，搭配少量牧草去生产牛肉。前者的生产成本低、肉质差；后者的生产成本高，肉质优，但投资大。结合我国的特点，必须以第一种生产方式为主，适当配合第二种生产方式。

此外，选择合适的肉牛品种是十分重要的。我们认为，以优良的国内黄牛品种为基础，一手抓本品种向肉用方向的选育提高；另一手抓选择和引进外来品种的经济杂交，充分利用杂交优势，提高地方良种黄牛的肉用性能。

（2）做好我国肉牛生产的市场定位，逐步推广"可持续发展的肉牛健康养殖"模式，增加牛肉的出口量。

鉴于当前牛肉出口多被发达国家所垄断，而我国出口牛肉的价格比较低廉，仅相当于世界冷冻牛肉平均出口价的58％，我国肉牛生产应该从低档市场寻找出路，可以选择性地和一些需要中低档牛肉的国家进行贸易。

扶持推广"可持续发展的肉牛健康养殖模式"。在我国退耕还林（草）发展至适当时期，要逐步开放天然草场，实现"定畜量、混合放；设小区、建仓库；贮冬草，不过牧；收草种，人工播；增效益，保生态；肉质好，肥牛壮；牧民富，食者健"的目标。

（3）引导和提倡"公司＋基地＋农户"的肉牛生产模式，建立经济上紧密结合的"贸工农"联合体，使分散的小农生产方式被"结合"成一个大的经济实体，抵御在发展过程中可能遇到的问题。

（4）注意科学饲养，千方百计地挖掘便宜的饲草、饲料资源，按照肉牛的营养标准制定科学、合理的日粮配方。

（5）严格按照"无公害食品"、"绿色食品"和"有机食品"生产规范从事肉牛生产，为出口创汇创造条件。

（6）搞好科技培训，不断提高养殖户饲养肉牛的技术水平。

127. 怎样从环境的角度选择肉牛生产场址？

①远离居民区和工业区：场周围 1000 米内没有化工厂、屠宰厂、制革厂、制药厂、医院和其他动物饲养场等环境污染源，离居民点和其他规模畜禽场距离分别在 1000 米和 1500 米以上。②交通便利：离主要公路和铁路在 1000 米、离一般乡村道 300 米以上，有山等天然屏障，并修有专用道路与牛场相连，以利饲料及肉牛的调运和人客来往。③电力和通讯有保证。④有一定的青绿饲料种植基地。⑤面积适中：牛场要根据规模、饲养管理方式、饲料贮存和加工等确定场地大小，一般按每头牛所需面积 10～15 平方米估算，牛舍及房舍的面积占场地总面积的 15％～20％。⑥有足够清洁的水源。

128. 肉牛场应符合哪些防疫条件？

根据《动物防疫条件审核管理办法》第五条规定，动物饲养场应当符合下列动物防疫条件，但农民家庭散养的除外。一是选址、布局符合动物防疫要求，生产区与生活区分开；二是牛舍设计、建筑符合动物防疫要求，采光、通风和污物、污水排放设施齐全？生产区清洁道和污染道分设；三是有患病动物隔离圈舍和病死动物、污水、污物无害化处理设施、设备；四是有专职防治人员；五是出入口设有隔离和消毒设施、设备；六是饲养、防疫、诊疗等人员无人畜共患病；七是有健全防疫制度。

129. 怎样规划和布局肉牛场？

肉牛场的规划和布局应本着因地制宜和科学管理的原则，统一规划，合理布局，有利于生产管理和便于防疫、安全防范。做到各类建筑合理布置，符合发展远景规划，符合牛的饲养、管理技术要求，利于放牧，便于运输草料和牛粪，适应机械化操作，符合动物防疫，卫生和防火条件。

（1）生产区。饲养生产区是肉牛场的核心，对生产区的规划布局应给予全面细致的考虑。在饲养过程中,应根据牛的生理特点,对肉牛进行分群、分舍饲养,并按群设运动场。生产区的牛舍、运动场、堆粪场等,应设在场区地势较低的位置,要严格控制场外人员和车辆进入生产区。生产辅助区包括饲料库、饲料加工车间、青贮池、干草棚等,离牛舍要近一些,便于运输,降低劳动强度,生产区和生产辅助区要用围墙与外界隔离,大门口设置门卫室、消毒室、更衣室、车辆消毒室,严禁非生产人员出入场内,出入人员和车辆必须经消毒室和消毒池进行消毒。

(2)行政管理区。本区应建有办公室、宿舍、传达室、饲料加工车间、饲料库、维修间、变电间、厕所等。位置位于生产区的上风处,并与生产区和兽医防疫区保持一定距离,与生产区相通处设车辆消毒池、紫外线消毒间和更衣室,与外界相通大门有消毒池。

(3)牛场绿化。牛场的绿化应统一规划布局,因地制宜植树造林、栽花种草。南方地区气温较高,更应注意绿化,以改善牛场环境条件和局部的气候,净化空气,美化环境。①场区林带的规划:在场界周边种植乔木和灌木混合林带,如乔木类的大叶杨、钻头杨、榆树等常绿针叶树。②场区隔离带的状况:通过设置隔离林带,分隔场内各区,在生产区、生活区、管理区的四周栽种杨树、榆树等,其两侧种灌木,起到隔离作用。③道路绿化:宜采用四季常青树种进行绿化,并配置花草类。④运动场遮阳林:在运动场的南、东、西三侧设置1～2个遮阳林,可选择槐树、法国梧桐等树叶开阔、生产势强、冬季落叶后枝条稀少的树种。

(4)兽医防疫区。包括兽医诊断室、病牛隔离牛舍,此区应设在下风口,地势较低处,与生产区相距 200 米以上,病牛区应便于隔离,单独通道,便于消毒,便于污物处理。

(5)牛粪堆放点。设在地势较低处,便于运输,应距牛舍 500 米以上。

130. 肉牛舍可以分为哪几类?

肉牛舍按照牛的不同生理阶段可分为成年母牛舍、育肥牛舍、产房、犊牛舍和架子牛舍等。养殖户可根据生产规模分别建造。

131. 肉牛场应配备哪些检测设备及器具？

一般的肉牛场，应配备疾病诊疗、计量检测、消毒防疫等方面的设备和器具。常用的临床诊疗设备有疫病快速检测卡、体温表、注射器等。此外，还应配备磅秤、量尺等常用计量检测设备，喷雾器、消毒池等消毒设施。

132. 肉牛场饮用水的卫生要求及防止污染的措施有哪些？

饮水是肉牛获得水的重要来源。因此，肉牛场的饮用水，应该符合 NY 5027《畜禽饮用水水质标准》，保持畜禽饮用水的清洁卫生。为了确保肉牛饮用水不受污染，肉牛场首先要选择一个洁净的水源，如地下井水或无污染的清洁河水。水井的位置要避免在低洼沼泽和易积水的地方，水井周围 20～30 米内不得设置厕所、污水粪坑、有害物质及生活垃圾堆等，水井周围 3～5 米内设置为水源卫生防护地带，禁止洗衣服、倒污水或让家畜接近。洁净河水的取水点应在污水排放口、牧场、码头的上游，20～30 米内不得设置厕所、污水粪坑、有害物质及生活垃圾堆，取自河道的饮水必须经过消毒处理后才能供牛饮用，切实保护饮用水不受污染，从而保证水质良好。

133. 肉牛健康养殖对肉牛场的空气质量有什么要求？

肉牛的呼吸、排泄以及排泄物、垫料等的腐败分解，使牛舍空气中二氧化氮增加，同时产生一定量的氨、硫化氢等有害气体及臭味。这些有害气体含量过高，会严重影响肉牛的食欲、健康和生长。根据要求，肉牛舍空气中的各种有害气体含量不能超过规定标准，其中氨气浓度应小于 20 毫克，二氧化氮浓度小于 1500 毫克，硫化氢浓度小于 8 毫克。因此，封闭式肉牛舍要经常注意通风换气,及时排除肉牛舍内各种有害气体,保持舍内空气新鲜。

134. 适宜在我国养殖的肉牛品种有哪些?

国外的优良品种如短角牛、夏洛来牛、利木赞牛、西门塔尔牛,以及我国以黄牛为主的地方优良品种都适宜在我国发展肉牛养殖。

135. 中国黄牛有哪些品种?

中国黄牛是我国长期役肉兼用的黄牛群体的总称。泛指除水牛、牦牛以外的所有家牛。

中国黄牛广泛分布于我国各地。按地理分布划分,中国黄牛包括中原黄牛、北方黄牛和南方黄牛三大类型。中原黄牛中有代表性的有秦川牛、南阳牛、晋南牛和鲁西牛,北方黄牛有延边牛和蒙古牛等,南方黄牛中有温岭高峰牛和湘西黄牛、湘南黄牛等。

136. 秦川牛有何品种特征和生产性能?

秦川牛主要产于陕西渭河流域的关中平原,因产于陕西关中地区的"八百里秦川"而得名。"九五"以来农业部向全国重点推广秦川牛,其生长发育及改良当地黄牛的效果良好。

秦川牛属役肉兼用牛,体格高大,骨骼粗壮,肌肉丰厚,体质强健,前躯发育好。被毛细致有光泽,毛色多为紫红色及红色;鼻镜呈肉红色,部分个体有色斑,蹄壳和角多为肉红色。前躯发育良好而后躯较差;公牛颈上部隆起,髻甲高而厚;母牛甲低,荐骨稍隆起,缺点是牛群中常见有稍斜的个体。

秦川牛的肉用性能比较突出,经短期(82 天)育肥后屠宰测定结果表明,18 月龄和 22.5 月龄屠宰的公、母阉牛,其平均屠宰率分别为 58.3% 和 60.75%,净肉率分别为 50.5% 和 52.21%。相当于国外著名的乳肉兼用品种水平。13 月龄屠宰的公、母牛其平均肉骨比(6.13∶1)、瘦肉率(76.04%)、眼肌面积(公)(106.5 厘米),远远超过国外同龄肉牛品种。平均泌乳期 7 个月,产奶量 715.8 千克

(最高达 1006.75 千克)。

秦川牛母牛常年发情,在中等饲养水平下,初情期为 9.3 月龄,发情持续期平均 39.4 小时,妊娠期 285 天,产后第一次发情约 53 天。公牛一般 12 月龄成熟,2 岁开始配种。秦川牛是优良的地方品种,理想的杂交配套品种。秦川牛适应性良好,全国已有 20 多个省(市)、自治区引进秦川公牛以改良当地牛,其杂交效果良好。秦川牛作为母本,曾与荷斯坦牛、丹麦红牛、短角牛杂交,杂交后代肉、乳性能均得到明显提高。

137. 南阳牛有何品种特征和生产性能?

南阳牛是中国黄牛中体格最高大的地方良种。产于河南省南阳市白河和唐河流域的广大平原地区,以南阳市郊区、南阳县、唐河、邓州等 9 个县(市)为主要产区。

牛毛色有黄、红、白三种,以深浅不一的黄色为主,另有红色和草白色,面部、腹下、四肢下部毛色较浅。南阳牛体格高大、结构紧凑、体质结实、步伐轻快。鼻镜宽,鼻孔大,口大方正。公牛以萝卜头角为多,母牛角细;髻甲较高,肩部较突出,背腰平直,荐部较高;额微凹,颈短厚而多褶皱,鼻镜多为肉红色,部分有黑点,蹄壳以黄蜡色、琥珀色带血筋者较多。部分牛只胸欠宽深,体长不足,乳房发育较差。

南阳牛产肉性能良好,经强度育肥的阉牛体重达 510 千克,屠宰率 64.5%,净肉率 56.8%;15 月龄育肥牛屠宰率 55.6%,净肉率 46.6%;泌乳期 6～8 个月,产乳量 600～800 千克。南阳牛体格高大,步伐快。在繁殖性能上表现为早熟,母牛常年发情,在中等饲养水平下,初情期在 8～12 月龄,初配年龄一般在 2 岁,发情周期 17～25 天,妊娠期 250～368 天,平均 289.8 天,产后约 77 天发情。南阳黄牛已被全国 22 个省、自治区引入,与当地黄牛杂交。结果表明,杂种牛的适应性、采食性和生长能力均较好。

138. 鲁西牛有何品种特征和生产性能？

鲁西牛原产于山东省西南部,黄河以南、运河以西一带,济南、菏泽两地区为中心产区,是中国中原四大牛种之一,以肉质与育肥性能佳著称。

该牛体躯高大,结构紧凑,肌肉发达,前躯较宽深,具有肉用牛的体形。按体格大小可分为大型、中型两种,被毛从浅黄到棕红都有,而以黄色为最多,约占70%以上。多数牛具有完全的三分特征,即眼圈、口轮、腹下四肢内侧毛色较被毛颜色浅。垂皮较发达,角多为龙门角;鼻镜多为淡肉色,部分鼻镜有黑斑或黑点;公牛肩峰宽厚而高;母牛后躯较好,甲低平。背腰短,尾腰短,尾细长。大型牛又称高辕型牛,肢高体短,胸围相对较小,行走较快,为运输型;中型牛近似抓地虎型牛,体矮,胸深广,四肢粗短,步速较慢,为挽重型。

该牛产肉性能良好,15月龄育肥牛屠宰率55.6%,净肉率46.6%,泌乳期6~8个月,产乳量600~800千克。成年牛平均屠宰率58.1%,净肉率50.7%,骨肉比1:6.9,脂肉比1:37,眼肌面积94.2平方厘米,肌纤维细,肉质良好,脂肪分布均匀,大理石状花纹明显。

在繁殖性能上,母牛性成熟早,有的8月龄即能受胎。一般10~12月龄开始发情,发情周期平均22天,范围16~35天,发情持续2~3天,妊娠270~310天,平均285天,产后22~79天(平均35天)第一次发情。

139. 蒙古牛有何品种特征和生产性能？

蒙古牛广泛分布于我国北方各省、自治区。在内蒙古以中部和东部为集中产区。该牛毛色多样,但以黑色和黄色者居多,头部粗重,角长,垂皮不发达,胸较深,背腰平直,后躯短窄,四肢短,蹄质坚实。成年公牛平均体重350~450千克,母牛206~370千克,地区间类型差异明显;体高分别为113.5~120.9厘米和108.5~

112.8 厘米。

蒙古牛泌乳力较好,产后 100 天内,日均产乳 5 千克,最高日产 8.10 千克。平均含脂率 5.22%,中等膘情的成年阉牛,平均屠宰前重 376.9 千克,屠宰率 53.0%,净肉率 44.6%,眼肌面积 56.0 平方厘米。该牛繁殖率 50%～60%,成活率 90%,4～8 岁为繁殖旺盛期。

蒙古牛终年放牧,在 35℃～50℃ 不同季节气温剧烈变化条件下能常年适应,且抓膘能力强,发病率低,是我国最耐干旱和严寒的少数几个品种之一。

140. 中国西门塔尔牛有何品种特征和生产性能?

中国西门塔尔牛是由 20 世纪 50 年代、70 年代和 80 年代初引进的德系、苏系和奥系西门塔尔牛在中国的生态条件下与本地牛进行杂交后,对高代改良牛的优秀个体进行选种选配而成的,属乳肉兼用品种。主要育成于西北干旱平原、东北和内蒙古严寒草原、中南湿热山区和亚高山地区、华北地区、青海和西藏高原和其他平原农区。它的适应范围广,适宜于舍饲和半放牧条件,产奶性能稳定,乳脂率和干物质量高,生长快,胴体品质优异,遗传性能稳定,并有良好的役用性能。

中国西门塔尔牛体躯深宽高大,结构匀称,体质结实,肌肉发达,行动灵活,被毛光亮,毛色为红(黄)白花,花片分布整齐,头部白色或带眼圈、尾梢、四肢或腹部为白色,角蹄蜡黄色,鼻镜肉色,乳房发育良好,结构均匀紧凑。

中国西门塔尔牛经短期育肥后,18 月龄以上的公牛阉牛屠宰率可达 54%～56%,净肉率 44%～46%;成年公牛和强度育肥牛屠宰率可高达 60%,净肉率在 50% 以上。6～18 月龄或 24 月龄公牛平均日增重为 1～1.1 千克,母牛 0.7～0.8 千克。母牛 305 天产奶 3200～5000 千克,奶产量达到 4000 千克时,乳脂率可达到 4% 以上。母牛常年发情,初配年龄为 18 月龄,体重在 380 千克左右,发情周期为 18～21 天,发情特征明显,妊娠期 282～290 天。

141. 我国引进的主要肉牛品种有哪些?

我国引进的主要肉牛品种有海福特牛、短角牛、安格斯牛、夏洛来牛、利木赞牛、皮埃蒙特牛、西门塔尔牛等。

142. 短角牛有何品种特征和生产性能?

短角牛原产于英格兰东北部梯斯河流域和诺桑伯、德拉姆、约克和林肯等郡。

肉用短角牛被毛以红色为主,有白色和红色交杂的沙毛个体,部分个体腹下或乳房部有白斑;鼻镜粉红色,眼圈色淡,皮肤细致柔软。该牛体形为典型肉用牛体形,侧望体躯为矩形,背部宽平,背腰平直,尻部宽广、丰满,股部宽而多肉。体躯各部位结合良好,头短,额宽平,角短细,向下稍弯,角呈蜡黄色或白色,角尖部为黑色,颈部被毛较长且多卷曲,顶部有丛生的被毛。成年公牛平均体重 900～1200 千克,母牛 600～700 千克;公、母牛体高分别为 136 厘米和 128 厘米左右。早熟性好,肉用性能突出,利用饲料能力强,增长快,产肉多,肉质细嫩。17 月龄活重可达 500 千克,屠宰率为 65％以上。大理石纹好,但脂肪沉积不够理想。

143. 安格斯牛有何品种特征和生产性能?

安格斯牛属于古老的小型肉牛品种。原产于英国的阿伯丁、安格斯和金卡丁等郡,并因地名而得名。安格斯牛以被毛黑色和无角为其重要特征,但也有红色类型的安格斯牛。

安格斯牛具有良好的肉用性能,被认为是世界上专门化肉牛典型品种之一。表现早熟,胴体品质高,出肉多。该牛适应性强,耐寒抗病,缺点是母牛稍具神经质。安格斯牛胴体品质和产肉性能佳,屠宰率 67％以上,净肉率高达 50％,肌肉大理石纹很好,被认为是世界肉牛品种中肉质较好者。

安格斯牛与本地牛杂交背毛黑色,无角,全身紧凑,肌肉丰满,一代杂种出生重和 2 岁体重比本地牛分别提高 28.71％和 76.06％；在一般条件下，屠宰率为 50％，净肉率 36.91％。

144. 夏洛来牛有何品种特征和生产性能？

夏洛来牛原产于法国中西部到中南部的夏洛来省和涅夫勒地区，是举世闻名的大型肉牛品种，自育成以来就以其生长快、肉量多、体形大、耐粗放而受到国际市场的广泛欢迎，早已输往世界许多国家，参与新型肉牛品种的育成、杂交繁育，或在引入国进行纯种繁殖。

该牛最主要的特点是被毛为白色或乳白色，皮肤常有色斑；全身肌肉特别发达；骨骼结实，四肢强壮。夏洛来牛头小而宽，角圆而较长，并向前方伸展，角质蜡黄，颈粗短，胸宽深，肋骨方圆，背宽肉厚，体呈圆筒状，肌肉丰满，后臀肌肉很发达，并向后和侧面突出。公牛常见双甲和凹背者。成年公牛平均体重为 1100～1200 千克，母牛 700～800 千克。

夏洛来牛在生产性能方面表现出的最显著的特点是生长速度快，瘦肉产量高。母牛泌乳量较高，一个泌乳期可产奶 2000 千克，乳脂率 4％～4.7％，但该牛纯种繁殖时难产率达 13.7％。

145. 利木赞牛有何品种特征和生产性能？

利木赞牛原产于法国中部的利木赞高原，并因此而得名。毛色为红色或黄色，口、鼻、眼圈周围和四肢内侧及尾帚毛色较浅，角为白色，蹄为红褐色。头较短小，额宽，胸部宽深，体躯较长，后躯肌肉丰满，四肢粗短。利木赞牛产肉性能高，胴体质量好，眼肌面积大，前后肢肌肉丰满，产肉率高，在肉牛市场上很有竞争力。集约条件下，犊牛断奶后生长很快，因此，是法国等一些欧洲国家生产牛肉的主要品种。

146. 什么是肉牛的杂交改良？

杂交改良也叫杂交繁殖。在肉牛生产中，广泛采用此方法改良肉牛品种。肉牛杂交是指不同品种或不同种间的牛进行的交配。广义而言,是指不同基因型的个体或种群间的交配。杂交可以用来培育新品种,也可以对原有品种进行改良或创造杂交优势。杂交所产生的后代称为杂种。不同品种之间的杂交称为品种间杂交;不同种间的杂交称为种间杂交或远缘杂交。通过杂交,可以丰富和扩大牛的遗传基础。由于杂交能改变牛的基因型,扩大了杂种牛的遗传变异幅度,增强了后代的可塑性,有利于选种育种。许多肉牛品种是在杂交的基础上培育成功的。生产实践证明,利用国外优秀肉牛品种改良本地黄牛品种,比在黄牛品种内选择的收效要快得多。近年来,湖南省在对湖南本地黄牛的杂交改良中,采用安格斯牛(父本)与本地黄牛(母本)杂交,杂交优势明显,据试验统计,杂交一代从初生至 12 月龄平均日增重达 835 克,比本地黄牛多增重 316 克。

(1)品种间杂交。以提高牛群的生产性能,改良外貌及体形上的缺陷和培育新的肉牛品种。如用肉牛品种与乳牛品种杂交时,杂交牛的产奶量稍低,但它比奶牛品种具有较高的生长率,成年时体格较大,瘦肉量多,脂肪少。在胴体重、胴体等级上表现较好,屠宰率提高 2%~4%,眼肌面积、屠体长度也表现出优势。

(2)种间杂交。种间杂交属远缘杂交,这是不同种间公母牛的杂交。如黄牛与瘤牛杂交、黄牛与牦牛杂交、黄牛与野牛杂交均属种间杂交。我国青藏高原地区用当地土种黄牛与牦牛自然杂交所产生的种间杂交种——犏牛,在体高、体长、胸围主要体尺、体重、产肉性能等方面均具有明显的杂种优势,更能耐寒、耐劳,利用年限较长。但公犏牛无繁殖能力。

147. 中国良种黄牛有何品种优势?

中国良种黄牛特别是"四大黄牛"(秦川牛、晋南牛、南阳牛、鲁西牛),经过数千年来的自然和人工选择,已经具有许多国外引入品种所无法比拟的优势。一是寿命长,一般母牛可利用 15 年以上,公牛在 13 年以上。二是难产率低。三是温顺好管。四是适应性强。五是耐粗饲。六是具有一定的产肉性能。中国黄牛品种多,数量大,分布广。据统计,中国黄牛有品种 43 个以上,列入《中国黄牛品种志》的就有 31 个,为我国发展肉牛产业提供了丰富的种质资源。我国黄牛遍布全国,由于产区生态、气候、饲养管理条件不同,使中国黄牛各具特点。中国黄牛占全国总牛数的 70% 以上,位居群牛之首,这是我国肉牛业不可忽视的、举足轻重的、亟待开发的、最为可贵的牛种资源。

148. 为什么要对我国黄牛进行品种改良?

虽然我国黄牛具有一定的产肉性能,但从肉用的角度讲,它的育成程度低,与世界上著名的肉用品种相比,还是有显著的不足。一是我国黄牛适配年龄较晚,繁殖年龄偏大,产犊数量较少。二是犊牛初生体重小,培育期长,达到屠宰体重的年龄偏大。国外肉牛一般初生重 38～41 千克,至 12 月龄时,公牛体重可达 420 千克,母牛达 350 千克以上。而我国黄牛的初生重一般为 26～28 千克,至 12 月龄时,公牛体重为 310 千克,母牛为 270 千克左右。三是优质肉比例偏低。四是饲料报酬率偏低。

要发展中国的肉牛产业,就必须改良本地品种,尽快实现我国黄牛由役用方向向肉用方向的转变,这是我国肉牛产业开发的主体内容。我国自 20 世纪 70 年代初以来,引进兼用、肉用、乳用种牛杂交改良本地黄牛,取得了显著的效果。主要表现为:体形外貌趋向父本,生长发育明显增快,生产性能显著增长,肉用性能明显提高,适应性增强。据全国 20 个省(区)122 个商品牛基地对西杂、短杂、利杂、夏杂等不同杂交组合平均产肉量测定,一代(195 头)为 133.4 千克,二代(82 头)170.9 千克,三代(46 头)170.1 千克,比本地牛(154 头)平均产肉量(106.6 千克)分别增长 24.77%、60.23%、59.57%。肉用杂交一代(25 头)平均产肉量 135.6 千克,比本地黄牛增长 22.4%。

湖南省近 30 年来,先后引进西门塔尔牛、短角牛、夏洛来牛、安格斯牛等优良品种与本地黄牛进行杂交改良,杂种优势也很明显。据湖南省畜牧兽医研究所调查测定,杂种牛(F₁代)的体重情况如下(表2.1)。

表 2.1　　　　杂种牛(F_1代)的体重情况

品种	初生重(kg)	6月重(kg)	1岁重(kg)	2岁重(kg)	3岁重(kg)
西本杂	19.34	89.80	143.21	—	—
短本杂	18.43	80.18	133.77	169.03	198.92
夏本杂	23.26	118.4	173.90	312.80	—
安本杂	15.5	92.21	121.34	—	—
本地牛	10.2	68.24	93.62	103.67	142.00

149. 何谓肉牛的经济杂交?

经济杂交也叫生产性杂交,是采用不同品种间的公母牛进行杂交,以提高后代经济性能的杂交方法。经济杂交可以是生产性能较低的母牛与优良品种公牛杂交,也可以是两个生产性能都较高的公母牛之间的杂交。无论哪一种情况,其目的都是为了利用其杂交优势,提高后代的经济价值。

经济杂交在商品肉牛生产中被广泛采用。国外研究报道显示,利用品种间的杂交组合所产生的杂交后代,其产肉性能一般比纯种牛高15%左右。

(1)简单经济杂交。即2个品种之间的杂交,又称二元杂交,所产杂种一代,无论公母均不留作种用,全部作商品肉牛肥育出售。

(2)复杂经济杂交。即用3个或3个以上品种之间杂交,杂交后代亦全部作商品肉牛用。如3个品种作经济杂交时,甲品种与乙品种牛杂交后产生杂种一代,其母牛再与丙品种公牛杂交,所产生的杂种二代无论公母全部作商品肉牛出售。对于杂种一代公牛也均作肉牛处理。

(3)轮回杂交。轮回杂交是在经济杂交的基础上进一步发展起来的生产性杂交。它是用两个或两个以上品种的公母牛轮流进行杂交,使逐代都能保持一定的杂交优势,以获得较高而稳定的生产性能。

150. 肉牛杂交繁育中要注意什么问题?

根据我国多年来黄牛改良的实际情况及存在问题,为进一步达到预期的改良效果,须注意以下问题。

①为小型母牛选择种公牛进行配种时,种公牛的体重不宜太大,防止发生难产现象。一般要求两品种的成年牛的平均体重差异,种公牛不超过母牛体重的 30%~40% 为宜。②大型品种公牛与中、小型品种母牛杂交时,母牛不应选初配者,而需选经产牛,降低难产率。③要防止 1 头改良品种公牛的冷冻精液在一个地方长期使用(3~4 年以上),防止近交。④在地方良种黄牛的保种区内,严禁引入外来品种进行杂交。⑤对杂种牛的优劣评价要有科学态度,特别应注意杂种牛的营养水平对其的影响。良种牛需要较高的日粮营养水平以及科学的饲养管理方法,才能取得良好的改良效果。⑥对于总存栏数很少的本地黄牛品种,若引入外地品种(或精液),或与外来品种杂交,应慎重行事,最多用不超过成年母牛总数的 1%~3% 的牛只杂交,而且必须严格管理,防止乱交,破坏种质资源。

151. 利木赞牛与我国黄牛杂交效果如何?

1974 年和 1993 年,我国数次从法国引入利木赞牛,在河南、山东、内蒙古等地改良当地黄牛。杂交牛体形改善,肉用特征明显,生长强度大,杂种优势明显。目前,黑龙江、山东、安徽为主要供种区,现有改良牛 45 万头。

152. 夏洛来牛与我国黄牛杂交效果如何?

我国在 1964 年和 1974 年,先后 2 次直接由法国引进夏洛来牛,在东北、西北和南方部分地区,用该品种与我国本地牛杂交来改良黄牛,取得了明显效果。表现为夏杂后代体格明显加大,增长速度加快,杂种优势明显。

153. 肉牛需要哪些营养物质?

牛是草食动物,它利用植物的茎秆、枝叶、根、花和籽实维持生命和健康,确保正常的生长发育。肉牛所需的营养物质包括水、蛋白质、脂肪、糖类、矿物质和维生素,而这些营养成分主要来自植物。

154. 适宜肉牛食用的牧草有哪些?

适宜肉牛食用的主要牧草品种有黑麦草、苏丹草、杂交狼尾草、矮象草、篁竹草、鸡脚草、墨西哥玉米、罗顿豆、牛鞭草和紫花苜蓿等。

155. 肉牛常用饲料的营养价值如何?

肉牛常用饲料的营养价值参见表2.2。

表 2.2   **肉牛常用饲料的营养价值表**

饲料种类	饲料名称	干物质(%)	干物质中					
			维持净能(MJ/kg)	增重净能(MJ/kg)	精蛋白质(%)	粗纤维(%)	钙(%)	磷(%)
青绿饲料	甘薯藤	13.0	5.16	2.34	16.2	19.2	1.54	0.38
	黑麦草	18.0	6.44	4.05	18.0	23.3	0.72	0.28
	象草	20.0	4.77	2.42	10.0	35.0	0.25	0.10
	甜菜叶	37.5	5.56	3.01	4.6	19.7	1.04	0.27
青贮	玉米青贮	25.0	4.60	2.09	5.6	35.6	0.40	0.08
	苜蓿青贮	33.7	5.48	3.09	15.7	38.0	1.48	0.30

饲料种类	饲料名称	干物质中						
		干物质（%）	维持净能（MJ/kg）	增重净能（MJ/kg）	精蛋白质（%）	粗纤维（%）	钙（%）	磷（%）
块根块茎	胡萝卜	12.0	8.70	5.73	9.2	10.0	1.25	0.75
	马铃薯	22.0	7.94	5.31	7.5	3.2	0.09	0.14
	甜菜	15.0	8.11	5.43	13.3	11.3	0.40	0.27
	甜菜丝干	88.6	7.06	4.64	8.2	22.1	0.74	0.08
	芜菁甘蓝	10.0	8.74	5.98	10.0	13.0	0.60	0.20
干草	羊草	91.6	4.72	1.63	8.1	32.1	0.40	0.20
	苜蓿干草	92.4	5.14	2.38	18.2	31.3	2.11	0.30
	野干草（秋白草）	85.2	4.31	0.84	8.0	32.3	0.48	0.36
	碱草（结实期）	91.7	4.10	0.25	8.1	45.0	—	—
农副产品	玉米秸	90.0	4.06	1.76	6.6	27.7	0.57	0.10
	小麦秸	89.6	2.68	0.46	3.6	41.6	0.18	0.05
	稻草	89.4	4.18	0.54	2.8	27.0	0.18	0.06
	谷草	90.7	4.51	1.21	5.0	35.9	0.37	0.03
	花生藤	91.0	4.77	2.12	10.8	33.2	1.23	0.15
谷实	玉米	88.4	9.41	6.01	9.7	2.3	0.09	0.24
	高粱	89.3	8.65	5.29	9.7	2.5	0.10	0.31
	大麦	88.8	7.98	5.31	12.2	5.3	0.14	0.33
	稻谷	90.6	7.98	5.31	9.2	9.4	0.14	0.31
	燕麦	90.3	7.77	5.18	12.8	9.9	0.17	0.37
	小麦	91.8	8.95	5.89	13.2	2.6	0.12	0.39

饲料种类	饲料名称	干物质（%）	干 物 质 中					
			维持净能（MJ/kg）	增重净能（MJ/kg）	精蛋白质（%）	粗纤维（%）	钙（%）	磷（%）
糠麸	小麦麸	88.6	6.85	4.33	16.3	10.4	0.20	0.88
	玉米皮	87.9	6.69	4.31	11.0	15.7	0.32	0.40
	米 糠	90.2	8.32	5.56	13.4	10.2	0.16	1.15
	黄面粉（土面粉）	87.2	9.11	5.98	10.9	1.5	0.09	0.50
	大豆皮	91.0	6.14	3.72	20.7	27.6	—	0.38
饼粕	豆 粕	90.6	9.65	5.75	47.5	6.3	0.35	0.55
	菜籽饼	92.2	7.73	5.14	39.5	11.6	0.79	1.03
	胡麻饼	91.1	7.90	5.25	39.4	9.8	0.43	0.33
	花生饼	89.0	8.53	5.96	55.2	6.0	0.34	0.33
	棉仁饼（去壳）	89.6	7.77	5.18	36.2	11.9	0.30	0.90
	向日葵饼（去壳）	92.6	6.14	3.68	49.8	12.7	0.57	0.33
糟渣	高粱酒糟（脱水）	94.0	8.49	5.73	34.4	12.7	0.16	0.74
	玉米酒糟（脱水）	94.0	8.86	6.06	23.0	12.1	0.11	0.48
	玉米粉渣（脱水）	90.0	8.49	5.73	25.6	9.7	0.36	0.82
	马铃薯粉渣	15.0	6.40	4.01	6.7	8.7	0.40	0.27
	啤酒糟	23.4	6.73	3.97	29.1	16.7	0.38	0.77
	甜菜渣	8.4	7.19	4.60	10.7	31.0	0.95	0.60
	豆腐渣	11.0	9.03	5.94	30.0	19.1	0.45	0.27
	酱油渣	22.4	6.31	3.93	31.2	13.6	0.49	0.13

饲料种类	饲料名称	干物质（％）	维持净能（MJ/kg）	增重净能（MJ/kg）	精蛋白质（％）	粗纤维（％）	钙（％）	磷（％）
			干 物 质 中					
无机盐	蚌壳粉	99.3	—	—	—	—	40.82	—
	贝壳粉	98.6	—	—	—	—	34.76	0.02
	蛎 粉	99.6	—	—	—	—	39.23	0.23
	磷酸钙	—	—	—	—	—	27.91	14.38
	磷酸氢钙	99.8	—	—	—	—	21.85	8.64
	石 粉	—	—	—	—	—	55.67	0.11
	碳酸钙	99.1	—	—	—	—	35.19	0.14
	蛋壳粉	91.2	—	—	—	—	0.14	0.14

156. 肉牛不同阶段有何饲养标准？

农业部 2004 年发布了《肉牛饲养标准》（NY/T 815－2004），该标准规定了不同生长阶段肉牛对日粮干物质进食量、净能、小肠可消化粗蛋白质、矿物质元素、微量元素需要量标准。

157. 肉牛健康养殖日粮配制的原则是什么？

①必须满足肉牛的全面营养需要。②必须考虑所用饲料的适口性。③必须符合肉牛的消化生理特点。④必须考虑经济核算原则，尽量因地制宜，选取适用且价格低廉的饲料。

158. 什么是微贮秸秆饲料？

微贮秸秆饲料就是在农作物秸秆中加入微生物高效活性菌种——秸秆发酵活干菌，放入密封容器（如水泥青贮窖、土窖）中贮藏，经发酵处理，使农作物秸秆变成具有酸香味、草食家畜喜食的饲料。秸秆微贮饲料色正味香，牲畜适口性好，牛羊的采食速度较原秸秆提高 20％～30％，采食量增加 20％～40％；成本低，与尿素氨化秸秆比较，可以降低成本 80％；保存期长，在自然环境中可保存一年以上,不易发霉变质,可以作为牛羊常年基础饲料;例如,营养价值很低的干麦秸微贮后,与未经微贮的对照相比,有机酸提高807.69%,蛋白质提高10.67%,纤维素降低14.15%,半纤维素降低43.86%,木质素降低10.24%。

159. 秸秆饲料微贮方法有哪些?

(1)水泥池微贮法。此法与传统青贮方法相似,把农作物秸秆铡切碎,按比例喷菌液后装入池内,分层压实、封口。这种方法的优点是池内不易进气进水、密封性好,经久耐用。

(2)土窖微贮法。此法是选择地势高、土质硬、向阳干燥、排水容易、地下水位低、离畜舍近、取用方便的地方,根据贮量挖一长方形窖(深度以2～3米为宜),在窖的底部和周围铺一层塑料薄膜后覆土密封。这种方法的优点是贮量大,成本低,方法简单。

(3)塑料袋窖内微贮法。此法首先是按土窖微贮法选好地点,挖一圆形窖,将制作好的塑料袋放入窖内,分层喷洒菌液,压实后将塑料袋口扎紧覆土。这种方法的优点是不易漏气进水,适于处理100～200千克秸秆。

160. 怎样制作微贮秸秆饲料?

秸秆微贮是一项适用性很广的技术,几乎所有的农作物秸秆和豆科牧草都可以进行微贮。

(1)菌剂的复活及菌液的配制。秸秆发酵活干菌每袋3克,可处理麦秆、稻秆、玉米秸秆1000千克或青秸秆2000千克。在处理秸秆前,先将菌剂倒入200毫升水中充分溶解,然后在常温下放置1～2小时,使菌种复活。复活好的菌剂一定要当天用完,不可隔夜使用。同时,再按每吨秸秆喷洒1200～1400升(使含水率达到60%～70%),浓度为0.8%～1%的盐水的比例称出食盐的需要量,溶解在盛有自来水(经过曝气处理)的水箱里,将菌液对入盐水后,再用潜水泵循环,使其浓度一致,进行均匀喷洒。微贮制作过程中,水一定要按用量加够,若水分过少则会造成发酵不充分(表

2.3）。

表 2.3　　　　　　　　　　菌液配制表

秸秆种类	秸秆重量（kg）	秸秆发酵活干菌用量(g)	食盐用量（kg）	自来水用量（kg）	贮料含水量（%）
稻麦秸秆	1000	3.0	9～12	1200～1400	60～70
黄玉米秸	1000	3.0	6～8	800～1000	60～70
青玉米秸	1000	1.5	—	适量	60～70

（2）秸秆的铡短。用于微贮的作物秸秆最好选用当年新鲜秸秆，不能混入霉烂变质成分和沙土等杂质。若用于喂牛，铡切长度为 5～8 厘米，喂羊为 2～3 厘米，玉米秸秆的铡切长度不应超过 3 厘米。

（3）喷洒与压实。在窖底铺入 20～30 厘米厚的秸秆，均匀喷洒菌液分层压实，直到高于窖口 40 厘米，再封口。如果窖内当天未满，可盖上塑料薄膜，第二天装窖时揭开薄膜继续装料。在喷洒和压实过程中，要随时检查微贮秸秆含水率是否合适，各处是否均匀一致。特别要注意层与层之间水分的衔接，不得出现夹干层。含水率除用仪器测量外，还可用手感检查。抓取微贮秸秆，用双手扭拧，若有水往下滴，则其含水率约为 80%；若无水滴，松开后看到手上水分明显，则约为 60%；若手上有水分（反光），则为 50%～55%；感到手上潮湿，则为 40%～45%；不潮湿，则在 40% 以下。

（4）加入大麦粉等。在微贮麦秆和稻秆时应根据已有的材料，加入 5% 的大麦粉和玉米粉或麸皮。这样做的目的是在发酵初期为菌种的繁殖提供一定的营养物质，以提高微贮饲料的质量。加大麦粉或玉米粉、麸皮时，铺一层秸秆撒一层粉。

（5）封窖。在秸秆分层压实直到高出窖口 30～40 厘米，充分压实后在最上面一层均匀洒上食盐粉，再压实后盖上塑料薄膜。食盐的用量为 250 克/平方米，其目的是确保微贮饲料上部不发生霉烂变质。盖上塑料薄膜后，在上面撒 20～30 厘米厚的稻、麦秸秆,覆土 15～20 厘米,密封。密封的目的是为了隔绝空气与秸秆接触,保证微贮窖内呈厌氧状态。

161. 怎样鉴别秸秆微贮饲料的质量?

封窖后,经过 3～4 周的时间,即可完成发酵过程。微贮饲料的质量,可根据其外形特征,用看、嗅和手感等方法鉴别。

①看:封窖 21～30 天后,即可完成发酵过程。可根据微贮饲料的外部特征,用看、嗅和手感的方法鉴定微贮饲料的好坏。优质微贮青玉米秸秆饲料的色泽呈橄榄绿,稻、麦秸秆呈金黄色。如果成褐色或墨绿色,则质量低劣。

②嗅:优质微贮饲料以具有一种醇香和果香气味及弱酸者为佳。若有强酸味,则表明醋酸过多,这是水分过多和高温发酵所造成的。若带有腐臭的丁酸味、发霉味,则不能饲喂。

③手感:优质微贮饲料拿到手里感到很松散,且质地柔软湿润;若拿到手里发黏,或者黏在一块,说明其质量不佳;有的虽然松散,但干燥且硬,也属不良的饲料。

162. 使用秸秆微贮饲料应注意哪些事项?

①秸秆微贮饲料,一般需在窖内贮 21～30 天,才能取喂,冬季则需要时间长些。②取料时应从窖的一端开始,先去掉上边覆盖的部分土层、草层,然后揭开塑料薄膜,从上至下垂直逐层取用。③每次取出量应以当天能喂完为宜。④每次取料后,要用塑料薄膜将窖口封闭严密,尽量避免与空气接触和雨水浸入,以防二次发酵和变质。⑤每次投喂微贮饲料时,要求槽内清洁,对冬季冻结的微贮饲料应化开后再用。⑥霉变的农作物秸秆,不宜制成微贮饲料。⑦微贮饲料由于在制作时加入食盐,这部分食盐应在饲喂牲畜的日粮中扣除。

163. 怎样制作氨化秸秆饲料?

氨化就是选用液氨、尿素、碳铵、氨水等氨化剂对秸秆进行处理。氨化后的秸秆粗蛋白质含量可增加 1～2 倍,适口性也大为改善,采食量可提高 20% 左右。氨化还可以防止饲料霉坏。氨化秸秆的制作以尿素处理法最佳。

(1)秸秆氨化处理技术要点。秸秆氨化的要点是切碎、拌匀、踏实、密封、防水。

(2)氨化池。水泥池或其他可作氨化用的容器都可,容积按每立方米氨化秸秆 150 千克,氨化时间 45 天计算。氨化池必须有两个轮流使用,最好修在室内,修在室外要有遮雨棚,地下或半地下式的要选择地下水位低的地方。

(3)原料配比。秸秆∶水∶尿素∶食盐的比例为 100∶50∶5∶1。秸秆以玉米秸、稻草、红薯藤为好,花生藤、黄豆秸秆及优质野生草等也可以,质地都必须无霉变。

(4)氨化方法。先把秸秆切成 30～45 厘米长,将尿素、食盐配成水溶液,然后放一层秸秆加适量水溶液拌匀,边装边踏实,秸秆可堆出窖面 1 米,顶部成弓形,盖上塑料薄膜,周边加稀泥密封,注意提防鼠害和人畜损伤,防止漏气进水。

(5)氨化饲料的取用。秸秆氨化 30～50 天以后(气温高,时间则短),可开窖使用,将覆盖物撤开适当宽度,取出 2～3 天饲喂量,让余氨挥发 10～24 小时即可饲喂,取时一层层向下取,或从横断面中垂直方向取,保持同一平面,取后封好窖中秸秆。

(6)质量鉴定。根据感观检查,品质较好的、能作饲料的秸秆没有霉变,色泽黄褐,气味糊香,质地松散柔软,有刺鼻的氨味。反之,若见秸秆灰白或褐黑,有刺鼻的臭味,秸秆黏结成块,则不能作饲料。

(7)饲喂方法。氨化秸秆喂前应取出晾开 1～2 天,让多余的氨逸散以免刺激鼻黏膜,并影响适口性;同时减少水分含量,增加采食量。

初喂氨化秸秆必须拌以适量的青草,适应 7～10 天后可减少青草用量。如果仅喂氨化料而不放牧时必须补充淀粉、糖类以及硫和钴等微量元素为主的精料,停喂氨化料也要逐步过渡。

（8）注意事项。①秸秆中余氨过多可导致氨中毒。②在喂氨化料半小时后饮水，有利于氨化料作用的发挥。③霉变秸秆不可喂食。

164. 肉牛饲料中禁止使用哪些药物？

肉牛饲料中禁止使用的药物，在国家规定的兽药使用标准中有相关规定。

在肉牛饲料中绝对禁止使用的药品有：①β-兴奋剂类中的盐酸克伦特罗、塞曼特罗、莱克多巴胺、沙丁胺醇及其盐、酯及制剂。②性激素类中的己烯雌酚及其盐、酯及制剂。③催眠镇静类药物安眠酮，此外还有氯霉素、呋喃唑酮、硝基酚钠等。④禁止作为促生长剂的药品有性激素中的甲基睾丸酮、丙酸睾丸酮、苯丙酸诺龙、苯甲酸雌二醇；硝基咪唑类的甲硝唑、地美硝唑；催眠镇静类的氯丙嗪、地西泮（安定）等。⑤禁止做杀虫剂的有林丹（丙体六六六）、毒杀酚、呋喃丹、杀虫脒、酒石酸锑钾、锥虫肿胺及各类汞制剂（如氯化亚汞、硝酸亚汞、醋酸汞、吡啶基醋酸汞等）。

165. 肉牛的养殖规模以多大适宜？

肉牛的饲养方式有农户散养和工厂化集约养殖，目前在我国主要是农户散养为主。生产企业和个人可以根据自己的生产和经济条件确定肉牛饲养规模，没有具体的数量规定，一般农户饲养建议规模最好达到 8～10 头，以降低生产成本。

166. 肉牛可以喂秸秆饲料和青贮饲料吗？

为解决冬春季节青饲料的短缺问题，在饲草生产旺季将饲草经过适当处理保存，如制成氨化秸秆饲料和青贮饲料，可以作为肉牛的饲料使用。

167. 肉用犊牛饲养管理要点有哪些？

犊牛是指从出生到 6 月龄的小牛。犊牛处于快速的生长发育时期,因而给予较高营养水平的日粮,显得尤为必要。犊牛只有得到良好的营养,其发育潜能才能充分发挥出来,生产性能才能较好地得以表现。

(1)犊牛的饲养要点

①早喂初乳。母牛分娩后5～7天内所产的牛奶叫初乳。初乳中含有比常乳更高的蛋白质、脂肪、维生素等营养成分,而且还含有大量的免疫球蛋白和溶菌酶,能杀灭和抑制病菌。因此,要尽量早让犊牛食入初乳。由于犊牛生后4～6小时对初乳中的免疫球蛋白吸收最强,故应在犊牛生后1小时左右喂给初乳,在6～9小时第二次饲喂,喂量为2千克,以后逐渐增加,持续5～7天,喂量一般不超过犊牛体重的5%。也可以喂人工初乳,其配方如下:鸡蛋2～3个,食盐9～10克,新鲜鱼肝油15毫升,鲜牛奶500毫升,充分拌匀后加热至35℃～38℃后喂给犊牛。

②哺喂常乳。犊牛在5～7天以后,应转入犊牛舍饲喂常乳,每天喂奶3次,奶温保持在35℃～38℃。对找不到合适的保姆牛或奶牛场淘汰的犊牛的哺乳多采用人工哺乳法。犊牛结束5～7天的初乳期后,可人工哺喂常乳。

③及时补喂精饲料。犊牛生后1周后开始训练采食精饲料,以补充营养和促进胃肠发育。开始几天每天喂精料10～20克,以后再逐渐增加到80～100克。适应一段时间后,再饲喂半干半湿料。到30日龄每天喂量可达200～300克,60日龄增加到600～1000克。

④喂给优质粗饲料。为促使肠胃尽早发育,在消化道功能完善前喂给粗饲料。犊牛出生1周后,在牛槽内可放少许优质青干草自由采食。2周后,在食槽中放少量切碎的胡萝卜、南瓜等青绿多汁饲料让其采食,60天后可增加到2千克以上。犊牛出生20～30天就可在食槽撒少量青贮饲料,以后再逐渐增加,2个月后每天可喂给100～150克,3月龄可喂到1.5～2千克,4～6月龄增至4～5千克。

⑤给犊牛饮好水。犊牛15天前饮水应为消毒饮水,并注意水

温与奶温相同。15 天后，改用洁净温水，30 天后改用自来水，但应注意不要让犊牛饮冰水和不卫生的水。

⑥早期断奶。发育健康的犊牛可在 60 日龄进行早期断奶，具体方法是：断奶前半个月左右，开始增加精料和粗料，减少牛奶喂量。每天喂奶次数由 3 次改为 2 次，临断奶时由 2 次改为 1 次，然后停喂牛奶。也可采用牛奶掺水的办法，逐渐减少奶量，最后改为全部供水。一般认为断奶时精饲料用量为每天 1 千克左右，3 月龄精料增加到 1.5～2 千克，在这一期间可大量供给粗饲料。2 月龄前让其自由采食优质粗饲料，粗饲料以每天 1.7 千克左右为宜；2 个月后，可喂一般粗饲料，粗料控制在每天 2 千克。

（2）犊牛管理要点

①新生犊牛呼吸要畅通。犊牛出生后，首先要清除口鼻中的黏液。方法是使小牛头部低于身体其他部位，或倒提几秒钟使黏液流出，然后用干草搔挠犊牛鼻孔，刺激呼吸。

②肚脐消毒。犊牛断脐后将残留在脐带内血液挤干后，用碘酒涂抹在脐带上，进行消毒，防止感染。

③创造良好的环境条件。新生犊牛最适外界温度为 15℃。因此，注意保持犊牛床舍保温、通风、干燥、卫生。

④刷拭犊牛。每天对犊牛刷拭 1～2 次，以促进血液循环，保持皮肤清洁，减少寄生虫滋生。

⑤运动和调教。犊牛 1 周后，可在笼内自由运动，10 天后可让其在运动场上短时间运动 1～2 次，每次半小时。随着日龄增加，运动时间可适当增加。为了使犊牛养成良好的采食习惯，做到人牛亲和，饲料员应有意识接近它，抚摸它。接近时应注意从正面接近，不要粗鲁对待犊牛。

⑥称重。在犊牛初生、1 月龄、3 月龄、5 月龄和断奶时分别称量体重，做好记录，以便掌握犊牛的生长发育情况，调整日粮。

⑦去角。在犊牛出生后 5～7 天时，进行去角，以减少牛格斗时造成流产，伤害人体和破坏设施。

⑧运动与放牧。犊牛从出生后 8～10 日龄起，即可开始在舍

外运动场做短时间的运动,以后延长时间。如果犊牛出生在温暖的季节,开始运动的日龄仍可提前,但必须根据气温的变化,掌握每日运动的时间。犊牛的每日运动量建议如下:30日龄内,运动5~20分钟;30~60日龄,运动30分钟;60~90日龄,运动60分钟;90~120日龄,运动120分钟;120~180日龄,运动180分钟。

在有条件的地方,可以从出生后第30天开始放牧,放牧既可使犊牛采食到各种青绿饲草,又可使犊牛得到充足的运动,有利于其生长发育和体质健康。放牧场应有鲜水供应,应有遮阴条件。

⑨防寒保暖,常晒太阳。特别在北方,冬季天气严寒、风大,牛舍应厚垫褥草,并常换常晒,夜间应关闭通风孔,以防贼风。犊牛常晒太阳,既可减少疾病,还可促进皮肤维生素D的合成,从而有利于钙的吸收、利用和骨骼的钙化。圈舍常晒太阳,保持干燥卫生,有利于犊牛的防病保健。

⑩分群管理。将牛按不同的月龄、体格和性别分成若干小群,每群30~50头,固定专人进行饲养或放牧。

168. 肉牛育成母牛饲养管理要点有哪些?

(1)6~12月龄。为母牛性成熟期,应给予足够的营养物质。除给予优良的牧草、干草、青贮料和多汁饲料外,还必须适当补充一些混合精料。从9~10月龄开始,可掺喂一些秸秆和谷糠类粗饲料,其比例占粗料总量的30%~40%。日粮配方可参考如下配比:混合精料1.8~2千克,优质青干草2千克,青贮料6千克。精料应占日粮总量的40%~50%。混合精料配方如下:玉米40%,麸皮20%,豆饼20%,棉籽饼10%,尿素2%,食盐2%,碳酸钙3%,微量元素添加剂1%。在放牧条件下,牧草良好,日粮中的粗饲料和大约一半的精饲料可由牧草代替,牧草较差时则必须补饲青饲料和精料,如以农作物秸秆为主要粗饲料时每天每头应补饲1.5千克混合精料,以期获得0.6~1千克较为理想的日增重。

(2)13~18月龄。日粮应以粗饲料和多汁饲料为主,其比例约占日粮总量的75%,其余为混合饲料(混合精料配方:玉米50%,麸皮 20％,豆饼 20％,棉籽饼 10％,尿素 2％,食盐 2％,贝壳粉 2％,碳酸钙 3％,微量元素添加剂 1％),以补充能量和蛋白质的不足。

(3)19～24 月龄。这时母牛已可配种受胎,如饲养过肥,容易造成不孕,如果饲养过于贫乏,又会使牛体生长受阻,造成干瘦,产后产奶量不高。此时,日粮应以优质干草、青草、青贮料和少量(氨化)麦秸作为基本饲料,精料可以少喂,甚至不喂。但到妊娠后期,则须补充精料,日定额为 2～3 千克。

育成母牛在管理上应注意与公牛分开,加强运动,每天刷拭牛体 1～2 次,配种受胎 5～6 个月后,每天可早晚按摩乳房 2 次,促进乳房组织的发育,但到产前 1～2 个月要停止按摩。

169. 怎样对肉牛成年母牛进行饲养管理?

一般情况下,2.5 岁以上的母牛称为成年母牛。成年母牛的饲养管理实际包括仍在生长的母牛的管理,妊娠母牛的饲养管理和哺乳母牛的饲养管理 3 种。从 2.5 岁到 5 岁这个阶段,母牛的体重、体尺和体形仍在继续生长发育,尚未最后完成,因而日粮所含的营养物质必须满足其生长发育的需要。不过,由于母牛随着年龄增大而体重增加,其增重速度逐渐变慢,生长所需的营养减少,而维持需要增加,所以总的营养物质需要量仍呈增长趋势。5 岁以上母牛已经达到体成熟,在不怀胎和哺乳犊牛的情况下,只需维持需要。成年母牛的初情期一般在 5～10 月龄出现,但由于在牛的生长发育过程中此时尚未达到性成熟,且体成熟要比性成熟晚得多,因而为了保证幼年母牛的生长发育,一般适配年龄处在性成熟和体成熟年龄之间,一般情况下早熟品种在 16～18 月龄,中熟品种在 18～22 月龄,晚熟品种在 22～27 月龄进行配种。在生产实践上,为了提高母牛的繁殖效率和利用年限,有时也将发育好的母牛的初配年龄提早到 14～18 月龄,不过要求配种母牛体重应达到成年母牛体重的 65％～75％。

170. 怎样对肉牛空怀母牛进行饲养管理？

繁殖母牛在配种前应具有中上等膘，过瘦过肥往往影响繁殖。在日常饲养实践中，倘若喂给过多精料而又运动不足，易使牛群过吧，造成不发情，在肉用母牛饲养中，这是最常见的，必须加以注意。但在饲料缺乏、母牛瘦弱的情况下，也会造成母牛不发情而影响繁殖。实践证明，如果母牛前一个泌乳期内给予足够的平衡日粮，管理周到，能提高母牛的受胎率。瘦弱的母牛配种前1～2个月加强饲养，适当补饲精料，也能提高受胎率。

母牛发情，应及时配种，防止漏配和失配。对初配母牛，应加强管理，防止野交早配。经产母牛产犊后3周要注意其发情情况，对发情不正常或不发情者，要及时采取措施。一般母牛产后1～3个发情期，发情排卵比较正常，随着时间的推移，犊牛体重增大，消耗增多，如果不能及时补饲，往往母牛膘情下降，发情排卵受到影响，因此产后多次错过发情期，则发情期受胎率会越来越低。如果出现这些情况，要及时进行直肠检查，慎重处理。

母牛空怀的原因有先天和后天两个方面。先天不孕一般是由于母牛生殖器官发育异常，如子宫颈位置不正、阴道狭窄、幼稚病等，这类情况较少，在育种工作中淘汰那些隐性基因的携带者即可解决。后天性不孕主要是由于缺乏营养、饲养管理不当及生殖器官疾病所致，具体应根据不同情况加以处理。

成年母牛因饲养管理不当而造成不孕，在恢复正常营养水平后，大多能够自愈。犊牛期由于营养不良以至生长发育受阻，影响生殖器官正常发育造成的不孕，则很难用饲养方法来补救。若育成母牛长期营养不足，则往往导致初情期推迟，初产时出现难产或死胎，并影响以后的繁殖力。

晒太阳和加强运动可以增强牛群体质，提高牛的生殖功能，牛舍内通风不良，空气污浊，含氨量超过0.02毫克/立方分米，夏季闷热、冬季寒冷、过度潮湿等恶劣环境极易危害牛体健康，敏感的母牛很快停止发情。因此，改善饲养管理条件十分重要。肉用繁殖母牛以放牧饲养管理的成本最低,但也是缺点较多的饲养方式。应做好每年的检疫防疫、发情及配种记录。

171. 怎样对肉牛妊娠母牛进行饲养管理?

(1)妊娠母牛的饲养。妊娠母牛饲养管理的基本要求是体重增加、代谢增强、胚胎发育正常、犊牛初生体重大、生命力强。

母牛妊娠后,不仅本身生长发育需要营养,而且还要满足胎儿生长发育的营养需要和为产后泌乳进行营养蓄积。母牛怀孕前5个月,由于胎儿生长发育较慢,其营养需求较少,可以和空怀母牛一样,以粗饲料为主,适当搭配少量精料,如果有足够的青草供应,可不喂精料。母牛妊娠到中后期应加强营养,尤其是妊娠的最后2~3个月,应按照饲养标准配合日粮,以青饲料为主,适当搭配精料,再配少量的玉米、小麦麸等谷物饲料便可。重点满足蛋白质、矿物质和维生素的营养需要。蛋白质以豆饼质量最好,棉籽饼、菜籽饼含有毒成分不宜喂妊娠母牛;矿物质要满足钙、磷的需要,维生素不足可使母牛发生流产、早产、弱产,犊牛生后易患病。同时,应注意防止妊娠母牛过肥,尤其是头胎青年母牛,以免发生难产。

(2)合理的管理。母牛在管理上要加强刷拭和运动,特别是头胎母牛,还要进行乳房按摩,以利产后犊牛哺乳。舍饲妊娠母牛每日运动2小时左右。妊娠后期要注意做好保胎工作,与其他牛分开,单独组群饲养,严防母牛之间挤撞。雨天不放牧,不鞭打母牛,不让牛采食幼嫩的豆科牧草,不在有露水的草场上放牧,不采食霉变饲料,不饮脏水。

同时,还要注意观察妊娠后期的母牛,发现临产征兆,估计分娩时间,准备接产工作,认真做好产犊记录。放牧饲养时,把预产期临近和已出现临产征兆的母牛留在牛圈待分娩。放牧人员应携带简单的接产用药和器械。

172. 肉牛哺乳母牛的饲养管理要点有哪些?

哺乳母牛就是产犊后用其乳汁哺育犊牛的母牛,对哺乳母牛的饲养管理要求是有足够的泌乳量，以满足犊牛生长发育的需要。只有按照标准饲养，才能提高哺乳期犊牛的日增重和断奶体重。

(1)哺乳母牛的营养。要使肉用母牛泌乳力强，必须满足其营养需要，哺乳母牛的能量需要比干乳母牛多 10%，哺乳母牛还需要较多的蛋白质、钙、磷和食盐，产乳对蛋白质的需要是根据乳内蛋白质含量而定的，乳蛋白含量可根据乳脂量推算：乳蛋白含量＝2.29±乳脂率×0.33。根据乳蛋白质含量的 150% 供给，即产乳所需要的可消化粗蛋白质的量。哺乳母牛也需要较多的维生素 A 和维生素 D，如缺乏这些维生素，就会影响被哺育的犊牛，使其生长停滞、下痢、患肺炎和佝偻病等。由于母乳中含大量水分，因此，要经常供给母牛清洁但不太凉的水，保证泌乳的需要。

(2)哺乳母牛的管理。母牛产后 10 天内，身体虚弱，消化功能差，尚处于身体恢复阶段，要限制精饲料及根茎类饲料的喂量。此期若营养过于丰富，特别是精料量过多，可引起母牛食欲下降，产后瘫痪，乳房炎加重等病。因此，对于产犊后过肥或过瘦的母牛必须适度饲养，要求产后 3 天内只喂优质干草和少量以麦麸为主的精料，4 天后喂给适量的精料和多汁饲料，随后每天适当增加精料喂量，每天不超过 1 千克，1 周后增至正常喂量。

173. 肉牛的人工授精技术要点有哪些？

牛的人工授精技术程序主要包括采精、精液品质检查、精液的稀释和保存、母牛的发情鉴定、输精等。

(1)人工采精。在种公牛站的采精室，用台牛引诱公牛爬跨，用假阴道诱使公牛射精，用集精杯将精液收集起来。

(2)检查精液品质。精液品质检查的目的是鉴定精液品质的优劣及在稀释保存过程中品质的变化情况，以便决定是否用于输精或冷冻。操作员主要从外观、密度、活力、畸形精子等方面鉴定精液品质。

①外观检查。牛精液的正常颜色为乳白色或黄色。公牛刚射出的精液密度大，精子运动剧烈，似"云雾状"。云雾状越显著，表

明精子活力越强、密度越大。

②测定精子密度。取一滴新鲜精液在显微镜下观察,若精子之间距离较大,大于 1 个精子的长度,则表示精子密度稀;若精子之间有一定空隙,其距离大约等于 1 个精子的长度,则表示精子密度中等;若精子之间距离小于 1 个精子长度,精子之间没有什么空隙,则表示精子密度大。

③精子活力。用直线前进运动的精子数占总精子数的百分比来表示。在 38℃～40℃温度下,用 400 倍显微镜进行观察,看直线前进运动的精子数占总精子数的比例。牛新鲜精液活率在 0.4 以上,冷冻精液在 0.3 以上,才能用于人工授精。

④畸形精子。双尾、卷尾、断尾、双头、巨头精子等都属于畸形精子(异态精子)。牛精子畸形率不得超过 15%。

(3)精液的稀释和保存。为扩大精液容量,提高一次射精量可配母牛头数,补充适当营养和保护物质,抑制精液中有害微生物活动,延长精子寿命,便于精液的保存和运输,常在精液中加入适宜于精子存活并保持受精能力的稀释液。经过简单稀释的精液,在 15℃～25℃下一般可保存 1～2 天。

(4)发情鉴定。发情鉴定包括外部观察和直肠检查两种方法。

①外部观察法。发情前期母牛不安,离开牛群乱跑,嗅闻别的牛外阴部,并企图爬跨别的牛。外阴部稍有肿胀发亮,插入开膣器,子宫颈口微开,阴道黏膜微红,有时有少量黏液流出。此时期大约持续 10 小时。发情期的判断:发情初期,接受爬跨并静止不动,插入阴道开膣器无抵抗感,有较稠黏液流出。发情中期,母牛表现极活跃的性表现,爬跨其他牛,又接受其他牛爬跨,尾根部附着黏液,流出的黏液透明,阴道潮红,此期为发情最盛期。发情末期,接受爬跨,但精神表现安定一些,黏液量减少。整个发情期(初、中、末)持续 13～17 小时。发情后期,逐渐转入平静,虽然有时爬跨其他牛,但不接受其他牛爬跨。

②直肠检查法。此法主要根据卵巢上卵泡的大小、质地软硬、有无弹性等判断发情程度。由于牛的发情期短,卵泡变化快,需要

有经验才能掌握。

（5）输精

①输精适期。母牛正常排卵在发情结束之后 10～12 小时。输精时间安排在排卵前 6～18 小时内受胎率最高。但是排卵时间一般不易准确掌握，而根据发情时间来掌握输精时间比较容易。输精时间在发情后期较好。在生产实践中都以早晨发情，下午输精；下午发情，第二天早晨输精。

②输精部位及次数。实践表明，在牛的子宫颈内、子宫角、子宫体输精，受胎率无显著差异。在精液品质良好和发情鉴定准确的条件下，可一次输精。为防意外，提高受精率，通常采取两次输精法，两次输精间隔 8～12 小时。

③输精量。输精量一般为 1 毫升，精子数量 1500 万～3000 万个。

④输精方法。目前给牛输精比较先进的方法是直肠把握子宫输精法，即输精员一手戴乳胶手套，伸入母牛直肠掏出宿粪，另一只手持输精器由阴门插入，先向上微斜，避开尿道口，而后再平插直至子宫颈口。以一手隔直肠壁把握子宫颈，将输精管前端插入接近颈管内口处即可，随后缓慢回抽输精管并注入精液。整个输精过程要轻稳，掌握"轻入、适深、缓注、慢出"八个字。

（6）妊娠检查。为了及早地判断母牛的妊娠情况，要做好妊娠检查，防止母牛空怀。对没有受胎的母牛及时进行补配，对已受胎的母牛加强饲养管理做好保胎。妊娠检查的方法主要有外部观察、阴道检查、直肠检查等几种方法。

对配种后的母牛下一发情期到来前后要注意观察，如不发情，则可能受胎。母牛妊娠 3 个月后，性情变得安静，食欲增加，体况变好，被毛光润。妊娠 5～6 个月后，母牛腹围有所增大，右下腹部比较明显。阴道检查主要是观察阴道黏膜的色泽、黏液的状况、子宫颈口的状况确定是否妊娠。直肠检查是妊娠检查方法比较准确、使用最普遍的方法。通过直肠触摸母牛生殖器官的形态和质地以判断是否妊娠。检查时要迅速、准确，不要拖延太长时间。

174. 怎样防治母牛流产？

（1）防止母牛滑跌、挤压、顶架及其他机械性损伤；不要喂给发霉变质的饲料；天气寒冷时，不吃霜草，不饮冰水，并防止感冒；长途运输时，加强护理，防止过度疲劳；注意怀孕母牛的用药，不要内服泻药和注射引起子宫强烈收缩的药物；做好有关传染病的检疫和预防注射工作。

（2）先兆流产母牛，在母牛出现腹痛，起卧不宁，呼吸脉搏加快，但子宫颈口还未开张，胎儿仍活着的情况下，可肌内注射孕酮50～100毫克，每日或隔日一次，连用几次，或肌内注射1%硫酸阿托品1～3毫升。

（3）习惯性流产母牛，可在配种后立即注射促黄体素200～400国际单位，隔日一次，连续2～3次。

（4）胎儿干尸化或浸溶，可注射苯甲酸雌二醇5～20毫克，每日一次，连续2～3次，促使子宫颈口开张，以利于自然排出；或在用药后2～4天人工扩开子宫颈口，向子宫内注入1%盐水或石蜡，再进行人工流产，用手或器械拉出胎儿干尸或骨骼，取出后用50%～10%的盐水冲洗子宫，并注射子宫收缩药，如催产素30～100国际单位，促使液体排出，严重病例子宫内需放入抗生素，结合全身治疗。

（5）对传染病和寄生虫病引起的流产病例，应查清病因，必要时进行实验室诊断，分别对不同情况进行处理。应注意病牛的隔离和场地的消毒。

175. 怎样对肉牛进行持续育肥？

（1）放牧加补饲持续肥育法。在牧草条件较好的牧区，犊牛断奶后，以放牧为主，根据草场情况，适当补充精料或干草，使其在18月龄体重达400千克。要实现这一目标，犊牛在哺乳阶段，平均日增重达到0.9～1千克。冬季日增重保持0.4～0.6千克，第二个夏季日增重在0.9千克。在枯草季节，对杂交牛每天每头补喂精料1

～2千克。放牧时应做到合理分群,每群50头左右,分群轮牧。我国1头体重120～150千克牛需1.2～2公顷草场,放牧肥育时间为5～11月,放牧时要注意牛的休息、饮水和补盐。

(2)放牧-舍饲-放牧持续肥育法。此法适用于9～11月出生的秋犊。犊牛出生后随母牛哺乳或人工哺乳,哺乳期日增重0.6千克,断奶时体重达到70千克。断奶后以喂粗饲料为主,进行冬季舍饲,自由采食青贮料或干草,日喂精料不超过2千克,平均日增重0.9千克,到6月龄体重达到180千克。然后在优良牧草地放牧(此时正值4～10月份),要求平均日增重保持0.8千克,到12月龄可达到325千克。转入舍饲,自由采食青贮料或青干草,日喂精料2～5千克,平均日增重0.9千克,到18月龄,体重达490千克。舍饲时,一牛一桩固定拴系,缰绳不宜太长;围栏饲养时,育肥牛散养在围栏内,每栏15头左右,每头牛占有面积4～5平方米,让其自由采食、饮水。日粮中精料比例上升到75%以上时,要注意牛胀肚或拉稀,一旦发病应及时治疗;公牛在育肥前应予去势。

(3)高营养舍饲肥育法。育肥期采用高营养饲喂法,使牛的日增重保持在1～2千克,周岁左右时结束育肥,活重达400～450千克。6月龄断奶,体重150千克,育肥6个月,12月龄时体重达到400千克。体重150～250千克阶段,氨化秸秆自由采食,每头补苜蓿干草0.5千克;其中体重150～200千克时日喂精料3.2千克,体重200～250千克时日喂精料3.8千克(精料配方:每100千克含玉米55千克、棉籽饼26千克、麸皮16千克、贝壳粉1.5千克、食盐1千克、小苏打0.5千克)。体重250～400千克阶段,氨化秸秆自由采食,每头每天补苜蓿干草0.8千克;其中体重250～300千克阶段日喂精料4.2千克,体重300～350千克阶段日喂精料4.7千克,体重350～400千克阶段日喂精料5.1千克(精料配方:每100千克含玉米61千克、棉籽饼18千克、麸皮18千克、贝壳粉1.5千克、食盐1千克、小苏打0.5千克)。

176. 怎样对肉牛进行后期集中育肥？

犊牛断奶后，因饲料条件较差，不能保持较高的日增重，首先搭成骨架，当体重达到 250 千克以上时，逐步提高日粮水平，进行强度育肥，除加大体重外，进一步增加体脂肪的沉积，以改善肉质，一直达到 450～600 千克时出栏。这种育肥方式，在搭骨架阶段使牛的消化器官得到了充分的发育，所以对日粮品质的要求较低，可充分利用农副产品，降低精料消耗，使饲养费用减少，是一种国内外普遍应用的、较经济的育肥方式。

后期集中肥育有放牧加补饲肥育、秸秆加精料日粮类型舍饲肥育等方法。

（1）放牧加补饲肥育。此方法简单易行，以充分利用当地资源为主，投入少，效益高。我国牧区、山区可采用此法。对 6 月龄断奶的犊牛，7～12 月龄半放牧半舍饲，每天补饲玉米 0.5 千克，人工盐 25 克，尿素 25 克，补饲时间在晚 8 点以后；13～15 月龄放牧；16～18 月龄经驱虫后，进行强度肥育，整天放牧，每天补喂精料 1.5 千克、尿素 50 克、人工盐 25 克，另外适当补饲青草。

一般青草期肥育牛日粮，按干物质计算，料草比为 1：3.5～1：4，饲料总量为体重的 2.5%，青饲料种类应在 2 种以上，混合精料应含有能量、蛋白质饲料和钙、磷、食盐等。每千克混合精料的养分含量为：干物质 894 克、增重净能 1.089 兆焦、精蛋白质 164 克、钙 12 克、磷 9 克。强度肥育前期，每头牛每天喂混合精料 2 千克，后期喂 3 千克，精料日喂 1 次，粗料日喂 3 次，可自由采食。我国北方省份 11 月份以后，进入枯草季节，继续放牧达不到肥育的目的，应转入舍内进行全舍饲肥育。

（2）处理后的秸秆加精料。农区有大量作物秸秆，是廉价的饲料资源。秸秆经过化学、生物处理后提高其营养价值，改善适口性及消化率。秸秆氨化处理后蛋白质可提高 1～2 倍，有机物质消化率可提高 20%～30%，采食量可提高 15%～20%。以氨化秸秆为主加适量的精料进行肉牛肥育，各地都进行了大量研究和推广，其肥育效果见表 2.4。

表 2.4　　　　　　　　氨化麦秸秆加精料肥育肉牛效果

试牛品种	头数	日头均 精料喂量(kg)	头均日增重 （kg）	日头均耗精料/ 头均日增重
本地黄牛	16	0.5	0.43	1.16
秦川牛	12	0.75	0.55	1.4
本地黄牛	12	1.0	0.66	1.5
利杂一代	12	1.0	0.74	1.35
杂交牛	16	1.5	0.644	2.33
晋南牛	10	2.0	0.695	2.91
鲁西黄牛	12	3.2	1.09	2.99

　　从表 2.6 可以看出,氨化麦秸秆加少量精料即能获得较好的肥育效果,且随精料量的增加,氨化麦秸秆的采食量逐渐下降,日增重逐渐增加。据试验,将氨化麦秸与增重剂联合应用,配合以专用复合添加剂,夏黄杂一代公牛平均日增重达 1.21 千克(精料组成为玉米 60%,棉籽饼 37%,贝壳粉 1.5%和食盐 1.5%)。

　　(3)青贮饲料加精料。在广大农区,可作青贮的原料易得。有资料显示,我国可供青贮用的农作物副产品 10 亿吨以上,但用于青贮的只有很少部分,若能提高到 20%,则每年可节省饲粮 3000万吨。青贮玉米是育肥肉牛的优质饲料,据研究,在低精料水平条件下,饲喂青贮料能达到较高的增重。试验证实完熟后的玉米秸,在尚未成枯秸之前青贮保存,仍为肉牛饲养的优质饲料,加喂一定量粗料进行肉牛肥育仍能获得较好的增重效果(表 2.5)。

表 2.5　　　　　　　青贮玉米秸加不同精料量饲喂肉牛的效果

试牛品种	头数	日头均采食饲料(kg)		头均日增重(kg)	头均耗精料/头均日增重
		青贮玉米秸	精料		
晋南牛	10	4.84	2.1	0.76	2.90
晋南牛	10	5.02	4.40	0.86	4.70
鲁西黄牛	12	4.01	4.46	1.36	3.26

177. 如何配制肉牛育肥饲料?

现提供肉牛育肥饲料配方一例,供养殖户参考(表 2.6)。

表 2.6　　　　　　肉牛育肥饲料配方　　　　　　　　%

配　料	1~20 天	21~50 天	51~90 天
玉　米	25	44	59.5
麦　麸	4.5	8.5	7
棉籽饼	10	9	3.5
骨　粉	0.3	0.3	—
贝壳粉	0.2	0.2	—
酒　糟	49	28	21
玉米秸粉	11	10	9

178. 怎样增强肉牛的体质?

首先是要注意品种改良,培育和饲养适应能力强的抗病品种,要保障肉牛的营养需要,饲料青精结合,加强免疫,提高肉牛的抗病能为,保证肉牛每天适当的运动,因此牛舍应该配套建有运动场,有条件的地方,每天还可以进行放牧饲养。

179. 怎样预防肉牛的疫病?

优先使用疫苗预防肉牛疫病,应结合当地实际情况进行疫病的预防接种。此外,养殖场要定期进行环境消毒,加强防疫检疫工作,杜绝疫病的流行和异地传播。

180. 怎样进行肉牛的疫病监测?

养殖场兽医应定时观察牛的活动和吃食情况,当发现异常情况时,需测量体温,仔细观察牛的体表症状,根据症状初步判断患病情况,严重者抽取血液送权威实验室进行检验,有条件的企业,可以采取血清学检测对肉牛的重大疫病进行快速诊断。当怀疑或者确定牛患有国家规定的重大疫病时,应在第一时间报告当地动物防疫监督机构。

肉牛重大疫病的控制和扑灭应按照国家和地方政府出台的《重大动物疫情应急预案》执行。

181. 怎样防治肉牛的瘤胃积食?

(1)诊断。由于肉牛采食过多的粗硬难消化饲料或食入大量易膨胀的饲料所致。发病时采食反刍减少或停止,有轻度腹痛,病牛腹痛不安,回头望腹或者摇尾踢腹,拱背呻吟,左腹胀大,左侧下部最为明显。叩诊呈浑浊音,触诊瘤胃时可感到坚实,指压留痕,瘤胃蠕动音初强后弱,严重时蠕动停止。呼吸迫促,黏膜发绀,脉搏细数,粪便干少,体温一般正常。

(2)治疗。病情较轻的牛可采取饥饿疗法,限食 1～2 天,但不限制饮水,可用酵母粉 500 克灌服,每日 2 次;也可灌服泻药,用硫酸镁 500 克、松节油 30 毫升,加水 800 毫升一次灌服,用过泻药后,要同时结合强心补液,用 10% 的氯化钠液和高渗葡萄糖输液;皮下注射新斯的明或毛果芸香碱。用药前大量饮水使瘤胃内容物软化,在使用各药物无效时,可施行瘤胃切开术治疗。同时加强饲养管理,防止过食,适当加强运动。

182. 怎样防治牛棉籽饼中毒？

棉籽饼中含有棉籽毒和棉籽油酚，长期饲喂可引起中毒。主要症状为：①一般发病缓慢，经 7～10 天死亡，但严重者在症状出现后很快死亡。②表现为体力衰弱，精神沉郁，被毛粗乱，食欲反刍减退，呻吟，磨牙，全身发抖，心跳加快，心音增强，眼睑浮肿，羞明流泪。③瘤胃臌气，初期粪便干燥，以后腹泻，粪中常带血，有时有腹痛。④剖检，出血性胃肠炎，心内、外膜出血，心肌变性，肾脏出血和变性，肝实质变性。

治疗方法：①绝食一天，更换饲料。②口服 0.3%～0.5%高锰酸钾或 5%碳酸氢钠溶液 1000～1500 毫升。③口服盐类泻剂如硫酸镁 400～800 克，也可用 5%～10%碳酸氢钠溶液 1000～1500 毫升灌肠。

183. 怎样防治牛片形吸虫病？

片形吸虫病是由片形吸虫寄生在以反刍动物为主的各种家畜和人的肝脏胆管里所引起的一种蠕虫病。表现为肝实质和胆管发炎或肝硬化，并伴发全身性中毒和继发消化机能及代谢机能扰乱。一般呈地方性流行。

牛片形吸虫病的病原体有肝片形吸虫和大片形吸虫两种。急性症状多发生于犊牛。常表现为精神沉郁、食欲减退或消失、体温升高、贫血、黄疸等，严重者常在 3～5 日内死亡。最常见的慢性症状，主要是贫血、黏膜苍白、眼睑及体躯下垂部位（下颌间隙、胸下、腹下等处）发生水肿，被毛粗乱而干燥易脱断，无光泽，食欲减退或消失，往往死于恶病质。片形吸虫病多发生于潮湿、多水地区。

可用以下药物治疗：①阿苯达唑，按每千克体重 10～15 毫克，口服，休药期 28 天，弃奶期 60 小时。②三氯苯唑，按每千克体重 6～12 毫克，口服，休药期 28 天，弃奶期 72 小时。

184. 怎样防治牛日本血吸虫病？

日本血吸虫病是由日本血吸虫引起的一种寄生虫病。主要在我国长江流域及南方地区发生。日本血吸虫为雌雄异体,口股端各有一个吸盘,雄虫白色,长 10～20 毫米;雌虫暗褐色,长 15～26 毫米。

急性病者,主要表现为体温升高到 40℃ 以上,呈不规则的间歇热。可因严重的贫血,全身衰竭而死。常见的为慢性病例,病牛的一般状况尚好,仅可见消化不良,发育迟缓,腹泻或便血,逐渐消瘦,脾脏肿大,肝硬化。若有较好的饲养管理条件,则症状不明显,常成为带虫者。

治疗:吡喹酮一次口服剂量,按每千克体重 30 毫克,每天一次,连服 4 天,休药期 28 天,弃奶期 7 天。预防:避免到有钉螺的水域放牧,牧场要定期灭螺。

185. 怎样防治牛巴氏杆菌病？

牛巴氏杆菌病是一种由多杀性巴氏杆菌引起的急性、热性传染病,常以高温、肺炎以及内脏器官广泛性出血为特征。多发生在春、秋两季。

(1)主要临床症状:病初体温升高,可达 41℃ 以上,鼻镜干燥,结膜潮红,食欲和反刍减退,脉搏加快,精神委顿,被毛粗乱,肌肉震颤,皮温不整。有的呼吸困难,痛苦咳嗽,流泡沫样鼻涕,呼吸音加强,伴有水泡音。有些病牛便秘后腹泻,粪便常带有血或黏液。尸剖检可见黏膜、浆膜小点出血,淋巴结充血肿胀,其他内脏器官也有出血点,肺呈肝变,质脆,切面呈黑褐色。采取死牛新鲜心、血、肝、淋巴结组织涂片,以姬姆萨氏染色,镜检可见两极着色的小杆菌。

(2)治疗方法:①对刚发病的牛,用痊愈牛的全血 500 毫升静脉注射,结合使用四环素 8～15 克溶解在 5% 葡萄糖溶液 1000～2000 毫升中静脉注射,每天 1 次,休药期 8 天,弃奶期 48 小时。

②普鲁卡因青霉素 300 万～600 万单位、双氢链霉素 5～10 克同时肌内注射,每天 1～2 次,休药期 18 天,弃奶期 72 小时。

③强心剂可用 20％安钠加注射液 20 毫升,每天肌内注射 2 次。

④重症者可用硫酸庆大霉素 80 万单位,每天肌内注射 2～3 次,休药期 40 天,弃奶期 10 天。

⑤保护胃肠可用次硝酸铋 30 克和磺胺脒 30 克,每天同服 3 次,休药期 28 天,弃奶期 72 小时。

对以往发生本病的地区和本病流行时,注射牛出血性败血症氢氧化铝菌苗,体重在 100 千克以下者,皮下注射 4 毫升,100 千克以上者皮下注射 6 毫升。

186. 怎样防治牛海绵状脑病(疯牛病)?

牛海绵状脑病又称疯牛病,是一种由朊病毒引起的慢性、传染性、致死性的中枢神经系统疾病。临床症状表现为患牛体质下降、产奶量减少、体温偏高、心搏缓慢、呼吸频率增加,但血液生化指标无明显变化,很多病牛食欲仍然良好。患病牛的神经症状主要表现在三个方面:精神上表现为恐惧、神经质、狂暴,具有攻击性;运动上表现为共济失调、站立困难、步态不稳、头部和肩部肌肉震颤、后肢伸展过度;感觉出现异常,如对声音、气味和触摸过度敏感。用血清学检测方法或电镜检查可以确诊该病。

牛海绵状脑病的防治措施:由于目前对牛海绵状脑病了解不多,尚无有效的预防控制方法。一旦发现疯牛病的牛及痒病的羊,它们的后代以及与其有过紧密接触的牛羊要迅速扑杀、焚烧;停喂带有疯牛病和绵羊痒病病原的肉骨粉等蛋白饲料,切断其传播途径。不从有疯牛病疫情的国家进口牛肉、活牛以及牛肉制品,包括黄油、肉骨粉等,以防疯牛病的传入。

我国是一个农业大国,牛只存栏数 1.5 亿头,年产牛肉 600 多万吨,牛奶 700 多万吨。疯牛病一旦传入我国,将严重影响我国的经济建设、对外贸易和人民身体健康。尽管我国目前尚未有疯牛病病例的报道,但仍要十分重视疯牛病的研究和监控工作。自1990年开始,我国已禁止从疯牛病发病国家进口牲畜及牲畜产品;1992年禁止使用动物性饲料;1998年,农业部动物检疫所(青岛)成立了疯牛病的研究机构。2000年年初,我国开始进行疯牛病的风险评估,并通过对进口牛及其后代、进口牛精液、胚胎所生牛等重点牛群的检测,也证明我国目前没有疯牛病。2001年2月农业部发布了《中国疯牛病风险分析与评估》报告。尽管中国于1983年从英国进口的绵羊中曾出现与疯牛病类似的绵羊痒病症状,由于扑杀、焚烧及时,我国境内未再发现这种病状。国家有关部门已批准在北京检验检疫局技术中心成立我国第一家疯牛病检测实验室。2001年起,我国开始停止从欧盟国家进口动物性饲料,疯牛病的防治已得到全社会的普遍关注。

187. 怎样防治牛流行热?

牛流行热又称三日热或者暂时热,是由牛流行热病毒引起的一种急性发热性传染病。症状与感冒相似。本病感染率最高的是黄牛,主要侵害3～5岁的牛。患畜突然高热,出现跛行,呼吸急促,发病率高、死亡率低是本病的特征。

本病大群发生,传播迅速,具有明显的季节性,7～8月份为高发期,地方性流行;潜伏期3～7天,患牛突然发病,皮温不整,精神沉郁,食欲大减,体温高达40℃～42℃,持续3天左右。发病期间眼结膜出现树枝状充血,大量流泪,不断流涎,呼吸加快,不时呻吟,且具有肺气肿症状。病牛四肢僵硬,表现跛行或不能站立,头颈肌肉发抖,粪便干燥或表面附有黏液和血液。

本病尚无特效疗法,目前多采用对症疗法和防止混合感染和继发感染等方法进行治疗。如体温升高时,可肌内注射氨基比林等解热镇痛药,休药期28天,弃奶期7天。另外可选用抗生素及磺胺类药物治疗。据报道,用土霉素、菌必清等药物可有效地控制此病继发混合感染,可降低其死亡率;土霉素注射液休药期28天,弃奶期7天。预防:用牛流行热疫苗皮下注射5毫升,间隔4周再免疫一次。

188. 怎样防治牛尿素中毒？

(1)诊断。尿素中毒主要是由于牛误食尿素或以尿素作为蛋白质补充饲料而添加量过多或搅拌不匀所引起的。病牛出现大量流涎,瘤胃臌气,反刍及瘤胃蠕动停止,瞳孔放大,皮肤出汗,反复发作强直性痉挛,呼吸困难,精神沉郁,脉搏快而弱,心音增强,皮温不均,口流泡沫,通常在中毒后几小时死亡。

(2)治疗。当中毒病牛发生急性瘤胃臌气时,必须立即进行瘤胃穿刺放气(放气速度不宜过快),停止供给可疑饲料。可灌服食醋 1000 毫升,以降低瘤胃 pH 值,阻止尿素继续分解。静脉注射 10% 葡萄糖酸钙 300~500 毫升,25% 葡萄糖注射液 500 毫升,以中和被吸收入血液中的氨。应严格控制尿素喂量,饲喂后要间隔 30~60 分钟再供给饮水,且不要与豆类饲料合喂。

189. 牛肉可以加工成哪些产品？

最常见的牛肉加工产品是牛肉干、腊牛肉、卤牛肉,此外,通过加入各式各样调味品制成的牛肉熟食也常见。

190. 怎样制作卤牛肉？

(1)配料。牛肉 500 克、肉桂 6 克、丁香 3 克、八角 6 克、草果 1 个、红糖 30 克、素油 50 克、鸡汤 1500 毫升、盐 20 克、姜 5 克、葱 10 克,料酒、蒜、茴香、花椒各适量。

(2)加工方法。①整块牛肉去杂洗净,切成锅能放下的大块。②烧开一锅水,将牛肉放入,再烧开片刻后捞出待用。③把锅烧热,加入素油,烧六成熟时,先爆香葱姜蒜,淋上料酒,加入酱油、红糖、盐及其他调料,加入鸡汤(加水也行,但要热水)、牛肉,大火煮 20~30 分钟后,改为小火煮至牛肉熟烂入味。④待肉连汤凉后,放入冰箱内凉透,切片即可食用。

191. 怎样制作五香牛肉?

(1)配料。牛肉 5 千克,食盐 300 克,白糖 150 克,花椒 10 克,大茴香 10 克,丁香 2.5 克,草果 5 克,陈皮 5 克,鲜姜 50 克,硝酸钠 5 克。

(2)加工方法。选用卫生合格的鲜牛肉,剔去骨头、筋腱,切成 200 克左右的肉块。将切好的牛肉块加入食盐、硝酸钠,拌和均匀,放入缸内在低温下腌制 12 天,期间翻动几次。腌好的肉块在清水中浸泡 2 小时,再冲洗干净。将洗净的肉块放入锅内,加水淹过肉块,煮沸 30 分钟,撇去汤面上的浮沫,再加入各种辅料,用文火煮制 4 小时左右。煮制时,翻锅 2~3 次。肉块出锅冷却后,即为成品,成品烤干后即成五香牛肉干。

192. 我国牛肉质量安全存在哪些问题?

我国牛肉质量安全问题主要体现为:部分牛肉残留有毒有害物质或者药物残留超标;由于检疫把关不严造成病原污染,或者由于加工过程中的二次污染;还有极个别屠宰场对牛肉进行注水处理等。

193. 怎样提高我国牛肉质量安全水平和市场竞争力?

要提高我国牛肉的质量安全水平和市场竞争力,首先是要进一步加强对牛肉产品质量安全监管工作的组织领导,构建良好的牛肉产品质量监管网络。其次是要切实做好养殖户健康养殖的规范性技术培训,严格执行各种肉牛生产准则和规范,从生产源头上抓好动物产品的质量安全工作。三是要认真抓好投入品的质量监管工作,严格执行饲料兽药的质量标准和动物的休药期制度,严厉打击贩卖使用瘦肉精等违禁物品的违法行为。四是要加强对牛肉产品的质量安全检测,严防牛肉中的药物残留和微生物残留超标,确保牛肉产品质量安全,使之符合国际出口的规定标准。

194. 放心肉应具备的条件有哪些?

作为放心肉,应具备以下三个方面的基本条件:一是肉产品经营单位必须具有法定的资质证明。二是肉产品必须经国家法定的检疫机构检疫合格,并加盖专门检疫合格印章。三是产品经过权威部门的质量认证,肉产品质量检验合格。

195. 怎样进行肉牛的短距离运输?

肉牛短距离运输的时间较短。为了保证肉牛的运输安全,要求切实做好以下几项工作:一是准备工作,包括车厢隔断设施(木棍、钢管等材料)和防滑设施(铺垫碎草或秸秆等),装车前 4 小时限饲停水,搞好常见疾病的免疫接种并做好防疫标记,按规定做好检疫工作,办好运输检疫手续。二是分隔段正确装车,要求用绳子将牛头系牢在车厢栏杆上,牛头距离栏杆 10 厘米。车厢面积与装牛数量相匹配,每平方米车厢面积装载 300 千克的牛约 1 头,装载 450 千克的牛约 0.7 头。三是运输途中的检查与管理,装运牛车要坚持慢启慢停,中速行驶,一级路面行驶速度为每小时 80 千米左右,二级路面为每小时 60 千米左右,三级路面为每小时 50 千米左右。运牛车在启运 30 千米后,要停车检查牛群,并将绳子放长至 20~25 厘米。同时,要根据不同的季节和气温合理安排行车的时间,避免严寒和酷热的时间运输行车。

196. 屠宰检疫和肉品质检疫有何区别?

从概念上来说屠宰检疫是在屠宰加工过程中,对动物的胴体、头、蹄、内脏等携带病原和致病微生物进行检验定性。肉品质检验主要是对屠宰加工的动物产品在出厂前就其新鲜度、水分、规格、重量进行检查。

从性质上来说,屠宰检疫是政府行为,由指定的机构来实施,而肉品质检疫是属于企业行为。

从法律上来说，屠宰检疫是国家动物防疫法认可的，由动物防疫监督机构强制执行，具有法律效力。肉质检验是企业为了信誉和质量保证，对自己出厂的肉产品质量负责。

健康养殖技术问答丛书

牛羊兔
健康养殖技术问答
（下）

主　编：肖光明　江为民

编写人员：向　静　陈凯凡　谭美英　文乐元
　　　　　谭军强　吴交明　王建湘

湖南科学技术出版社

图书在版编目(CIP)数据

牛羊兔健康养殖技术问答/肖光明主编.——长沙:湖南
科学技术出版社,2008.1
　(健康养殖技术问答丛书)
　ISBN 978－7－5357－5075－4

　Ⅰ.牛…　Ⅱ.肖…　Ⅲ.①养牛学－问答②羊－饲养管理
－问答③兔－饲养管理－问题　Ⅳ.
S83－44　S826－44　S29.1－44

　中国版本图书馆 CIP 数据核字(2008)第 0048786 号

牛羊兔健康养殖技术问答(下)

主　　编:肖光明　　江为民
责任编辑:彭少富
出版发行:湖南科学技术出版社
社　　址:长沙市湘雅路 276 号
　　　　　http://www.hnstp.com
湖南科学技术出版社天猫旗舰店网址:
　　　　　http://hnkjcbs.tmall.com
印　　刷:唐山新苑印务有限公司
　　　　　(印装质量问题请直接与本厂联系)
厂　　址:河北省玉田县亮甲店镇杨五侯庄村东 102 国道北侧
邮　　编:064101
出版日期:2017 年 10 月第 1 版第 3 次
开　　本:850mm×1168mm　1/32
印　　张:4.25
书　　号:ISBN 978－7－5357－5075－4
定　　价:35.00 元(共两册)

序

20世纪90年代中后期以来，国际上对健康养殖的研究已经涉及养殖生态环境的保护与修复、养殖系统内部的水质调控、病害生物防治技术、绿色兽药研发、优质饲料技术、健康种质资源与育种技术以及产品质量安全等多个领域，这些研究有的已经获得成果和实质性应用，如日本的有益微生物群（Effective Micro-organisms，简称EM）技术、澳大利亚的微生物生态防病技术、美国的封闭式养殖系统水质调控技术及无特定病原体对虾育种技术等；有的研究如养殖容量限量与环境修复技术等取得了阶段性成果，受到广泛的关注。我国健康养殖研究也正在蓬勃兴起，如中科院淡水渔业中心对池塘动力学、微生物生态学的研究等，取得了可喜的成果。这些研究必将把养殖业推向一个崭新的发展时代，健康养殖就是这个时代发展的主题。

关于健康养殖，我认为其主要内涵可概括为"安全、优质、高效与无公害"，首先是产品必须安全可靠、无公害，能为社会所广泛接受；其次是养殖方式应该高效、可持续发展；再次是资源利用应该良性循环。因此，我们在实施健康养殖过程中，安全高效是目的。安全高效既包括生产的安全，不因养殖过程而减产，又包括产品的安全，不因产品质量而减收；养殖环境改造是关键。总的来说，养殖业既不能受到环境的污染，也不能对环境造成新的危害，要保持养殖对象自身最合适的生态环境；保障养殖对象的健康是重点，要筛选成熟的健壮无病、抗逆性强的养殖品种，投喂能满足健康生长需求的饲料，加强用药管理，生态防治病害等；选择适宜的养殖模式是基础，根据不同动物的生理特性，以无公害养殖生产标准为基础，开展混养轮养等生态养殖，保持良好的空间环境、水体环境和生态环境。

我国健康养殖方兴未艾，各级党委、政府非常重视，2007年中央"一号文件"就明确指出，建设现代农业的过程，就是改造传统农业、不断发展农村生产力的过程，就是转变农业增长方式、促进农业又快又好发展的过程，提出转变养殖观念，调整养殖模式，发展健康养殖，并将发展健康养殖业作为健全发展现代农业产业体系的重要措施。农业部为全面贯彻落实中央"一号文件"精神，决定实施发展现代农业"十大行动"，坚持用科学发展观指导今后一个时期农业的发展，把健康养殖作为促进养殖业增长方式转变的重要举措，要求在全国积极开展健康养殖示范区创建活动，推广生态健康养殖理念、养殖方式和生产管理技术，全面提升养殖产品质量安全水平，促进养殖业的可持续发展。

湖南省畜牧水产技术推广站站长、研究员肖光明同志主编的《健康养殖丛书》，一共有九册，内容涉及了生猪、牛、羊、兔、鸡、鸭、鹅、特种经济动物和淡水鱼、泥鳅、黄鳝、虾、蟹、龟、鳖、蛙，以及宠物、观赏鱼等，基本涵盖了养殖业生产的常见种类。丛书以最新的无公害养殖生产标准和无公害、绿色、有机畜禽水产品标准为规范，针对养殖生产中的关键环节，全面、系统地阐述了健康养殖技术。在该丛书即将出版之际，我荣幸地先睹为快。

该丛书内容新颖实用，表述生动活泼，语言通俗易懂，紧扣健康主题，切合生产实际，能带给读者新的理念，传给读者新的信息，授给读者新的技术，特别是作者选择一问一答的编撰方式，深入浅出，一看就懂，一学就会，一用就灵，很适合农民群

众的阅读口味，是推广普及健康养殖新技术难得的教科丛书，值
得广大农业科技推广、管理、教学人员和养殖生产者学习参考。

中国工程院院士 袁隆平

2013 年 5 月

前言

　　饲料和畜产品质量安全问题是制约我国畜牧业，特别是草食动物持续健康发展的两大关键因素。一方面，畜牧业的发展对粮食有很大的依赖性，虽然我国粮食产量位居世界前列，但由于人口众多，人均占有粮食并不多，若将大量粮食留作饲料粮，就会造成畜与人争粮的紧张局面。世界上许多发达国家的肉食主要来源于草食动物，如美国的肉食中73％由草转化而来，澳大利亚约90％，新西兰接近100％，而我国只有6％～8％，其余90％依靠粮食转换而来。因此，如何解决饲料问题就成为当前畜牧业发展的重要问题。国家提出要大力发展草食动物生产，是"节粮型"畜牧业的主要内容，是对人畜争粮问题的破解，利于改善人们膳食结构，具有重大的战略意义。另一方面，畜产品质量安全问题正逐步成为消费者对动物源性食品的首要追求和争夺国内外市场的第一商业要素。我国是畜牧业大国，但畜产品在国际市场上占有的份额却相对较小，肉类产品的质量与国际标准有较大的差距；同时，由于滥用药物以及疫病造成的产品质量安全问题，影响了消费者的信心。

　　有鉴于此，作者编写了《牛羊兔健康养殖》一书，有针对性地从养殖品种、养殖方式与设施、养殖环境、饲料与药品、疾病防治、产品初加工、产品质量安全、产品运输、产品检疫、无害化处置，以及养殖经营管理等方面，遵循无公害、绿色、有机农产品生产的要求，对如何生产优质安全的草食动物产品进行一同一答，言简意赅，是广大农民脱贫致富必不可少的技术用书。

由于时间和水平有限，书中如存在错误和不当之处，敬请专家和读者批评指正。

编　者

2013 年 5 月

目　　录

第三章　山羊的健康养殖技术

第四章　肉兔的健康养殖技术

第五章　南方常见优质牧草栽培技术

第三章　山羊的健康养殖技术

197. 什么是山羊的健康养殖？

山羊的健康养殖是指在良好的环境条件下，按标准组织生产，饲喂安全营养的饲料，能有效地防控疾病，不使用违禁的药物，严格执行休药期制度，产品无药物残留，质量安全可靠，对环境友好，可持续发展，养殖效益高。

198. 目前我国山羊健康养殖生产中主要存在哪些问题？

目前我国山羊健康养殖生产中存在的主要问题有：品种退化，产业化程度低，生产标准的修订滞后，部分养殖生产者不懂法规或法制观念淡化，滥用药物和饲料的情况时有发生，部分疫病流行，生产记录不规范，产品质量安全追索制度尚未建立，大部分地区尚未实行产品的市场准入制度。

199. 山羊健康养殖的关键环节有哪些？

健康是目的，监控是手段，养殖是关键。要保证山羊产品安全、食品绿色的真实有效，其关键是对山羊养殖前端到产品流通终端的全程监控，花大力狠抓源头——养殖过程。山羊健康养殖的关键环节体现在以下 5 个方面。①产地环境良好，至少要求无公害。饲养环境应符合《无公害畜禽肉产地环境要求》（GB/T 18407.3）标准，主要包括养殖场（区）和初级加工厂的选址布局、卫生条件、用水质量、环境控制等方面。②使用营养安全的饲料及饲料添加剂。饲料和饲料添加剂营养安全是健康养殖生产的关键因素之一。③饮用水、加工用水要求清洁卫生，符合国家有关标准。④规范使用国家允许使用的药物防治疾病，并严格执行休药期制度。⑤严格科学的技术操作规程和管理。⑥规范屠宰加工。

200. 国家对山羊的养殖有哪些政策支持？

（1）法制化管理。国家已出台《农产品质量安全法》、《草原法》、《动物防疫法》、《兽药管理条例》、《饲料和饲料添加剂管理条例》等专业法规，以确保肉羊的养殖进入法制轨道。

（2）加大投入，补贴政策。在优势肉羊产业区内加大资金投入，集中动物保护、种苗工程、安全优质等专项资金。扶持优势肉羊的产业发展，加大对优势肉羊实施免费检疫、免疫的制度，将出口鲜活肉羊费用降低，用于补贴肉羊的育种、培育等；制定优势肉羊产品标准，扶持名特优肉羊的品牌建设；加强对标准化示范区（基地）肉羊检测中心的建设等。

充分利用 WTO 协议中有关绿箱政策措施，加大对优势区域内肉羊的财政补贴，对肉羊的养殖大户实行鼓励支持减免利息等优惠政策；对优势肉羊的资源品种、胚胎实施补贴；在优势屠宰地实行减免屠宰税、特产税等；对优势区域内的肉羊实施耳标免费政策。

（3）改革和完善流通体制。加强对行业协会及中介组织的扶持；推进农业管理体制改革，建立产供销、内外化一体的体制；在优势肉羊产业区，建立拍卖、联销等经营体制，对优势产业区生产的肉羊实施优质优价，培育市场经营主体。

201. 影响山羊产品质量安全性的主要因素有哪些？

影响山羊产品质量安全性的主要因素有环境的因素，包括产地的空气、山羊的饮用水清洁程度等；有投入品的因素，饲料兽药质量是否安全，用药是否规范等；防疫检疫的因素；还有加工贮存等其他因素。

202. 国外山羊健康养殖现状及发展方向如何？

20 世纪 50 年代以前，国外养羊业一般以饲养毛用羊为主，肉用羊为辅，即"毛主肉次"。50 年代以后，随着化纤合成工业和服装业的飞速发展，羊毛在纺织工业中的比重逐渐下降，毛用羊的饲养受到了很大冲击。同时，由于人民生活水平的提高及自身保健意识的增强，人类对羊肉的需求量逐年增加，羊肉的生产效益远高于羊毛生产。因此，国外养羊业的发展逐渐由毛用型转向了肉用型方向，肉羊已成为世界畜牧业发展的重要组成部分。

但在肉羊当中，国外肉用绵羊占有相当大的比例，山羊似乎更注重奶山羊的培育，绒山羊次之，肉用山羊较少。山羊业饲养主要在发展中国家，占世界山羊总数的 94.2%，而发达国家的山羊只占 5.8%。目前典型的肉用山羊品种以波尔山羊为代表，其产肉性能显著高于我国的山羊品种。

联合国粮农组织（FAO）统计资料表明，20 世纪 80 年代，世界羊肉总产量约为 900 万吨，其中山羊肉 204 万吨，占 23%，山羊肉的蛋白质等营养成分比绵羊要高。专家预测，世界羊肉产量仍将继续保持上升势头，山羊肉在总肉类中的贡献率将越来越高，所以肉用山羊的发展将成为一个重要的发展趋势。

203. 国内山羊健康养殖现状与发展方向如何？

新中国成立初期，我国山羊除个别品种为羔皮、裘皮用和少量奶用外，基本上为普通山羊（即皮、肉、乳、毛兼用），生产性能低，绝大部分的山羊以生产板皮为主，形成了我国几大皮张集散地。山羊绒产品不被重视，商品率低，价格低廉。

随着我国国民经济发展，尤其是改革开放后，我国山羊数量及产肉量得到快速发展。截至 2002 年底，我国山羊的数量已由 1949 年的 1613 万只，发展到 17275.9 万只，增长了 9.7 倍。山羊的数量已经逐渐超过了绵羊的数量，肉用山羊的发展遍及我国中原及南方广大地区的 22 个省（区）市。早在 20 世纪 80 年代初期，这些地区为了提高本地山羊的产肉量，曾引入奶山羊（萨能、吐根堡、努比羊）改良，改良后，羊只个体变大，活重比原品种提高了 20%～30%，产肉量也增加了，到 1998 年我国普通山羊被奶山羊改良的比例至少有 30%。1995 年，首次由德国引入波尔山羊，用其改良我国本地山羊，优于奶山羊的改良效果，其杂交一代的体重比本地山羊至少提高 50% 以上。2002 年，我国羊绒产量也得到了提高，山羊绒总产量达到了 11765 吨，为 1985 年的 3.93 倍。但一个不可忽视的问题值得我们高度重视，就是在大力开展波尔山羊改良之时，必须注意加强我国地方山羊品种的保护，应划定品种保护区，对地方品种的优良种群进行保护，并进行选育提高，以切实保护我们祖先几千年经过多少世代选留的地方品种资源。同样，在绒山羊发展方面，我国山羊绒的产量和质量都存在较大的差距，仍然不能满足国内外市场对山羊绒的需求。而且，由于绒山羊比绵羊更耐粗饲、粗放管理，所处的饲养环境较恶劣，并相对加剧了草原的退化、沙化，致使绒山羊的发展受到自然环境与生态的制约，可持续发展受到较大限制，这些都是我国山羊健康发展所存在的现实问题。

随着山羊肉和山羊绒的市场变化，国际市场对羊绒及羊绒制品和国内外市场对羊肉需求量的供不应求，我国山羊开始向两个方向发展，即肉用和绒用方向发展，在我国中原及南方各省（区）山羊主要向肉用方向发展，北方及中原的部分地方向绒用方向发展。

204. 为促进我国山羊养殖业的健康发展，应采取哪些对策和措施？

为使我国山羊在国际市场能长期优势地位，我们要积极利用有利条件，克服不利因素，在稳定山羊发展数量的同时，要着重提高山羊产肉性能和个体产绒量和羊绒品质。建议在以下几个方面及时进行研究，采取切实可行的措施：

（1）对草原和草场进行全面规划，划分畜牧区和草原生态环境保护区，并实行分类管理。包括制定和完善《草原法》配套法规，加强对公共草原及草山草坡的管理，鼓励对草原、草场生态利用，发展生态养羊。

（2）加强山羊生产技术科研经费的投入，鼓励开展山羊生态养殖技术研究和推广，改变山羊的养殖模式，大力发展山羊圈养等健康养殖模式。在发展山羊生产的同时，切实保护好自然植被等生态环境。要坚持科学养羊，努力挖掘便宜的饲草、饲料资源，按照山羊的营养标准制定科学、合理的日粮配方。扶持推广"可持续发展的山羊健康养殖模式"，在我国退耕还林（草）发展至适当时期，要逐步开放天然草场，实现"定畜量、混合放；设小区、建库仓；贮冬草，不过牧；收草种，人工播；增效益，保生态；肉质好，肥羊壮；牧民富，食者健"的目标。

（3）适应国内外山羊业的发展需要，加快我国山羊由兼用型向肉用、绒用等专门用途的改良步伐。一方面我们要积极引入国外优良的品种对国内山羊进行杂交改良，抓好本品种向肉、绒、奶等专门方向的改良，提高山羊的生产性能；另一方面要抓好地方良种的品种保护，对优秀的地方良种要制定专门的保种计划，划定专门的保种区域，切实保护好优良地方品种的遗传资源。

（4）引导和提倡"公司＋基地＋农户"的山羊发展模式，建立经济上紧密结合的"贸工农"联合体，使分散的小农生产方式被"结合"成一个大的经济实体，抵御在发展过程中可能遇到的问题。

（5）严格按照"无公害食品"、"绿色食品"和"有机食品"的生产规范从事山羊生产，为山羊产品出口创汇创造条件。

205. 怎样从环境的角度选择山羊生产场址？

为了便于对羊群进行科学饲养管理，羊场场址的选择须特别注意以下几个方面：①地势较高，南向斜坡，背风向阳，空气清洁，土壤干燥，排水良好。②场址选择应方便放牧或饲草饲料运入。羊是草食家畜，在北方牧区或农牧交错区，要有充足的四季牧场和割草地；南方草山草坡地区以及大面积人工草地地区，要有足够的轮牧草场；以舍饲为主的农区，要有足够的饲料、饲草基地或饲料、饲草来源。③场地要有丰富清洁无污染的水源条件，取用方便，设备投资少，切忌在严重缺水或水源严重污染地区建场。④选择四周无疫病发生的地点作场址，同时对周围地区进行调查，有无传染病、寄生虫等发生。⑤要有方便的交通运输、通讯条件和充足的能源供应条件，并有电源设置，便于饲草、饲料加工。⑥羊场要远离居民区、闹市区、学校、交通干线等，便于防疫隔离，以免传染病发生。选址最好有天然屏障，如高山、河流等，使外人和牲畜不易经过。⑦场地面积的选择应考虑肉羊场的长远发展需要，并结合饲养管理方式、集约化程度等合理规划，一般肉羊场按每只羊占地 10～15 平方米规划，羊舍建筑按场地总面积的 10％～12％规划。但是，必须因地制宜地合理规划。⑧场地应无工业"三废"污染。

206. 怎样布局山羊场建筑物？

（1）管理区建筑物布局。场部办公室和职工宿舍应设在羊场场外，人畜分离，但每栋羊舍内应有专门值班室。

（2）生产区建筑物布局。羊舍建筑应包括值班室、工具室、饲料室和兽医室等。羊舍应建在场院内生产区中心，尽可能缩短运输路线，既要利于采光，又要便于防风；修建数栋羊舍时，应采取长轴平行配置，分成若干列，前后对齐，应留足够的运动场。在羊舍周围和舍与舍之间要进行道路规划。道路两旁和羊场各建筑物四周都应种植树木，形成绿化带。小型羊场可将饲料加工室设在羊舍与管理区之间，同时要考虑运输方便问题；大型羊场应在生产区附近建立独立的饲料厂。饲料库应靠近饲料加工厂且运输方便，小型羊场粗料库应设在羊舍附近。兽医室可直接建在羊场中心位置，以方便操作。

207. 羊舍建筑设计有何基本要求?

羊舍建筑设计的总要求是按性别、年龄、生长阶段设计羊舍,实行分阶段饲养、集中育肥的饲养工艺。羊舍设计应通风,冬暖夏凉,采光良好,空气中有毒气体含量应符合 NY/T 388 的规定,饲养区不应饲养其他动物。

(1)建筑地点要求。羊舍必须建在干燥、排水良好的地方,尽量坐北朝南,有较平坦、宽阔的运动场,离放牧地和水源不远。用于冬季产羔的羊舍,要选择在避风、向阳、冬春季保温的地方。

(2)建筑面积的要求。每只羊所需羊舍面积因品种、性别、生理状况和气候条件的不同,要求也不一样。以下标准可供参考:公羊 1.5~2 平方米/只,母山羊 0.7~1 平方米/只,带羔母羊 2 平方米/只,羯羊和育成母山羊 0.5~0.6 平方米/只。羊圈围墙高度在 1.7 米以上,圈内设有料槽和草架,距地面高度 40~50 厘米。

(3)羊舍高度。羊舍高度一般以 2.5 米为宜。南方地区羊舍防暑、防潮重于防寒,羊舍应适当高些。

(4)建筑材料。采用砖、石、水泥、木材等修建的永久性羊舍,可以减少维修费用。

(5)门、窗及地面。羊舍的门一般以宽 3 米,高 2 米最为适宜。羊舍窗户的面积应不小于地面面积的 1/15,离地面 1.5 米以上,以防贼风直接吹袭羊体。南方羊舍可修成 90~100 厘米高的半墙,上半部敞开,达到通风干燥的目的。羊舍地面应高出舍外地面 20~30 厘米,铺成缓斜坡以利排水。

(6)注意通风。羊舍必须有良好的通气设备,以保持羊舍的干燥和空气新鲜。

208. 羊场的主要设备有哪些?

羊场的主要设备有草料架、食槽、水槽、青贮设备、药浴设施、分羊栏、活动围栏和水井，大型羊场为提高生产效率，便于机械化作业，往往需要较多的机械设备，包括运输车辆、提升机、牧草收获机械和饲料加工机械以及免疫消毒设备等其他机械设备。

209. 羊场应配备哪些防疫设备及器具？

为便于羊病的防疫，应在羊场的大门口建消毒池和消毒室，每栋羊舍都要建消毒室，对进入车辆和人员严格消毒，消毒室内可安装紫外灯等，也可以安装喷雾消毒设施，消毒室内要有足够的白大褂和雨鞋。兽医室内要配置常用的兽医医疗器械，包括无菌室，高温干燥箱，消毒柜，冰箱，显微镜，解剖镜，高压灭菌锅等。

210. 山羊场饮用水的卫生要求及防止污染的措施有哪些？

山羊场饮用水应该清洁卫生，符合《无公害食品 畜禽饮用水水质》要求。企业和个人要遵守《中华人民共和国水污染防治法》，防止畜禽饮用水被污染，防止地表水和地下水污染，《中华人民共和国水污染防治法》对水质污染防治措施有详细的规定。山羊养殖场质量标准应符合农业部行业标准 NY/T 388《畜禽场环境质量标准》的要求。

211. 山羊场存在哪些污染？

山羊场主要存在以下污染：空气污染、水污染、粪尿排泄物污染，当防疫措施不力时，还会造成病原污染。

212. 为什么说粪尿排泄物污染是农村环境的主要污染源？

畜禽粪便污染对农村环境造成较大的影响，主要体现在以下4个方面。

（1）污染空气。畜禽粪便长期堆放于养殖场，会向空气中散发许多恶臭气体，其中含有大量的氨、硫化物、甲烷等有害气体，严重污染了养殖场周围农村的空气，对人畜健康造成危害。

（2）污染水体。养殖场产生的大量粪尿及污水任意排放，有些渗入地下水，有些从地面径流进入地面水，使地下水的化学需氧量、生物需氧量大大升高，水体发黑、变臭，使原有的地下水体丧失了食用功能，严重影响了周围农村居民的安全供水。

（3）传播疾病。畜禽粪便污染物中含有大量病原微生物和寄生虫、卵，而且还能滋生蚊蝇，造成人、畜传染病的蔓延，尤其是当人畜共患疫情发生时，将给人畜造成灾难性的危害。

（4）造成农业面源污染。如果用养殖场的污水灌溉农田，不仅不能使农作物增产，反而会大大造成减产，甚至毒害作物，出现大面积作物根系腐烂，此外，污水还会使土壤透气、透水性下降，严重影响土壤质量。

213. 如何控制养殖场的粪便污染？

（1）要提高认识，加大宣传力度。政府部门要充分认识畜禽粪便对环境的污染，加大舆论宣传，把环境保护和资源保护的政策、法律、法规，宣传到千家万户，做到家喻户晓。其次，对造成环境污染的养殖场要及时给予曝光，形成强大的舆论声势，从而造成全社会良好的环境氛围，进一步增强群众的环保意识。

（2）多方位筹措项目资金，为全面治污提供保障。

（3）建立大型沼气池，进行畜禽粪便污水处理。

（4）设立无害化处理设施。建立焚烧炉或安全填埋井，对病死动物进行无害化处理，严禁随意丢弃、出售或作为饲料再利用。

（5）科学饲料配方。提高饲料利用率，降低粪中氮、磷、铜等化学元素含量，保证养殖业的生产与环境双赢。

214. 怎样对病死山羊尸体进行无害化处理？

病死山羊等畜禽废弃物中含有大量的病原微生物、寄生虫卵以及滋生的蚊蝇，会使环境中病原微生物种类增多，病原菌和寄生虫大量繁殖，造成人、畜传染病的蔓延，尤其是人畜共患病时，会导致疫情发生，给人畜带来灾难性危害。肉羊育肥后期使用药物治疗时，应根据所用药物执行休药期。达不到休药期的，不应作为无公害肉羊上市。发生疾病的种羊在使用药物治疗时，在治疗期或达不到休药期的不应作为食用淘汰羊出售。病死山羊尸体及其产品的无害化处理必须严格按照《畜禽病害肉尸及其产品无害化处理规程》执行。禁止上市销售或变相上市销售，防止危害人体健康，防止污染环境，造成疫病流行影响山羊生产健康发展。无害化处理方法有：

（1）销毁。经检疫，确认是炭疽、口蹄疫、恶性水肿、气肿疽、狂犬病、羊快疫、羊猝疽、羊肠毒血症、肉毒梭菌中毒症、钩端螺旋体病、李氏杆菌病、布鲁杆菌病等传染病，或两个以上器官发现肿瘤的病羊整个尸体、血液、皮毛、骨、蹄、角、内脏，必须采用焚毁或深埋等销毁措施。

（2）化制。除销毁类以外的其他传染病、中毒病及死因不明的死羊，病羊的整个尸体及内脏，分别投入干化机化制，也可投入湿化机化制。

（3）高温处理。经检疫，确认是结核病、副结核病、羊痘、山羊关节炎、脑炎病羊的胴体和内脏，用高温蒸煮或一般煮沸法处理，使其达到无害化要求。

（4）炼制食用油。利用高温将不含病原体的脂肪炼制成食用油。炼制时温度必须在 100℃以上，时间必须达到 20 分钟，炼制用脂肪应确保不含病原体。

病死山羊尸体是一种非常危险的传染源，因此，及时正确地处理山羊尸体，在防治山羊疫病和维护人体健康有十分重要的意义。以上 4 种处理方法各有其优缺点，在实际操作过程中应根据具体情况加以选择。

215. 我国有哪些优良的山羊地方品种？

我国优良的山羊地方品种有南江黄羊、湘东黑山羊、成都麻羊、马头山羊、中卫山羊、雷州山羊和青山羊等。

216. 南江黄羊有何生产性能？

南江黄羊原产于四川省南江县，是在四川大巴山区采用多品种杂交而培育成的一个优良肉用山羊品种。1995 年 10 月，由农业部组织鉴定，确认为我国肉用性能最好的山羊新品种。抗病力强、耐粗饲，生态适应能力强，特别适合我国南方各省饲养。

南江黄羊体形大，生长发育快，哺乳期公羔平均日增重176.2 克，母羔为 161.3 克。断奶后至 6 月龄，公羔平均日增重达 139.59 克，母羔 109.33 克。成年公羊体重（66.87±5.03）千克，母羊（45.64±4.48）千克。繁殖力强，性成熟早，泌乳力好。南江黄羊 2 月龄即有性行为表现，3 月龄可出现初情，4 月龄可配种受孕，母羊最佳初配时期为 6～8 月龄，公羊为 12～18月龄。经产母羊群体年产 1.82 胎，产羔率为 202%，繁殖率和成活率均达 90% 以上。

南江黄羊产肉性能好，胆固醇含量低，蛋白质含量高，口感好。6、8、10、12 月龄屠宰率分别为 43.98%、47.63%、47.7%、52.71%，成年为 55.63%，而且具有早期（哺乳阶段）屠宰利用的特点，最佳屠宰期为 8～10 月龄。肉质鲜嫩、营养丰富，含有人体必需的 17 种氨基酸，无膻味，是南江黄羊特有的产肉特征，是美容、长寿的保健食品，特别是老人、孕妇的最佳食品。板皮品质优良、质地柔软、弹性较好，适用于种皮革的工业利用。

217. 湘东黑山羊有何生产性能？

湘东黑山羊属皮肉兼用优良地方山羊品种，主要分布于湘东一带，主产浏阳、平江、株洲、醴陵、长沙、湘潭、安化等县，以浏阳的品种为最佳。

品种特征：全身被毛黑色，有光泽，后躯毛尖呈黄褐色，被毛中均有灰白色柔软纤细绒毛，头小而清秀，眼大有神，叫声洪亮，耳斜立。公、母羊均有角和须，但无肉垂，角稍扁，双角呈倒"八"字排列生长，呈灰褐色，胸部狭窄，后躯较发达，公羊背腰平直，四肢短直矫健。

生长发育：湘东黑山羊是一种早熟、小型地方良种，适应性很强，耐粗饲，能抗酷热、耐严寒，抗病力强，但羊群内个体大小参差不齐，且生长速度较慢。成年公羊体重平均 29.6 千克，母羊平均 25.3 千克，羯羊少数达 60 千克。

生产性能：肉质细嫩味美，瘦肉多，脂肪少，膻味小，深受群众喜欢。其肉对久病体弱的人是一种比较理想的食物，常作为补品，但屠宰率不高，为 40%～60%，板皮坚厚结实，质量较好。

繁殖性能：湘东黑山羊性情温驯，一年两胎，初产单羔率70%左右，经产双羔率62%，以上，年繁殖率达340%～390%。

218. 成都麻羊有何生产性能？

成都麻羊又名四川铜羊，是我国有名的肉、乳、皮兼用型地方良种，主要分布于成都市近郊的双流、龙泉、大邑等地。

成都麻羊体形结构良好，公羊呈长方形，前躯发达；母羊后躯深广，略呈楔形，背腰平直，尻部略斜。全身被毛棕黄色，毛短而有光泽。腹部毛色比体躯浅，并具有"十字架"和"画眉眼"特征。

成都麻羊公羔初生体重 1.78 千克，母羔 1.83 千克。公羔 2 月龄断奶体重 9.96 千克，母羔 10.07 千克，平均日增重分别为136 克和 137 克。断奶后，从 2 月龄到周岁平均日增重为 56 克和44 克。成年公羊体重 43 千克，成年母羊体重 35 千克。肉羊屠宰率达 49%～55%，肉色红润，脂肪分布均匀，肉细嫩多汁，膻味较小。

繁殖力较强，公羊 8～10 月龄、母羊 6～8 月龄开始配种繁殖。母羊发情周期 20 天左右，发情持续期 36～64 小时，妊娠期 148 天左右，产后 30～50 天开始产后第一次发情。一年产两胎或两年产 3 胎，平均产羔率 210%。母羊乳房发育好，泌乳力强，母羊平均日产乳 1.2 千克，泌乳期 5～8 个月。成都麻羊板皮致密、厚薄均匀，弹性好，强度大，质地柔软，耐磨损，是制革的上等原材料。生态适用性强，引种遍及南方各省，主要利用其遗传性能稳定，生产力高，肉用性好等优点作为杂交父本，对改良当地山羊起了良好作用，是我国优良的地方山羊品种。

219. 中卫山羊有何生产性能？

中卫山羊又称少毛山羊，是世界上唯一能生产白色裘皮的珍贵山羊品种，唯我国独育，主要分布在宁夏、甘肃、内蒙古一带，其中以宁夏中卫和甘肃景泰、靖远三县为中心产区。具有体质结实、耐寒、抗暑、抗病力强、耐粗饲等优良特征。

中卫山羊中等体形，体躯短、深，近似方形。背腰平直，体躯各部结合良好，四肢端正，蹄质结实。公山羊前躯发育好，母山羊后躯发育好。公羊成年体重 30～40 千克，母羊 25～35 千克。肉细嫩，脂肪分布均匀，膻味小。屠宰率 40%～45%。中卫山羊在 6 月龄性成熟，1.5 岁配种，产羔率为 103%。

中卫山羊因盛产花穗美观、色白如玉、轻暖、柔软的沙毛皮而驰名中外。沙毛皮是宰杀生后 35 日龄的羔羊所剥取的毛皮。沙毛皮有黑、白两种，白色居多，黑色毛皮油黑发亮。沙毛皮具有保暖、结实、轻便、美观、穿着不赶毡的特点。毛股长 7～8 厘米，多弯曲，弯曲的布形有两种，一种是正常布形，另一种是半圆形。平均裘皮面积为 1709.3（1360～3392）平方厘米。冬羔裘皮品质比春羔好。公羊产毛量 250～500 克，产绒量 100～150 克；母羊产毛量 200～400 克，产绒量 120 克左右。

中卫山羊生活在半荒漠草原或干旱草原，以食耐旱、耐盐碱牧草为主，对自然条件有较强的适应能力，耐粗饲、耐湿热，对恶劣环境条件适应性好、抗病力强、耐渴性强，有饮咸水、吃咸草的习惯。

220. 济宁青山羊生产性能如何？

济宁青山羊是我国著名的羔皮（猾子皮）山羊品种，原产于我国山东省西南部菏泽和济南两地区，体形较小，群众称为"狗羊"。公羊体高55～60厘米，母羊50厘米；公羊体重约30千克，母羊约26千克，被毛特征是"四青一黑"，即背毛、嘴唇、角和蹄皆为青色，前膝为黑色。被毛由黑色毛与白色毛混生，因黑白比例不同，分为正青色、铁青色、粉青色，以正青色居多。按被毛的长短和粗细，可划分为四个类型，即细长毛型（毛长10厘米以上）、细短毛型、粗长毛型、粗短毛型，以细长毛型为多，所产猾子皮品质好。

济宁青山羊体躯结实紧凑。公母均有角、有须，额部都有卷毛，耳向前向外延伸。公山羊颈部短粗，前躯发达；母山羊颈部细长，后躯发育良好，四肢结实。公青山羊生长快。屠宰率为42.5%。

济宁青山羊的生产性能主要是生产猾子皮，即羔羊生后1～2天屠宰剥取的皮。这种猾子皮具有天然色彩和花形，板皮轻，美观。猾子皮花形有布浪形、流水形、片花和隐暗花及平花等，以布浪形状花为最好，被毛具丝光。每张皮面积为800～1000平方厘米。

济宁青山羊初配年龄为6月龄，母羊常年发情，每年产2胎或2年产3胎，一胎多羔，平均产羔率为293.65%。

济宁青山羊合群性差，耐粗饲，性情温顺，适应性强，有喜吃吊草的习惯。

221. 我国从国外引进的优良山羊品种有哪些？

从国外引进的优良山羊品种有波尔山羊、努比亚奶山羊、萨能山羊、吐根堡山羊和安哥拉山羊等。

（1）波尔山羊

波尔山羊也被译为波尔或包尔山羊，原产于南非的好望角地区。波尔山羊是目前世界上唯一被公认的优良肉用山羊品种。1995年1月，我国开始从德国引进波尔山羊，分别饲养于陕西、江苏两省，经过杂交改良本地山羊，初步显示了其良好的肉用性能，受到各地的普遍欢迎，呈现出很好的发展前景。

①波尔山羊肉用体形结构好，早期生长速度快。波尔山羊毛色为白色，头部为红色或褐色，并有一条白色毛带，颈、胸、腹部有红色或褐色斑点，有的全身为棕红色。被毛短或中等长，光泽好，无绒毛。角突出，耳宽下垂。体格大，胸部发达，背部结实宽厚，腿臀部丰满，四肢结实有力，生长发育快，成年公羊体高75～90厘米，体长85～95厘米，体重90～135千克，成年母羊体高65～75厘米，体长70～80厘米，体重60～90千克。羔羊初生重3～4千克，断奶前日增重一般在200克以上，6月龄时体重30千克以上，被认为是生产羔羊肉的理想品种。波尔山羊肉用性能好，8～10月龄屠宰率为48％，1岁、2岁和3岁时分别为50％、52％和54％，4岁时达到56％～60％或以上。波尔山羊胴体瘦而不干，肉厚而不肥，色泽纯正，膻昧小，多汁鲜嫩，备受消费者欢迎。

②耐粗饲，适应性强。波尔山羊采食性广，善于登山，喜采食短草、嫩枝，在灌木丛中、荒漠地带、山区陡坡、贫瘠草场均可饲养。性情温顺，群聚性强，易管理。板皮质地致密坚韧，可与牛皮相媲美。

③性早熟、繁殖率高、使用年限长。波尔山羊较普通山羊性成熟早、繁殖率高、产羔多、使用年限长。波尔山羊一般性成熟年龄为6月龄，在良好的饲养条件下，母羊可以终年发情。发情周期为18～21天，妊娠期平均为148天，每2年产3胎，平均每胎产2羔，产羔率为160％～220％，绝大多数为多羔，60％为双羔，15％为三羔。产后20天以后发情，可使用10年。

④抗病力强。波尔山羊不感染蓝舌病和抗肠毒血症，对体内外寄生虫的抵抗力强，也未有氢氰酸中毒的病例。

（2）努比亚奶山羊

努比亚奶山羊原产澳大利亚，属奶肉兼用型山羊品种。20世纪70年代初引入我国，并在一些国营单位进行该品种山羊的繁殖育种。该品种羊适合于南方山区饲养，适应性、采食力强，耐热、耐粗饲。该品种体质结实，体躯发达，背腰平直，后躯发育良好，羊头较短小，鼻梁凸起似兔鼻，两耳宽大下垂，头颈相连处呈圆形，颈长，躯干短，尻短而斜，四肢细长，公母羊无须无角，个别公羊有螺旋形角。肌肉较薄，被毛色杂，有暗红色、棕红色、乳白色、灰色、黑色，以及各种斑块杂色，被毛细短有光泽。

努比亚奶山羊体格较大，成年公羊体高70～75厘米，体长75～80厘米，体重60～65千克，成年母羊体高66～71厘米，体长66～76厘米，体重40～50千克。初生公羔1.5～3千克，母羔1.2～2.1千克；8月龄公羔宰前体重32.2千克，母羔28.8千克，羯羊体重可达75.2千克，肌肉丰满，肉质细嫩，膻味小，各龄羊屠宰率和净肉率都较高。

性成熟早，6～9月龄可初配，产羔率平均220.3%。乳房发达，多呈球形，基部宽广，乳头稍偏两侧。泌乳期较短，仅有5～6个月，盛产期日产奶2～3千克，高产者可达4千克以上，含脂率较高，为4%～7%。努比亚奶山羊性情温顺，繁殖力强，一年可产2胎，每胎2～3羔。其含脂率较高，鲜奶的风味好，且无膻味。

（3）萨能奶山羊

原产瑞士泊尔尼州西南部的萨能地区，是世界著名的奶山羊品种。公、母羊多无角，耳长直立，被毛白色或淡黄色，体躯深宽，背长而直，四肢坚实，乳房发育良好，呈明显楔状体形。成年公羊体重75～100千克，成年母羊50～65千克；泌乳期8～10个月，年产奶量600～1200千克，乳脂率3.8%～4%；产羔率

160%～220%。

（4）吐根堡山羊

原产瑞士，毛色呈浅或深褐色，分长毛和短毛两种类型。头部颜面两侧各一条灰色条纹，耳呈浅灰色，沿耳根至嘴角部成一块白斑，四肢下部、腹部及尾部两侧灰白色，四肢上的白色和浅色乳镜是本品种的典型特征。成年公羊体重 60～80 千克，成年母羊 45～60 千克，泌乳期 8～10 个月，平均产奶量 600～1200 千克，乳脂率 3.5%～4%。

（5）安哥拉山羊

原产于土耳其的安纳托利亚高原，是世界上著名的生产"马海毛"的毛用山羊品种。安哥拉山羊公、母羊均有角，全身白色，体格中等，被毛由布浪形或螺旋状的毛辫组成。成年公羊毛长（19.55±2.63）厘米，成年母羊（18.22±2.33）厘米；羊毛细度成年公羊为（34.47±2.81）微米，成年母羊为（34.06±3.18）微米。产羔率 85%～90%，单羔率 97%以上。

222. 为什么要对山羊进行杂交改良？

利用杂交技术可以改良生产性能低的地方品种，创造一个新品种，也可以利用杂交来获得最经济的产品。杂交改良可以将不同品种的特性结合在一起，创造出亲代原来不具有的特性，并且能提高后代的生活力和生产性能。山羊的杂交育种方法很多，常用的方法有级进杂交、引入杂交、育成杂交和经济杂交 4 种。

223. 何谓山羊的经济杂交？

在肉羊生产中，主要采用经济杂交来提高山羊的产肉性能。山羊的经济杂交是利用 2 个或 3 个山羊品种的杂交后代供经济生产之用。用 2 个品种杂交的叫做二元杂交，用 3 个品种杂交的叫做三元杂交。由于杂交后代具有杂交优势，所以生命力强，生长发育快，能产生较好的经济效益。

224. 养羊专业户如何对山羊进行杂交改良？

养羊专业户对山羊进行杂交改良的方法主要有以下3种：

（1）常规杂交改良法。养羊户饲养1～2只优良种公羊如波尔山羊种公羊，与母羊进行杂交，既可以自然交配，也可以人工授精，从杂交后代中选育出好的母羊更新羊群。凡自群繁育的公羊全部出售或阉割育肥成肉用羊，不留种。

（2）"一分为二"杂交改良法。将自家的羊群，按其外貌特征和生产性能分为两群，按各自的改良要求，从外地各自选择一适宜种公羊的精液分别给两组母羊输精，待两组母羊产羔后，从后代中各选育1只理想的种公羊，其母羊全部选育为后备羊，其余的公羊全部出售或阉割育肥成肉用羊。然后，用一组选出的公羊与另一组母羊交配，用另一组选出的公羊与这一组母羊交配，再从后代中各选择1只种公羊做种用，母羊全部选育作后备羊，公羊全部淘汰，这样3～4年一循环，既使羊群得到了更新，又达到了取优去劣，提高生产性能的目的。

（3）"三品种"杂交改良法。从外地选择1～2只肉用优良种公羊与自家母羊交配，从杂交一代中选择好的母羊，再用另一肉用品种的优良种公羊（或以肉用为主的兼用羊）与选出的母羊交配，其后代与上次淘汰的公、母羊全部出售或育肥成肉用羊。

225. 山羊杂交繁育中要注意什么问题？

选择的种羊，特别是种公羊要求体形结构好，生长速度快，适应性和抗病能力强，种母羊要求母性好，繁殖能力强，一般选择的母羊为本地的优良品种。要避免近亲繁殖，及时淘汰年老、繁殖性能下降的种羊，适时对养殖品种更新换代。

226. 为什么说饲料营养与安全是山羊健康 养殖的重要环节？

简单地说，健康养殖就是在一个清净无疫、饲料营养安全、粪污沼化、圈舍规范、饲养者无病等方面优化的健康环境下的畜禽养殖行为。在防疫手段完善的前提下，饲料的营养与安全贯穿在山羊的整个饲养过程中，是健康养殖各环节的重中之重。动物饲料若不营养、不安全，动物抗病力也就会降低，对药物的依赖性就会增加，耐药性也会增强，导致"用药—耐药—大剂量用药—高残留"的恶性循环。因此，只有动物的食品安全了，才有消费者的畜产品安全，也才有人的身体健康。或者说，动物源性食品的安全，是人类食物安全的基础和保障，因此，饲料营养与安全是山羊健康养殖过程中最重要的环节之一。

227. 山羊可以喂青贮饲料和秸秆饲料吗？

山羊可以喂食微贮秸秆饲料和氨化秸秆饲料，以解决饲料淡季，尤其是冬天饲料的短缺问题。

228. 饲料青贮有什么好处？

青贮是调制贮藏青绿饲料和秸秆的有效方法，它能长期保存青绿饲料原有的营养成分，减少养分损失。青绿饲料在成熟和晒干后，常因落叶、氧化、光化学等作用，而使营养物质损失30%以上，其中胡萝卜素损失可高达90%，而在青贮的过程中其营养物质的损失一般不会超过15%。青贮能保证青饲料全年均衡供应，青贮足量的青绿饲料，家畜一年四季都可以采食到青绿饲料，从而使其保持高水平的营养状态和生产水平，最大限度发挥青饲料的优良作用，改善饲料的适口性，提高饲料的消化利用率。饲料经青贮后，一方面保存了青绿饲料原有的柔软多汁的特性；另一方面，产生大量的芳香有机酸，挥发出芳香的气味，具有酸甜清香味，能刺激家畜的食欲、消化液的分泌和肠道的蠕动，从而提高了饲料适口性，增强了消化功能。如果将秸秆、秕壳等粗饲料与青贮饲料混喂，则可提高这些粗饲料的消化率和适口性。青贮是保存饲料经济而安全的方法，青贮饲料比贮藏干草需用的空间小。一般每立方米的干草垛只能垛70千克左右的干草，而 1 立方米青贮窖就能贮藏含水青贮饲料 450～700 千克，折合成干草为 100～150 千克。青贮饲料只要贮藏得法，可以长期保存，既不受风吹日晒和雨淋等不利气候因素的影响，也不怕鼠害和火灾等。

229. 饲料青贮的原理是什么？

青贮饲料是牧草、饲料作物和农副产物等在一定水分含量时，铡碎装入密闭的容器（塔、壕、窖、袋、堆）内，通过原料中含有的糖和乳酸菌在厌氧条件下进行乳酸发酵的一种贮藏饲料。

饲料青贮是一种复杂的微生物与生物化学过程。这种生物与化学过程就是利用乳酸菌的新陈代谢所产生的乳酸，作为青贮饲料的保存剂，来保存青绿饲料品质的过程。青贮发酵过程中，参与活动和作用的微生物很多，青贮的成败，主要取决于乳酸菌发酵过程。刚收割的青饲料，带有各种微生物，其中大部分是严格需氧的有害菌，如酪酸菌、霉菌、腐败菌、醋酸菌、酵母菌等，而乳酸菌是厌氧菌，为数极少，如果刚收割的青饲料不及时入窖青贮，好气的腐败菌在潮湿高温的环境中就会迅速繁殖，使青草腐败变质、发霉、杂菌滋生，产生难闻的臭味、苦味、腐败气味和大量的毒素与有害物质，使家畜不能利用。如能及时将原料铡碎放入青贮窖内，压实、密封，由于植物性细胞继续呼吸，有机物进行氧化分解，产生二氧化碳、水和热量，消耗饲料间剩余的氧气，造成厌氧环境，一些好气性微生物逐渐死亡，促使乳酸菌正常活动，乳酸菌大量繁殖，4 天后 pH 值达 4.3～4.4 的酸性环境，乳酸含量占干物质的 5.13%，其他不耐酸的有害微生物如厌氧腐败菌、大肠杆菌也全部死亡。随着青贮时间的延长，乳酸含量增多到一定程度时，乳酸菌也就死亡，发酵也就停止，这时在大量乳酸的条件下，青贮饲料也就得到满意的保存效果。

230. 怎样对青绿饲草进行青贮？

（1）适时收割。豆科牧草应在花蕾期收割，禾本科牧草应在抽穗阶段收割，带穗玉米青贮的最佳收割期是乳熟后期到蜡熟前期，谷类作物在孕穗期收割，其蛋白质含量高。刈割的青草含水量高（在75％以上），可加入干草、秸秆、糠麸等，或稍加晾晒以降低水分含量。一些谷物秸秆含水量过低，可以和含水较多的青绿原料混贮，也可以根据实际含水情况加水，添加的水应与原料搅拌均匀，水分含量可用手测定，用手用力挤压加水后的原料，松手后仍呈球状，无水滴出，稍微潮湿，其水分含量适宜（为68％～75％）。

（2）原料的切碎。原料的切碎常用圆盘式铡草机，按原料的不同种类铡成不同的长度。现在最新研制的铡草机，在铡短的同时，将玉米秸秆撕裂，这样可以提高青贮质量，提高利用率。

原料的切碎程度按原料的不同质地来确定。含水量高、质地细软的原料，可以切得长些；含水量低、质地较粗的原料，可以切得短些。草类青贮原料要比玉米青贮原料切得短些，凋萎的干饲草和空心茎的饲草要比含水分高的饲草切得短些。一般玉米、甜高粱、向日葵等切碎长度以0.5～2厘米为宜，大麦、燕麦、牧草等茎秆柔软，切碎长度为2～3厘米。

（3）装填与压实。切短的原料应立即填入窖压实，以防水分损失。原料入窖时，要层层装填、层层压实，尤其要注意窖的四周边缘和窖角，大型长形青贮壕用链轨拖拉机反复压实，中小型青贮壕最好用拖拉机反复压实，或用重锤人工捣实，或人工用脚踩实，压不到的地方一定要人工踩实。

（4）密封与管护。青贮原料装填完后，应立即封埋，其目的是隔绝空气，并防止雨水进入。当原料装满后，中间可高出一些，在原料的上面盖一层10～20厘米切短的秸秆或牧草，覆盖上塑料薄膜后，再覆上30～50厘米的土，踩实成馒头形，不能拖延密封期，否则温度上升，pH值增高，营养损失增加，青贮饲料品质差。密封后，尚需经常检查，发现漏缝处及时修补，杜绝透气，并防止雨水渗入室内。

青贮窖密封好后，在四周约 1 米处挖沟排水，以防雨水渗入。雨季多的地区还应在青贮窖上面搭棚防雨。青贮料一般经过 40～50 天便能完成发酵过程，即可开窖使用。

231. 怎样调制山羊的精饲料？

山羊的精饲料主要有稻谷、玉米、大麦、大豆等作物的籽实麸皮、饼粕等加工副产品。精饲料的可消化营养物质高，是肉用羊的必须补充饲料。要养好羊，必须根据山羊不同生长发育阶段和不同用途补充必要的精料，以保证其营养需求，从而提高养羊效益。但精料喂量不要过多，否则羊易得病。

（1）稻谷及其他籽实类饲料的调制。将稻谷类及其他籽实类饲料粉碎制成直径为 2 毫米左右的颗粒或将其压扁。精料压扁是将玉米、大麦、高粱等加入 16％的水，用蒸汽加热至 120℃左右，用压扁机压成薄片，再迅速干燥并配以添加剂，便制成了压扁饲料。对于规模较小的专业养羊户，也可将玉米、稻谷、高粱等精料用开水泡 6～10 小时，再直接投入食槽内喂羊。

（2）豆类饲料的调制。一般应将其炒熟后喂羊，也可将其蒸熟或煮熟后喂羊。

（3）油饼类饲料的调制。可采用溶剂浸提法和压榨法。浸提法所生产的油饼类饲料未经高温处理，须脱毒处理后才能作饲料。压榨法通过高温处理，生产的油饼类饲料不需脱毒处理，但高温处理时对赖氨酸、精氨酸等损失较大。

232. 山羊有哪些生活习性？

山羊的生活习性主要体现为：机灵好斗，合群性好，喜干厌湿，讲究卫生，采食力强，利用率高，勇敢顽强，易于训练，适应性强，发病率低。

233. 山羊的饲养方式有哪些？各有何优缺点？

山羊的饲养方式有农户散养、工厂化集约养殖和放牧养殖。农户散养易管理、养殖成本低，但羊只生长速度慢，经济效益低；工厂化集约养殖产业化程度高，羊只生长速度快，便于管理，规模效益好，但养殖成本高，饲料问题相对难解决；放牧养殖能充分利用牧草，饲养成本相对要低，羊只体格健壮，产品风味佳，质量好，但是难于管理。

234. 怎样对种公山羊进行饲养管理？

通常将种公山羊分为配种期和非配种期两个不同阶段进行管理。

（1）配种期。在配种期，种公羊放牧采食多不积极，故除放牧外（种公羊应分群单独饲养，不能混群放牧），还应补饲一些含豆科牧草的优良青草或枝叶饲料，另外每天补充1～1.5千克混合精料。多汁饲料以胡萝卜最好，日喂量0.5～1千克。采精或配种次数多的优秀种公羊还可补喂1～2枚鸡蛋，鸡蛋应洗净，将羊头抬高，把整枚鸡蛋捏碎连壳投入口内。

配种期推荐以下饲料配方：稻谷21%、玉米20%、豌豆10%、黄豆（炒）16%，共粉碎，再加麦麸20%，糠饼或米糠10%，骨粉2%，食盐1%。

青年公羊初配年龄以8～10月龄为宜，过早会影响其生长发育，缩短利用年限。成年种公羊日配种次数一般以1～2次为宜，如遇配种任务过于繁重时，成年种公羊日配种次数不超过4次，青年种公羊不超过3次，但连配2天后必须休息1天。

（2）非配种期。非配种期的种公羊可在放牧与补饲草料的基础上，每只每天补喂混合精料125～250克，青贮或块根茎饲料1～2千克，混合料中应降低豆类或油饼类饲料的比例。

在整个种公羊饲养过程中，要有一个较规律的生活和良好的放牧习惯，不宜过多喂草料，以免形成草腹，影响配种。每天坚持放牧，保证充足的运动和充沛的体力，经常保持包皮、角根等处干净，无蝇、蛆寄生。经常修蹄，保持蹄的正常形态。

235. 怎样对种母山羊进行饲养管理？

繁殖母羊的生理状态可分为空怀期、妊娠前期（妊娠前3个月）、妊娠后期（妊娠后2个月）、哺乳前期（约2个月）、哺乳后期（约2个月）5个阶段。

（1）空怀期。指母羊断奶后至下次配种前的恢复期。对于1年1胎的母羊，因空怀期较长，此时可以不补充精料，只在配种前15～20天实行短期优饲以加强营养，每日补充少量混合精料及适量青绿饲料、玉米青贮料或胡萝卜等多汁料，从而促进发情，增加双羔和多羔率。

对于四季发情品种2年3胎或1年2胎的母羊，由于产后至发情时间间隔短，往往羔羊还未断奶，母羊尚未复壮则又开始妊娠，不能视为一般意义上的空怀状态对待。为使母羊迅速恢复体况，顺利完成下次配种、产羔和哺乳的繁重生产任务，必须全期给予优饲。可采取"短期优饲"、"满膘配种"的方法，加强空怀期和配种期间饲养管理，以促进母羊正常发情配种，提高产仔率，效果很好。其方法是：在配种前20天到配种后1个月，每日增加精料250克，并适当补充胡萝卜，即可达到目的，这种方法对营养不良的母羊效果更好。但如果母羊膘体好，放牧条件优越，也可少补或不补精料。

（2）妊娠前期（妊娠前3个月）。母羊营养水平比空怀期要高。在妊娠前3个月，胎儿较小，营养需要量较少，只需放牧，补充一些青贮或块根茎饲料和少量精料。

（3）妊娠后期（妊娠后2个月）。胎儿生长发育迅速，增重快，增重量占其初生重的80%～90%，母羊需要大量营养供给胎儿发育和备乳，因此，这段时期需要充足且全价的营养。精料补充应比平时高30%左右，而且应给予蛋白质、矿物质、维生素较丰富的饲料。此时母羊饲养的好坏，将直接影响胎儿发育的好坏：妊娠后期母羊饲养还应注意以下几点：①坚持放牧。要求牧地草质优良，混生野草多，柔软易消化。临产前几天在羊场附近放牧。②防止拥挤、角斗、摔倒，以免引起流产。③不能饲喂霉变饲料和易发酵饲料，冬春寒冷季节避免喂冷水、霜冻饲草。气候突变时，要注意防寒。④栏舍必须清洁干燥，定期消毒。

（4）哺乳前期（约2个月）。南方地区山羊的哺乳期一般为2个月，北方地区为4个月。泌乳期的前2个月泌乳量较高，尤其是第1个月为最高峰，以后逐渐下降。哺乳前期，羔羊主要依靠母乳获得营养物质，而此一时期，我国多数地区正值冬春枯草期，母羊靠放牧难以获得充足营养。因此，泌乳前期母羊的饲养主要是在放牧的基础上补饲草料。产后6～7天内应舍饲，之后可组成小的母仔群在羊舍附近的草场放牧。开始时放牧时间不宜太长，以后逐渐增加，天气不好时应把羔羊留在舍内，只放牧母羊。母羊产后补料应根据其营养状况、产仔数量、乳汁分泌等情况决定，同时还要注意饲料的品质，混合精料中豆类或油饼类饲料的比重宜大一些，还可喂一些豆科牧草和玉米青贮料及其他多汁饲料，或每天补饲400～500克米浆、熟豆浆或豆腐渣等。补饲要逐渐进行，注意少食多餐，避免消化不良。如果哺乳母羊体况很好，产仔数不多，乳汁充足，则可不补或少补精料，以免引起乳房炎。

（5）哺乳后期（约2个月）。母羊泌乳量下降，羔羊此时开始采食青草和饲料，对母乳依赖程度降低，此时补饲量可逐渐减少，到羔羊离乳前10天，把精料、多汁料全部减掉，使母羊完全停止泌乳，尽快恢复母羊体况，迎接下一轮繁殖。

由此可以看出，母羊饲养管理的重点是紧密相连的妊娠后期和哺乳前期，为3～4个月。这段时期若饲料管理不当，则羔羊初生重小，发育不良，哺乳不足，羔羊死亡率会很高，同时，母羊体况严重下降，给以后生产带来不利影响。因此，必须按饲养标准要求供给其充足营养物质，尤其要注意蛋白质、钙、磷和维生素A、维生素D的供给。但是，能量水平不宜过高，以免母羊过肥对胎儿造成不利影响。多喂些优质、易消化的多汁饲料，保证充足饮水。哺乳前期母羊的营养供给要依哺乳羔羊数而定。放牧情况下，产双羔母羊每天补饲精料 0.4～0.5 千克，苜蓿干草 1 千克；产单羔母羊每天补给精料 0.3～0.5 千克，苜蓿干草 0.5 千克。不论母羊产单羔还是双羔，均应补给多汁饲料 1.5 千克。同时，哺乳母羊的栏舍要保持干燥、清洁，并定期消毒。

山羊生长发育到一定时期，生殖器官发育基本完成，开始具有繁殖后代的能力，这个时期称性成熟。

山羊的性成熟，一般在生后 6～7 月龄。但也因山羊品种、性别和自然环境条件、饲养管理水平不同而异。一般情况下，早熟品种、炎热地区、饲养管理条件良好，都能促进性成熟的提早出现。

236. 怎样确定山羊的初配年龄？

山羊的初配年龄随品种、生长发育情况、饲养管理条件以及生产需要而决定。过早配种会影响羔羊的生长发育，过晚配种对生产不利，一般在体成熟时进行。山羊生后 12～15 月龄，才达到体成熟。所以山羊的初配年龄，通常在生后 15～18 月龄，初配体重为成年体重的 60%～70%为宜。但品种不同，初配年龄和体重也有差异。萨能奶用山羊的初配年龄，公羊在 14～16 月龄，初配的体重为 70 千克，母羊为 13～15 月龄，体重为 42 千克；雷州山羊公山羊的初配年龄为 10 月龄，体重为 49 千克，母山羊为 11～12 月龄，体重为 28 千克；中卫山羊公山羊初配年龄为 24 月龄，体重为 25～30 千克，母羊为 18 月龄，体重 20～25 千克；青山羊公山羊初配适龄为 6 月龄，体重为 12.5 千克，母山羊为 5～6 月龄，体重 10 千克以上。

237. 山羊的适宜繁殖年限有多长？

山羊最适宜的繁殖年龄为 2～5 岁，以后逐渐减弱。通常母羊可以利用 7～8 年，公羊可利用 5～6 年。

238. 怎样诱发山羊发情？

诱发山羊发情是指采用人工方法，促使处于乏情状态的母畜，提前或恢复正常发情排卵和接受交配，从而缩短母畜繁殖周期，增加胎次。诱情的处理方法有激素处理、其他药物处理、按时或提前断奶、控制环境和异性诱导等。为了使母羊能 2 年产 3 胎或 1 年产 2 胎，必须在季节性乏情期进行诱导发情。一般使用孕激素和促性腺素处理，可以取得较好的效果。例如，连续 12～14 天注射孕酮，每天 1 次，剂量 10～12 毫升，在停药当天一次性注射 PMSG（孕马血清促性腺激素）500～1000 国际单位。给乏情母羊注射 16～20 毫升牛初乳或注射 10～15 毫克氯地酚亦可诱情。对于哺乳母羊提前断奶并结合激素处理，效果也较好。利用公羊效应诱发发情，效果显著，如在母羊发情季节到来之前将公羊放入母羊群中，一般可使母羊季节性发情提前 6 周到来。在母羊发情季节快要结束时将公羊放入母羊群中，则可使母羊的性周期活动延长时间。

239. 何谓山羊同期发情？怎样人工控制？

山羊的同期发情是一项繁殖新技术，也称同步发情。同期发情是指利用某些激素制剂或其他方法对一群处于发情周期不同进程的母畜同时进行处理，以便人为地调整和控制这群母畜发情周期的进程，使之达到相同的阶段，从而诱导这群母羊在相对集中的时间内同时发情并排卵，以便有计划地、合理地组织配种。所以它便于母山羊的人工授精，特别适合胚胎移植手术。在同期发情结合定时人工授精，可获得很高的受胎率。

（1）山羊同期发情处理的基本方法有 2 种：一是采用缩短黄体寿命方法。采用溶黄体素如前列腺素或类似物，促使所有被处理的母山羊黄体溶解。二是使用孕酮或合成孕激素延长黄体寿命，取代将退化或已退化的黄体，阻止卵泡发育。这时停用孕激素，所有被处理的母山羊黄体期同时结束。虽然两种方法所用激素不同，作用各异，但处理结果相同，即都是使其黄体期同时结束而出现同期发情。

（2）母山羊同期发情的具体处理办法

①阴道栓塞法。取塑料泡沫（2.5 厘米×3 厘米）一块，拴上细线，消毒，晾干，浸孕激素制剂的油溶液。将母山羊外阴部消毒，用长柄消毒钳将此泡沫塞入子宫颈口处，放置 14～16 天取出。当天注射孕马血清促性腺激素 400～750 国际单位。2～3 天后被处理的大多数母山羊表现发情，发情当天或次天授精。药物用量：孕酮 150～300 毫克。

②口服法。每日口服孕激素制剂，持续 12～14 天，每日用量为阴道栓塞法的 1/6～1/5。最后一次口服的当天，注射孕马血清促性腺激素 400～750 国际单位。

③前列腺素法。将前列腺素或类似物在母山羊发情结束数日后，向子宫内灌入或肌内注射一定量，能在 2～3 天内引起多数母山羊发情。前列腺素的用量可参照牛的用量，按体重相应减少。牛的用量是：子宫颈内注射 2～3 毫克；肌内注射 20～30 毫克。若同时配合使用孕马血清促性腺激素，可提高同期发情率和受胎率。

240. 山羊的妊娠期是多少天？

山羊的妊娠期平均为 145～160 天。这与山羊品种、年龄及胎儿的数量、性别等有一定关系。毛用山羊怀孕期稍长，一般为 150 天，个别长达 160 天；奶用山羊略短，平均为 147 天。

241. 山羊的配种方法有哪些？各有何特点？

山羊的繁殖是通过公、母山羊交配后，两个性细胞结合的受精作用而实现的。山羊的配种方法有自然交配、人工辅助交配、人工授精和胚胎移植 4 种。

（1）自然交配。将公羊放入母羊群中，让其自由与母羊交配；或平常将公母羊分群放牧，到配种季节，再将公羊放入母羊群内配种。一只公羊在一个配种期内可配种 20～30 只母羊，或者把母羊编为 100 只一群，放入 3～4 只公羊为好。自然交配除节省人力外，无法了解配种受胎确切时间，无法了解哪只公羊的后代品质最好，无法控制产羔时间和避免近亲交配，容易发生小母山羊早配现象，需要较多的公羊，容易传染疾病。为了克服上述缺点，可在非配种季节把公、母山羊分群饲养管理，配种期内将适量的公羊放入母羊群。每隔 1 年，群与群之间有计划地调换公羊，交换血统。

（2）人工辅助交配。平时公、母山羊分开饲养，母山羊发情时，即用指定的公山羊配种。在母羊发情季节，用试情公羊找到发情母羊后，再用预选的种公羊交配。这种方式可以有目的地进行选种选配，了解后代的血缘关系，可以准确记录配种日期，预测产羔日期，可以控制配种次数，节省公羊精力，合理有效利用公山羊，增加受配母羊头数，一头种公羊可配 30～50 只母羊，可以避免疾病传播。在一个发情期内，交配时间一般是早晨发情的母羊于傍晚进行配种，下午或傍晚发情的母羊于次日清晨配种。为确保受胎，最好在第一次交配后间隔 12 小时左右再重复配种一次。

（3）人工授精。人工授精是借助器械把公羊的精液采出来，经过检查和处理，再用器械输入母羊生殖器官内，使母羊受孕的一种先进技术，我国育种山羊场和大规模山羊场多采用。

采用人工授精可以充分利用优良种公羊的潜在繁殖能力，提高母羊的受胎率和加速肉羊品种改良；节省购买和饲养大量种公羊的费用，在一个配种期内，一只公羊可配 400～500 只母羊；能防止疾病传播与流行；克服公母羊体格差异过大造成的配种困难；用超低温可以长期保存精液并可使精液使用不受时间和地域的限制。

（4）胚胎移植。山羊的胚胎移植早在 20 世纪 40 年代末就已取得成功。我国于 1980 年初，在奶山羊的胚胎移植方面获得成功，填补了这方面的空白。胚胎移植技术要求高，目前在农村养羊场还难以推行。

242. 母山羊胎儿过大难产时如何助产？

母山羊的难产原因有产力性难产、产道性难产和胎儿性难产三种。前两种是由于母山羊反常引起的，多见于阵缩和努责微弱和产道狭窄；后一种是由于胎儿反常引起的，多见于胎儿过大、双胎难产及胎儿姿势、位置、方向不正。在以上三种难产中以胎儿性难产最为多见。由于山羊胎羔的头颈和四肢较长，容易发生姿势不正，其中主要是胎头姿势反常。初产母山羊因骨盆狭窄，胎羔过大常出现难产。

在母山羊破水后 20 分钟左右，母山羊不努责，胎膜未出来时就应助产。助产前应查明难产情况，重点检查母山羊的产道是否干燥，有无水肿或狭窄，子宫颈开张程度等。检查胎儿是否正生、倒生以及姿势、胎位、胎向的变化，而且要判断胎儿的死活等，这对助产方法的选定具有重要的作用。助产的方法主要是强行拉出胎儿。助产员应先将手指甲剪短磨光，洗净手臂，并消毒，涂上润滑油。当胎儿过大时，助产员先将母山羊阴门撑开，把胎羔的两前肢拉出来再送进去，重复 3～4 次，然后一手拉前肢，一手扶胎羔头，随着母山羊的努责，慢慢向后下方拉出。拉时不要用力过猛，也可将两手指伸入母山羊肛门内，隔着直肠壁顶住胎儿的头部与子宫阵缩配合拉出，只要不伤及产道，也可达到助产的目的。如果体重过大的胎羔兼有胎位不正时，应先将母山羊身体后部用草垫高，将胎羔露出部分推回，伸手入产道摸清胎位，予以纠正后再拉出。

助产时，除挽救母羊和胎羔外，要注意保护母山羊的繁殖力。因此要避免产道的感染和损伤，特别是使用器械时尤应小心。母山羊横卧保定时，须尽量将胎儿的异常部分向上，以利操作。助产后，为预防感染和促进子宫收缩，排出胎衣，除注射抗生素药物外，还应注射催产药物。如注射催产素 10～20 单位等。

243. 怎样护理产后母羊？

对产后母羊，应立即清除污物后铺上干净褥草，让其安静休息，产后 1 小时左右应给母羊饲 1～1.5 升拌有麦麸、食盐的温水，头几天可喂些豆浆和优质青草，食欲恢复后再逐渐喂给精料，以后可逐渐改喂正常的日粮。一般而言，母羊将胎儿全部产出后 0.5～4 小时内即排出胎衣，7～10 天内常有恶露排出。若胎衣、恶露排出异常，要及时请兽医诊治；同时，检查母羊的乳房有无异常或硬块；母羊产后数天内身体都很疲乏，生殖器官也需恢复。因此，管理上必须细致，要勤换垫草，保持室内干燥温暖。同时每天要给 3～4 次清水，并在清水中加少量麸皮和食盐。

244. 怎样做好初生山羊羔的护理？

（1）防止窒息。羔羊出生后，应迅速清除羔羊口腔和呼吸道的黏液和羊水，以免因呼吸困难或吞咽羊水而引起窒息或造成异物性肺炎。如黏液过多，可将羔羊两后肢提起，使头向下，轻拍胸腔，然后用纱布擦净口中或鼻腔中的黏液。亦可用胶管插入鼻孔或气管用注射器吸出。羔羊发生窒息时，还可通过插入气管的胶管，每隔数秒徐徐吹气一次，但吹气的力量不可过大，以防损坏肺泡。羔羊生后一般都自己扯断脐带。

（2）擦干黏液。羔羊身上的黏液可由母山羊舔干净，以便于母仔相认。若母山羊恋羔性弱，可将胎羔身上的黏液涂在母山羊嘴上，或在羔羊身上撒些麸皮，再让母羊舔食，以促使建立母子感情。如果母羊不舔或天气寒冷时，可用柔软干草迅速把羔羊擦干，以免受凉。

（3）断脐带。母山羊产羔后站起来，让羔羊脐带自然断裂是最好的断脐法，在羔羊脐带断端涂上 5％碘酊消毒。如羔羊脐带未断，可用手把脐带内的血向羔羊脐部捋几下，用消毒剪刀在离羔羊肚皮 3～4 厘米处剪断，然后结扎，但要认真消毒，以防引起脐带发炎。

（4）保温。冬季及早春如天气寒冷，应注意保温。母山羊产出的羔羊应马上用干净布块或干草迅速将羔羊抹干，以免羔羊受凉。

（5）哺乳。新生羔羊出生站立后，就有吮奶的本能要求。因此母山羊分娩完毕后，应将母山羊的乳房清理好，用温水洗净乳房，人工辅助让羔羊吸吮初乳（1～3天内的乳汁），以帮助羔羊提高抗病力，并促进胎粪排出。对缺奶的羔羊或母羊有病、死亡、无奶或一胎多羔而奶水不足，应人工辅助哺乳，替羔羊找产期相近、健康、泌乳量大的母羊作保姆。

（6）日常管理。羔羊吃饱后，喜睡觉，如遇天热，卧地太久则胃内奶急剧发酵，会引起腹胀，随即拉稀。天冷时或地面潮湿则因冻、潮而引起感冒、肺炎或拉稀等病。因此，要保持产羔室地面干燥，室温适中，且不能让羔羊多睡觉。同时要防止羔羊被压伤、压死。

初生羔羊易发生感冒、肺炎、肠炎、痢疾等疾病，应仔细观察，发现疾病及时治疗。要对产羔羊舍经常消毒，保持舍内卫生；对病、弱、缺奶的羔羊要特殊护理，让其吃饱奶，对病羔羊要及时发现病情，对症及时治疗。寒冷的夜晚易发生羔羊挤压致死的事故，应经常检查，对弱羊进行单独护理。

初生羔羊活泼好动，但视觉、嗅觉都不灵敏，无分辨能力，出生后数日才开始有采食动作和舔食异物动作，故室内不要有钉子、碎铁丝等锋利之物，以防羔羊误食。

总之，羔羊的日常护理要做到三防（防冻、防饿、防潮），四勤（勤检查、勤配奶、勤治疗、勤消毒）。

245. 怎样做好哺乳期羔羊的培育管理？

哺乳期羔羊的饲养大致可分为两个阶段，即出生至8周龄和9～16周龄。出生到8周龄，羔羊瘤胃功能发育不全，瘤胃微生物区系尚未建立，主要依靠母乳获得营养，但亦需补饲以锻炼消化功能和补充营养，而这一阶段的关键还是母羊的饲养；羔羊9

～16 周龄对母乳的依赖程度减少，母羊泌乳量亦减少，到 11 周龄以后，母乳仅能满足羔羊营养需要的 5%～10%。因此，这一阶段羔羊饲养的重点是羔羊的补饲。哺乳期羔羊的饲养管理必须坚持三条原则：加强泌乳母羊的补饲；做好羔羊哺乳和补饲；精心照顾管理好母羊和羔羊。

（1）让新生羔羊尽早吃饱吃好初乳。1 月龄内的羔羊，自身体温调节功能很不完善，抗病力差，要让其吃饱奶汁，尤其是要在出生后，尽快让其吃到初乳，以提高羔羊抵抗力和成活率。母羊奶汁不足，应替羔羊另找保姆羊或改喂牛奶，至 20～25 日龄时，羔羊开始逐渐采食草料，哺乳可逐渐减少。

（2）尽早对羔羊补饲。①饲喂幼嫩草。从 7 日龄开始，逐渐诱导羔羊采食幼嫩干草，既刺激唾液分泌，引起食欲，又刺激羔羊瘤胃发育，提早反刍，促进瘤胃微生物区系形成，增强消化功能，同时也要补充一些乳汁中缺乏的铜、铁等矿物质。具体方法是将优质嫩草用绳子扎好，吊在栏内或切碎放入盆内，任其自由采食。②补饲精料。一般在 15～20 天开始喂精料，训练其采食能力，锻炼其瘤胃等消化功能。当母奶不足时，要补给易消化的混合精料（要求粗蛋白 18%～20%，食盐 1%，粗纤维不超过6%），其中可加入少量麦芽或谷芽，但黄豆等高脂肪类饲料应少用。通常的配方是：玉米 50%，豌豆 20%～25%，麦麸 20%～30%，贝壳粉或石粉、食盐适量。玉米、豌豆磨碎成小颗粒状，用水调成糊状，集中羔羊用食槽喂食。一般 1 月龄羔羊每只补饲精料 50～100 克，2 月龄为 150～200 克，3 月龄为 200～250 克，4 月龄为 250～300 克，优质青干草自由采食，并注意补充食盐和骨粉，保证充足饮水。

（3）抓好运动和放牧管理。冬春产羔后一周内，可随母羊在栏内生活。7 日龄后，羔羊可随母羊到近处平坦的草地上放牧，主要是训练吃草，满月后可编入大群随母羊放牧。放牧时注意驱赶要慢，不能粗暴，最好训练口令。归牧时要清点羊数，以免丢失。

（4）及时调节室内温度。若发现有温度不适时，应及时采取调温、控温措施。

（5）及时断奶。一般 2 月龄断奶较为适宜。采取一次性断奶，即断奶时，将母羊牵走，远离羔羊，母子 4～5 天不见后就可断乳。当饲养条件和发育状况都较好时可适当提前断奶，体弱、发育不良或作种用的羔羊可适当延长，早期断奶对母羊恢复体力、准备下次发情、妊娠均有好处。断乳后要注意观察乳房膨胀程度，乳多的母羊每天应适当挤乳，但不要挤干净，到乳不多时就可停止挤乳，待其自行消退。

（6）注意棚圈卫生，严格消毒，严防"三炎一痢"（肺炎、肠胃炎、脐带炎、羔羊痢）发生。

246. 怎样对育成山羊进行健康饲养管理？

羔羊离乳后至配种前这段时间是羊的育成阶段，此期的羊称育成羊。由于育成羊没有配种、妊娠、哺乳等任务，其饲养管理往往被忽视。这一阶段是羊骨骼和器官充分发育的时期，如果营养跟不上，便会影响生长发育、体质、采食量和将来的繁殖能力。加强培育，可以增大体格，促进器官的发育，对将来提高肉用能力，增强繁殖性能具有重要作用。

半放牧半舍饲是培育青年羊最理想的饲养方式。丰富的营养和充足的运动，可使青年羊胸部宽广，心肺发达，体质强壮。放牧时羊群不宜太大，放牧时间和里程只能逐渐增加。除放牧外，要进行补饲，补充的饲料以优质青草、多汁饲料或玉米青贮料为主，玉米青贮料喂量对于个体小的山羊，每日每头 1～1.5 千克，此外，还应补饲混合精料 0.1～0.2 千克。如果在豆科和禾本科混播牧草地放牧，可以不补喂精料和其他饲料。青年公羊由于生长速度比青年母羊快，所以给它的精料要多一些。运动对青年公羊更为重要，不仅利于生长发育，而且还可以防止形成草腹和恶癖。

体重是育成羊发育完善程度的标志，在饲养上必须注意定期称重。青年羊应按月固定抽测体重，借以检查全群的发育情况。称重需在早晨未饲喂或出牧前进行。

247. 怎样对肥育期山羊进行健康饲养管理？

（1）做好育肥前的准备

①羊舍的准备。羊舍的地点应选在便于通风、排水、采光、避风向阳和接近牧地及饲料仓库的地方。饲养密度为每只羊占地0.4～0.5平方米，以利于限制羊只运动，增加育肥效果。

②饲草、饲料的准备。饲草、饲料是羊育肥的基础，在整个育肥期每只羊每天要准备干草2～2.5千克，或青贮料3～5千克，或3～5千克的氨化饲料等；精料则按每只羊每天0.3～0.4千克准备。

③育肥季节的选择。因羊肉多用于做羊肉火锅，而冬春两季是吃羊肉火锅的季节，所以羊肉在冬春两季的市场需求量最大，商品羊在冬季出栏较为适宜。因此肉羊的育肥季节选在秋季最好，而且此季气温适宜，牧草、农作物秸秆丰富，利于肉羊的快速生长和销售。

④育肥羊的选择。一般来讲，用于育肥的羊应选用当年的羊羔和不留作种用的青年羊，其次才是淘汰羊和老龄羊。选好育肥羊后，接着要做好以下工作：A. 驱虫：因羊的体内外寄生虫很普遍，会严重影响山羊的正常生长。B. 去势：对用于育肥的公羊未去势的一定要去势，因去势后的公羊性情温驯、肉质好、增重速度快。C. 去角修蹄：有角的羊爱打斗，影响采食，所以要去角，方法是用钢锯在角的基部锯掉，并用碘酒消毒，撒上消炎粉。修蹄一般在雨后，先用果树剪将生长过长的蹄尖剪掉；再用利刀将蹄底的边缘修整到和蹄底一样平整。D. 单独编群。E. 定时称重，做好记录：即对育肥羊进行育肥前后的称重，以便评价育肥效果，总结经验与教训。

（2）山羊肥育方法。主要有放牧、舍饲和混合肥育三种方式。

①放牧肥育：必须在质量好的人工草场，如三叶草与黑麦草或鸡脚草混播的草场进行，如果仅利用天然草场放牧肥育，效果不好，尤其是南方的天然草场，不能为羔羊提供充分的营养，肥育时间长而增重效果不明显，结果反而浪费人力、物力，延长出栏时间。肥育山羊食欲前期旺盛，后期较差，因此，后期放牧场地选择应优于前期放牧的地方。春季要控制羊群，防止"跑青"。夏季天气炎热，肥育山羊怕热，放牧时应早出晚归，但南方地区不宜过早，须待露水蒸发后再行放牧，以防羊群采食"露水草"而腹泻或感染寄生虫病，中午选阴凉地方休息，避免中暑。秋季放牧时间不得少于 10～11 小时，保证肥育羊吃饱吃好。

②舍饲肥育：就是以较多的精饲料和较少的粗饲料来肥育羔羊。在这种情况下，羔羊对营养物质的利用率提高，增重快且羊肉品质好。

③混合肥育：这是比较切合当前饲养实际的肥育方式。肥育羔羊断奶后，要及时补料，精料比例适当加大，在肥育初期羔羊不爱采食时，应注意通过部分熟食加入香料或食盐等办法增加适口性，成年山羊肥育以放牧为主，也可适当补充一些精料。

短期育肥必须要补喂精料，而合理的精料搭配可达到用料少、增重快的效果。下面推荐几种常用的精料配方：

A. 碎玉米 40％～45％，麦麸 25％～30％，熟豆饼 15％～20％，菜籽饼 10％～15％，食盐 0.5％～1％，把总量调整到 100％。

B. 碎玉米 74％，麦麸 10％，熟豆饼 14％，骨粉 1.5％，食盐 0.5％。

C. 山芋粉 57％，饼类 30％，麸皮 10％，骨粉 2％，食盐 1％。

籽实类饲料不宜磨得过细，以免粉尘被羊吸入肺内影响健康。另外，精料与青干草搭配时，最好另加青贮料以补充维生素的需要，或适当添加复合维生素和微量元素。

（3）掌握饲养管理原则

①掌握粗、精料比。羊虽然能充分利用粗饲料，但为了提高其育肥期的日增重，必须给予一定的高能饲料。适当的精、粗料比例，既能提供能量，又能满足蛋白质的需要，还能维持瘤胃的正常活动，保证羊的健康状况，因此精饲料以占日粮的1/3为宜。蛋白质在羊日粮中所占的比例应在8%左右。

②饲喂量和饲喂方法。羊的饲喂量要根据其采食量来定，吃多少喂多少。其采食量与羊的品种、年龄、性别、体格和饲料适口性、水分有关。羊采食量越大，其日增重越高。羊对干草的日采食量为2～2.5千克，对新鲜青草为3～4千克，精料为0.3～0.4千克，饲喂方法是先喂精料，然后喂干草或粗料，最后饮水。同时需在精料、青贮料或粗料上洒些盐水，草料则随时添加，以保持羊的旺盛食欲，提高其采食量。

③日常管理方法。主要是尽量减少羊运动，降低消耗，使羊吸收的营养物质全部用来增重。

248. 奶山羊增奶的饲养管理技术要点有哪些？

奶山羊产乳量的高低，直接影响到饲养奶山羊经济效益的好坏，可以采取以下措施提高奶山羊产奶量。

（1）要培育和养殖良种奶山羊。要选用目前国内产奶量高的萨能奶山羊良种与当地奶山羊进行杂交改良，不断提纯复壮，以防止品种退化和近亲繁殖。每隔几年就要与外地调换种公羊，对繁殖的后代要及时做好选优淘劣。

（2）日粮以草为主，并科学配制饲料。羊是反刍草食家畜，应以草为主，营养不足部分可用精料进行补充。日粮粗饲料不能低于60%，精料不能超过40%，每天精料喂量太多，就会引起奶山羊酸中毒，因此，应注意多喂些奶山羊喜食的含蛋白质、营养成分丰富的优质粗饲料，如地瓜秧、花生秧、刺槐叶和优质青干草，同时每日还要喂给一定量的青绿多汁饲料。精料配方推荐：玉米48%、麸皮28%、豆饼19%、食盐3%、骨粉2%。混合精料日喂量要依据泌乳羊的产乳量而定，一般一只日产奶1千克的羊可补喂混合精料 0.25 千克，日产乳 2 千克可补喂 0.5 千克，日产乳 3.5 千克以上，可补喂混合精料 1 千克。

（3）提高奶山羊的食欲。每隔一定天数，定期改变饲养水平和饲料特性，通过这种周期性的刺激，提高奶山羊的食欲，促进泌乳量增加。

（4）要供给充足新鲜洁净的饮水。水对奶羊的健康和泌乳有直接影响，一只奶山羊每日需水量占体重的 10%～12%，因此，对奶山羊一定要供给充足的饮水，以满足机体消耗和泌乳的需要。

（5）科学饲喂。饲养人员要做到三定，即定时给羊喂料、定时饮水、定时进行挤奶，使产奶羊形成一定的条件反射，以充分发挥泌乳羊的产奶性能。在饲喂方法上，要采取先喂粗饲料、后喂精饲料，先喂干的、后喂湿的，先喂饲料、后饮水的原则，在一定时间内，要求饲料保持相对的稳定，不要用酸败、腐烂或有毒的饲料喂羊，同时在日粮中还要补给一定数量的矿物质和维生素。

（6）防寒保暖，防暑降温，给奶山羊提供适宜的生活环境。冬季要注意防寒保暖，使舍内温度达到 10℃ 以上，夏季要注意做好防暑降温，使舍温不超过 30℃，每日光照时间不低于 16 小时。

（7）科学挤奶。在挤奶前，首先要用温水擦洗和按摩乳房，挤奶要采用双手拳握压挤法，切忌单手滑挤法。

（8）注意防治山羊乳房炎等疾病。奶山羊易患乳房炎，所以每次挤奶时必须将奶挤净，防止残留乳汁诱发乳房炎，对发现乳房红肿、挤不出乳等症状者，要及时进行治疗。对山羊重大疫病进行免疫预防，同时，积极防治山羊的体外寄生虫。

249. 干乳期奶山羊饲养管理技术要点有哪些？

奶山羊的怀孕后期，由于孕激素的作用，产奶逐渐减少。一般在产羔前两个月要停止挤奶，这个时期即是干乳期。干乳期胎儿发育迅速，需要大量营养；同时由于母羊在泌乳期内因产奶使体内营养物质消耗较多,需要恢复体况,为下个泌乳期贮备养分。因此,干乳期奶山羊的饲养管理要点有:一是要增加营养,一般干乳期饲养水平需比维持饲养高20%～80%。二是要让母羊有足够的运动,以便顺利产羔,但在临产前要减少运动,并注意观察,防止流产及早产,做好接产准备。

250. 山羊的放牧管理要点有哪些?

放牧的主要任务是让羊群在牧地获得较多的营养,充分合理利用草场,既不浪费草场资源,又不使草场因重牧而退化,有利羊群生长发育,因此,放牧时要注意以下几方面。

(1) 合理组织。组织好放牧羊群是科学管理羊群和合理利用草场的基础。合理地组织羊群,既能节省劳力,又便于羊群的管理。一般要根据不同地区、不同的放牧条件,按羊品种、性别、年龄、体质强弱、牧地状况分别组群。牧区和草场面积大的地区,一般以繁殖母羊和育成母羊200～250只为一群,去势育肥的公羊150～200只为一群,种公羊80～100只为一群。公羊在羊群中的价值高于母羊,应选择较好的牧地。农区一般没有大面积草场,羊群不宜过大,繁殖母羊和育成母羊30～50只为一群,去势育肥公羊20～40只为一群,种公羊10只左右为一群。农牧区和丘陵山区可视放牧条件而定。

(2) 四季放牧管理要点

①春季放牧,饲料变更要逐步进行。冬季粗料较多,入春初期,羊群初见青草,非常贪食,但因青草稀薄,羊吃不饱而到处奔跑,消耗大量体力,同时过多贪吃青草,山羊胃肠机能难以适应,易出现腹泻、腹胀等症状,因此,春季放牧一要防止羊"跑青";二要防止羊腹胀,常有"放羊拦住头,放得满肚油;放羊不拦头,跑成瘦马猴"的说法。防止山羊跑青的具体做法是:在出牧前,应先在舍内补饲一定的干草,待羊吃半饱后再放牧。当羊放牧食青草后,要每隔5～6天喂一次盐,喂时把盐炒至微黄为宜,加一些磨碎的清热、开胃的饲料和必需的添加剂。这样可

帮助消化，增加食欲，补充营养。同时，每天至少要让羊群饮水一次。

②夏季放牧。夏季的气候特点是炎热、暴雨、蚊虫多。因此，应做好防暑降温工作，选择山峰高岗、牧草茂密的地方放牧，最好不到沼泽地有水草的地方放牧，这样有利于防止山羊感染寄生虫，但临产母羊和刚出生的羔羊不能随群上山放牧；注意早出晚归，中午炎热时，应让羊群到通风、阴凉处休息。同时，要做好防蚊、驱虫工作。要多给羊群饮水，并适当喂些食盐。

③秋季放牧。秋季天高气爽，牧草丰富，而且草籽逐渐成熟，应该是"满山遍野好放羊"的季节。秋季是羊群抓膘配种季节，应将放牧地从山上逐渐向山下转移，保证让羊群始终能采食丰茂的牧草，对抓膘有利。放牧中注意将羊放饱、放好，这不仅对冬季育肥出栏，对安全过冬和羊的繁殖也都很重要。

④冬季放牧。冬季天渐转寒，植物开始枯萎或落叶，并有雨雪霜冻。放牧中应注意防寒、保暖，保膘、保羔。应选择背风向阳的山窝、坡脚、溪沟边放牧，让羊吃些树叶、干草，晴天多让羊运动和晒太阳，怀孕母羊切忌翻沟越岭。同时，要修好羊舍，素有"圈暖三分膘"之说。

（3）放牧时应注意的事项

①放牧前应先检查羊群，发现病羊后要留圈观察治疗，发现发情羊要及时记录和配种。

②注意放牧方式。放牧应根据山羊性情活泼的特点，适当控制，防止践踏幼林或斗架，及时训练好头羊。一般草场条件好且周边无农作物的地方，可实行敞放，草场条件差，农作物多的地方实行系放，但应勤换新地。

③放牧人员应随身配备一些应急的药物器械，如十滴水治中暑，套管针可放气等。出牧、归牧时不要走得太快，放牧路途要适中，不要远距离奔波。

④放牧时严禁用石块掷打羊，防止惊群，同时注意防止野兽侵袭。

⑤不要让羊群吃冰冻草、露水草、发霉草，不要饲污水，要防止暴食暴饲。

⑥放牧时间要充足，让山羊呼吸新鲜空气，采食新鲜青绿饲料。在无霜冻和露水的天气里，应尽量延长放牧时间，同时应给山羊充足的清洁饮水，最好选择有流水的山沟、溪边饮水。

⑦放牧中的补饲。冬春季节牧草枯萎，光靠放牧是不能满足羊的营养需要的，特别是冬春季节气候寒冷，母羊又处于怀孕后期或哺乳期，需要营养较多，因此，除放牧外应给予补饲。

251. 怎样做好山羊的越冬饲养管理？

冬末春初是饲养山羊最困难的季节，由于青绿饲料不足和严寒，很容易引起羊只抵抗力下降，抗病能力减弱，而出现生长停滞、疾病发生和死亡，特别是羔羊冬季发病率和死亡率相当高，为确保羊只安全越冬，必须做好如下几项工作：

（1）储备冬草，保证饲料品质。储备草料是羊安全越冬的重要保障。储备工作应在牧草生长旺盛的夏季进行。适时收割青草晒制干草，充分利用农业副产品，如薯蔓、花生秧、豆叶、树叶、野草、野菜、玉米秆等制作青贮饲料。

（2）加强夏秋抓膘。充分利用夏秋两季良好的牧草和气候条件，加强放牧管理，使其体躯健壮，争取羊群入冬前达到满膘，以便安全度过冬春枯草期。

（3）做好防寒保暖工作。入冬前做好羊舍的修检工作，必要时铺垫垫草，北方地区要设立恒温设施。

（4）清理羊群，合理淘汰。越冬前对羊群中难以越冬的老羊、长期空怀和失去繁殖能力的羊、发育不好的育成羊或久病不愈、体小瘦弱等生产性能低的羊要坚决淘汰，其他羊只按种类、年龄、性别、强弱、营养状况、生产性能、妊娠期等进行合理组群，以便给予不同的放牧和合理补饲。

（5）注意冬季放牧和及时补饲。冬季不论农区、牧区或山区，都要放牧和补饲相结合，秋季要注意在距离栏舍较近的地方留出地势向阳、草质较好、便于饮水的冬季牧地供冬春季节放牧。放牧时注意晚出晚归，不放霜冻草地，不饲带冰或过冷的水。冬季是枯草期，羊吃不饱而掉膘，应及时补饲。若补饲过迟，则起不到补饲作用。羊群的补饲宜从 11 月或 12 月开始，每日分早晚 2 次给草，直到第二年青草长出后为止。此外，还要根据羊只膘情、健康、妊娠、哺乳、牧草品质等及时进行调整。

（6）防病防疫。冬春季羊体质弱，抗病力差，易引起传染或寄生虫感染，造成大批死亡。因此应在入冬前进行驱虫和防疫注射工作。

252. 怎样增强山羊的体质？

羊舍应该配套建有运动场，保证山羊每天适当的运动。有条件的地方，每天还可以进行放牧。保障山羊能采食优质可口的饲料，满足其营养需要，也是提高山羊体质的重要措施。对种山羊在配种期间适量加喂牲畜胎盘粉，能增强山羊的体质，促进激素的分泌。

253. 为什么放牧养殖有利于山羊的疾病预防？

放牧养殖过程中，山羊需要大量运动，能提高肺活量，促进血液循环，加快新陈代谢，显著增强体质。此外，放牧时山羊能吃到多种喜食的饲草，呼吸清新的空气，而在工厂化养殖过程中，饲料相对单一，空气流通不畅，甚至阴暗潮湿，造成疾病传播。因此，放牧养殖有利于增强山羊的体质，预防疾病。

254. 怎样防治山羊的寄生虫病？

羊的寄生虫病发生较普遍，尤其在南方温暖潮湿的气候条件下，更为严重。应采取综合性防治措施，防止寄生虫病的流行，减少寄生虫病的危害，对山羊无公害养殖有重要意义。

（1）预防措施

①轮牧。有条件的放牧场地实行划区轮牧，定期更换放牧

地，以减少牧场上虫卵和侵袭性幼虫的储量和对羊的侵袭。

②尽可能地避开潮湿多水的牧场。不在沼泽地放羊，要注意涨水时淹过的青草附有吸虫囊蚴，羊采食后易得肝片吸虫病、同盘吸虫病等。禁吃露水草和不在雨后放牧是预防寄生虫病的主要办法之一。

③饲料饮水要清洁。羊的饮用水最好是井水、泉水。饮水卫生标准要达到《无公害食品　畜禽饮用水水质》标准要求。牧地内饮水池要清除周围杂草和池内螺蛳。饲草、饲料和饮水不要被羊粪污染。

④除粪要勤。羊粪便是虫卵传播的重要环节，最好不要散落水中，应尽量收集堆积发酵后利用。

⑤定期进行预防性驱虫。每年可在春、秋季节进行 2 次预防驱虫。驱虫时暂停放牧，将 3 天内的粪便收集起来，进行堆积发酵作无害化处理。预防驱除线虫、吸虫、绦虫可应用左旋咪唑肌内注射或口服硫酸二氯酚。预防驱除羊双腔吸虫，可用吡喹酮，经口投服，也可用丙硫苯咪唑口服，休药期 28 天。

（2）治疗

①线虫病。对于羊捻转血矛线虫、食道口线虫病等，可用左旋咪唑肌内注射或皮下注射伊维菌素，休药期 28 天。

②吸虫病。对于羊肝片吸虫、同盘吸虫、莫尼茨绦虫等病，可用硫酸二氯酚或肝蛭净治疗，休药期 28 天。

③体外寄生虫病。对于羊螨病，可用温水配成 4％敌百虫液，喷洒或涂刷在羊的体表，喷洒或涂刷面积每次不要超过全身的 1/3。有痂皮的患部应事先用温水泡软刮去（禁用肥皂等碱性水）。或用 1/300 的杀螨灵溶液，药浴、喷雾，一次即可见效，但对周围环境、栏舍、用具亦要同样洗涤，防止重复感染。也可皮下注射伊维菌素，休药期 28 天。

255. 怎样对山羊定期驱虫？

羊有体内寄生虫和体表寄生虫之分，所以驱虫方法也有药物注射法、口服法和药洗法三种不同的驱虫方法。山羊定期预防驱虫程序列于表 3.1。

表 3.1　　　　　　　　　　山羊定期预防驱虫表

驱虫季节	寄生虫种类	主要药物及停药期	使用方法
晚冬早春 2～3 月	线　虫	左旋咪唑（注射液停药期 28 天，片剂停药期 3 天）	见药品使用说明书，尽量少使用口服制剂
	绦虫	吡喹酮（停药期 28 天，弃奶期 7 天）	
	疥癣、蜱	伊维菌素（停药期 28 天）	
5～6 月	肝片吸虫	吡喹酮（停药期 28 天）、盐酸丙硫苯咪唑（停药期 14 天）	
	外寄生虫	伊维菌素（停药期 28 天）	
	血液原虫	吡喹酮（停药期 28 天）	
	球　虫	磺胺喹噁啉、磺胺二甲基嘧啶（停药期 28 天）	
秋季 8～9 月		同晚冬早春	

256. 怎样对山羊进行免疫？

山羊的常用疫苗及其免疫方法如下：

（1）羊痘鸡胚化弱毒疫苗。预防山羊痘，每年 3～4 月接种，免疫期 1 年。接种时不论羊只大小，每只皮内注射疫苗 0.5 毫升。

（2）羊链球菌氢氧化铝菌苗。预防山羊链球菌病，每年的 3 月、9 月各接种 1 次，免疫期半年。接种部位为背部皮下。6 月龄以下的羊接种量为每只 3 毫升，6 月龄以上的每只 5 毫升。

（3）羊四联苗或羊五联苗。羊四联苗即快疫、猝疽、肠毒血症、羔羊痢疾联苗，五联苗即快疫、猝疽、肠毒血症、羔羊痢疾、黑疫联苗。每年于 2 月底 3 月初和 9 月下旬分 2 次接种。接种时不论羊只大小，每只皮下或肌内注射 5 毫升。注射疫苗后 14 天产生免疫力。

（4）羔羊痢疾氢氧化铝菌苗。用于怀孕母羊，在怀孕母羊分娩前 20～30 天和 10～20 天各注射 1 次，注射部位分别在两后腿内侧皮下，疫苗用量分别为每只 2 毫升和 3 毫升，注射后 10 天产生免疫力。羔羊通过吃奶获得被动免疫，免疫期 5 个月。

（5）山羊传染性胸膜肺炎氢氧化铝菌苗。皮下或肌内注射，6 月龄以下每只 3 毫升，6 月龄以上每只 5 毫升，免疫期 1 年。

（6）口疮弱毒细胞冻干苗。预防山羊口疮，每年 3 月、9 月各注射 1 次，不论羊只大小，每只口腔黏膜内注射 0.2 毫升。

（7）羊流产衣原体油佐剂卵黄灭活苗。预防山羊衣原体性流产。在羊怀孕前或怀孕后 1 个月内皮下注射，每只 3 毫升，免疫期 1 年。

（8）破伤风类毒素。预防破伤风，免疫时间在怀孕母羊产前 1 个月、羔羊育肥阉割前 1 个月或羊只受伤时，一般在每只羊颈部中间 1/3 处皮下注射 0.5 毫升，1 个月后产生免疫力，免疫期 1 年。

（9）羔羊大肠杆菌疫苗。预防羔羊大肠杆菌病，皮下注射，3 月龄以下的羔羊每只 1 毫升，3 月龄以上的羔羊每只 2 毫升。注射疫苗后 14 天产生免疫力，免疫期 6 个月。

（10）第Ⅱ号炭疽芽孢苗。预防山羊炭疽病，每年 9 月中旬注射 1 次，不论羊只大小，每只皮内注射 1 毫升，14 天后产生免疫力。

目前，我国还没有一个统一的山羊免疫程序，只能根据本地区和羊场的实际情况，不断总结经验，制定出符合本地实际的免疫程序。现将山羊免疫程序列于表 3.2 供参考。

表 3.2　　　　　　　　　　山羊免疫程序表

疫苗名称	免疫时间	免疫对象及方法	预防疫病	免疫期
破伤风类毒素	怀孕母羊产前 1 个月	皮下注射 0.5 毫升，注射于颈部中央 1/3 处，注射后 1 个月产生免疫力	破伤风	1 年

疫苗名称	免疫时间	免疫对象及方法	预防疫病	免疫期
羔羊痢疾菌苗	怀孕母羊分娩前10～30天	皮下注射2毫升，隔10天再皮下注射3毫升，10天后产生免疫力	羔羊痢疾	母羊5个月，经乳汁可使羔羊被动免疫
羊三联菌苗	每年2月底3月初	成年羊和羔羊一律皮下或肌内注射5毫升，注射后14天产生免疫力	羊快疫、羊肠毒败血症、羊猝疽	6个月
口蹄疫疫苗	母羊产后1个月和羔羊生后1个月后	皮下注射1毫升或按说明进行，15天后产生免疫力	口蹄疫	6个月
羊痘鸡胚弱化毒素疫苗	3～4月	按说明稀释，不论羊大小一律皮下注射0.5毫升，6天后产生免疫力	山羊痘	1年
山羊传染性胸膜肺炎氢氧化铝活苗	3～4月	6月龄以下每只肌内注射3毫升，6月龄以上每只肌注5毫升	山羊传染性胸膜肺炎	1年
口疮弱毒细胞冻干苗	3～4月	大小羊一律口腔黏膜内注射0.2毫升	山羊口疮病	6个月

疫苗名称	免疫时间	免疫对象及方法	预防疫病	免疫期
羊链球菌氢氧化铝菌苗	3～4月	背部皮下注射，6月龄以下每只3毫升，6月龄以上每只5毫升	羊链球菌病	6个月
口蹄疫疫苗	8～9月	皮下注射1毫升或按说明进行，15天后产生免疫	口蹄疫	6个月
布氏杆菌猪型2号弱毒菌苗	8～9月	羊臀部肌内注射1毫升（含菌50亿），阳性羊、3个月以下羔羊、怀孕羊均不能注射。饮水免疫时用量按每只羊服200亿菌体计算，2天内分2次饲服	布氏杆菌病	1年
第Ⅱ号炭疽菌苗	8～9月	不论大小皮内注射1毫升，14天后产生免疫力	炭疽	1年
羊三联菌苗	9月	同3	同3	6个月
羊黑疫菌苗	9月	6月龄以下每只皮下注射1毫升，6月龄以上每只皮下注射3毫升	羊黑疫	1年
口疮弱毒细胞冻干苗	9月	大小羊一律口腔黏膜内注射0.2毫升	山羊口疮病	6个月
羊流产衣原体油佐剂卵黄灭活苗	春季或秋季依怀孕期确定免疫时间	羊怀孕前或怀孕后1个月内每只皮下注射3毫升	羊衣原体性流产	1年

疫苗名称	免疫时间	免疫对象及方法	预防疫病	免疫期
羊链球菌氢氧化铝菌苗	9月	背部皮下注射，6月以下每只注3毫升，6月龄以上每只5毫升	羊链球菌病	6个月

257. 怎样对山羊疾病进行临床诊断？

临床诊断是诊断山羊疾病最基本的方法，通过问诊、视诊、触诊、叩诊、听诊和嗅诊等手段，发现症状表现和异常变化，综合分析对疾病做出诊断或为进一步确诊提供依据。

（1）问诊。向饲养员询问和了解与发病有关的饲养管理、以往病史、目前症状等情况，查生产记录。

（2）视诊。

一看动态：健康的山羊不论采食或休息，常聚集在一起；休息时多呈半侧卧姿势；人一接近立即站起。病羊放牧时常落后于群羊，喜卧地，出现各种异常姿势。二看毛色：健康的羊被毛整洁，有光泽，富有弹性。病羊被毛蓬乱而无光泽。三看羊耳：健康的羊双耳经常竖立且灵活。病羊头低耳垂，耳不摇动。四看羊眼：健康的羊眼球灵活，明亮有神，洁净湿润。病羊则眼睛无神。五看口舌：健康的羊口腔黏膜为淡红色、无恶臭。病羊的口腔黏膜淡白、流涎或潮红干涩，有恶臭味。健康的羊舌头呈粉红色且有光泽，转动灵活，舌苔正常。病羊舌头转动不灵活，软绵无力，舌苔薄而色淡或厚而粗糙无光。六看粪便：健康的羊粪便一般呈小球状且比较干燥，补喂精料的良种羊粪便可呈软软的团块状，无异味；尿液清亮，无色或微带黄色。病羊粪或稀或硬，甚至停止排粪；尿液黄、少或带血。七看反刍：健康的羊每采食30分钟，反刍30~40分钟，一昼夜反刍6~8次，病羊反刍减少或停止。

（3）嗅诊。就是嗅闻山羊的分泌物、排泄物、口腔的气味等情况来进行分析。如有机磷中毒时，可以从胃内容物和呼出的气体中闻到有机磷特殊的味道。

（4）触诊。用手指、手掌或拳头触压被检部位，感知其硬度、温度、压痛、移动性和表现状态，以确定病变的位置，大小和性质，一般用来检查皮肤温度、皮肤弹性、肌肉紧张度和敏感性，也可触摸淋巴结和心脏的搏动次数等情况。

（5）叩诊。经过手指或叩诊器，叩打羊的体表相应部位，根据所发生的不同声音，来判断其被叩击的组织、器官有无病理变化的一种诊断方法。

（6）听诊。直接或间接听取体内各种脏器发出声音的性质，进而推断其病理变化的一种方法，临床上常用于心、肺及胃肠病的检查。

（7）病理剖检。剖开病死羊的皮肤、胸腹腔，查看病羊肌肉、内脏等组织器官的形态、大小、色泽、内容物及出血、坏死、肿胀等病理变化。山羊许多疾病的临床症状相似，必须通过剖检来确定病情。

（8）实验室诊断。当羊群发生疫情时，应及时采集病料，送兽医诊断室进行实验室诊断，实验室诊断一般分细菌学检验、病毒学检验、免疫学检验、寄生虫检验等。

258. 怎样防治山羊炭疽病？

炭疽病是由炭疽杆菌引起的一种急性热性败血性人畜共患传染病。其特征是从鼻孔、口腔、肛门等天然孔流出凝固不全的黑色煤焦油样的血液，皮下组织呈出血性胶样浸润和脾脏急性肿大等。发生炭疽病并确诊后，须按以下措施综合防治。

（1）发生炭疽病并确诊后，应立即逐级上报疫情，划定宣布疫点、疫区，并封锁疫区，进行严格的检疫、消毒，直到最后一头病羊痊愈或死亡后，如经 2 周后不再发生新病例，方可解除封锁。

（2）病死的山羊严禁剥皮吃肉和随意剖检，必须把尸体连同被污染的泥土铲除，与 20% 的漂白粉混合深埋，或同污染的垫草、饲料、粪便烧毁。

（3）凡病羊污染的栏舍、场地、用具应用1%～3%氢氧化钠、20%的漂白粉进行彻底消毒。

（4）病程稍长的病羊，应迅速隔离，及时采取皮下或静脉注射抗炭疽血清，每头用量50～120毫升，经12小时体温如不下降，可重复注射一次。也可应用青霉素，每次每千克体重4万～10万单位肌内注射，每天3～4次。在应用药物治疗的同时，要加强饲养管理，疗效则更为显著。羊群发病较快，也常采用全群预防性给药的办法，除去病羊后，全群用药3天，有一定效果。

（5）在炭疽病疫区和炭疽病受威胁区，每年对羊群进行炭疽Ⅱ号芽孢苗注射，2个月以上的山羊均皮下注射1毫升或皮内注射0.2毫升，14天后产生坚强免疫力，免疫期为1年。

（6）炭疽病为人畜共患病，因此，管理病羊和收拾病羊尸体有很重要的意义。参加扑疫的人员，要特别注意从各个方面加以防护，以免受到感染。

259. 怎样防治山羊破伤风？

破伤风是由破伤风梭菌引起的一种人畜共患的创伤性中毒性传染病，特征为患病羊全身肌肉发生强直性痉挛，对外界刺激的反射兴奋增强。由于外伤、阉割和脐部感染引起。初期症状不明显，以后表现为不能自由卧下或起立，四肢逐渐强直，运步困难，牙关紧闭，流涎，尾直，后期引起腹泻，病死率高。

预防：发生外伤时，应立即用碘酒消毒。治疗：①彻底清除伤口内的坏死组织，用1%高锰酸钾溶液或5%～10%碘酒进行消毒。②初期肌内注射或静脉注射破伤风抗毒素5万～10万单位。③缓解肌肉痉挛，用氯丙嗪（每千克体重0.002克）或25%硫酸镁注射液10～20毫升肌内注射，结合应用5%碳酸氢钠溶液100毫升静注，同时补糖、补液。氯丙嗪停药期28日，弃奶期7日。④对牙关紧闭者，可用3%普鲁卡因5毫升和0.1%肾上腺素0.2～0.5毫升，混合注入咬肌。停药期9日，弃奶期14日。

260. 怎样防治山羊流行性感冒？

本病简称流感，是由流行性感冒病毒引起的急性呼吸道传染病。临床上以发热、咳嗽、呼吸加快、流涎、眼结膜炎和流涕、全身衰弱无力、呈现不同程度的呼吸道炎症为特点。本病的传染性很强，传播迅速，呈流行性或大流行性。

发生本病时要立即隔离治疗病羊，加强羊群的饲养管理。用20％石灰乳、5％漂白粉或3％烧碱等消毒栏舍、食槽及用具等。

治疗原则是对症治疗，控制继发感染，调整胃肠功能和加强护理。可内服感冒冲剂或板蓝根冲剂，每次2包，每日2次。也可用金银花、连翘、黄芩、柴胡、牛蒡子、陈皮、甘草各15～20克，水煎内服，每日2次。解热镇痛，可肌内注射30％安乃近10～20毫升，或复方氨基比林10～20毫升，停药期28日，弃奶期7日。为防止继发肺炎，应每日2次肌内注射青霉素和链霉素等，停药期18日，弃奶期72小时。必要时还应补液、补糖、补维生素等。心力衰竭者，应反复使用樟脑水或咖啡因等。

261. 怎样防治山羊李氏杆菌病？

李氏杆菌病是由单核白细胞李氏杆菌引起的家畜、家禽、啮齿动物和人的一种散发性传染病。山羊以脑膜炎、败血症和妊娠母羊流产为特征，也有表现为坏死性肝炎和心肌炎的情况，单凭临床症状不易诊断。如表现特殊神经症状、妊娠羊流产，血液中单核白细胞增多，可疑为本病。但应与表现神经症状的其他疾病相鉴别。确诊则必须用生物学方法。

防治措施：平时做好防疫工作和饲养管理工作，驱除鼠类和其他啮齿类动物，驱除体内外寄生虫，特别不要从疫区引进种羊。发病后对全群羊进行检查，将病羊隔离治疗，消毒场地、用具；病羊屠宰时应注意消毒和防止病菌扩散。同时应尽力查出病原，采取防治措施。

本病的防治还没有十分有效的方法。青霉素必须用大剂量，疗效也不太好，链霉素较好，但易于产生抗药性。广谱抗生素及磺胺类药物发病初次应用，剂量大一些，可取得满意疗效。对病羊表现神经症状的，任何药物治疗都难以奏效。

人对李氏杆菌病有易感性，感染后以脑膜炎多见。平时应注意驱除鼠类和外寄生虫。

262. 怎样防治羔羊大肠杆菌病？

羔羊大肠杆菌病是由致病性大肠杆菌引起的严重腹泻和败血症为特征的急性传染病，影响生长，造成死亡，给养羊业带来重大损失。

防治措施：预防本病重在加强孕羊和新生羔羊的饲养管理。对孕羊要给予足够的维生素和蛋白质饲料，舍饲要进行适当运动，保护圈舍干燥、清洁。母羊分娩前后应保持乳房清洁，特异性预防可用羊大肠杆菌疫苗。

羔羊一旦发病，应及时治疗。羔羊的死亡多因败血症或腹泻而致，表现脱水、血液浓缩、血中离子平衡失调、酸中毒等。因此，治疗原则是抗菌、补液、调节胃肠机能。

病羊可用黄连素、土霉素（停药期 28 日，弃奶期 3 日）、蒽诺沙星（停药期 14 日）进行抗菌治疗，同时静脉注射 5％葡萄糖生理盐水，可收到较好的治疗效果。

263. 怎样防治羊沙门杆菌病？

羊沙门杆菌病主要是由鼠伤寒沙门杆菌、羊流产沙门杆菌、都柏林沙门杆菌引起的急性传染病，以血性下痢和使怀孕母羊流产为特征。

（1）本病根据临床症状可分为两型：①下痢型：病羊体温升高达 40℃～41℃，食欲减退，腹泻，排黏性带血稀粪，有恶臭。精神委顿、虚弱、憔悴、低头、弓背，继而卧地，经 1～5 天死亡。部分病羊经 2 周后可康复。发病率 30％，致死率 25％。②流产型：沙门杆菌自肠道黏膜进入血液，被带入全身各个脏器，包括胎盘。细菌在脐带区离开母血，经绒毛上皮细胞而进入胎儿血液循环中。怀孕母羊于怀孕的最后 1/3 期间发生流产或死产。在此之前，病羊体温上升至 40℃～41℃，厌食、抑郁，部分羊有腹泻症状。流产前和流产后数天，阴道有分泌物流出。病羊产下的活羔表现衰弱、委顿、卧地，并伴有腹泻，不吮乳，往往于 1～7天内死亡。病母羊也可在流产后或无流产的情况下死亡。羊群暴发一次，一般持续 10～15 天。流产率和死亡率达 60％，其他羔羊的死亡率达 10％。流产母羊一般有 5％～7％死亡。

本病的确诊要进行细菌学检查。从下痢死亡的羊肠系膜淋巴结、胆囊、脾、心血和粪便或病母羊的粪便、阴道分泌物、血液以及胎盘组织可分离出沙门杆菌。

（2）防治措施：

①病初应用抗血清有效。

②主要用抗生素进行治疗，常用土霉素、新霉素、磺胺类药物。一次治疗不应超过 5 天，每次最好只用一种抗菌药物。

③应同时进行对症治疗，如口服高岭土保护肠道，输液以平衡体液，防止脱水等。

④羊群一旦发病，除隔离治疗病羊外，还要检查并淘汰带菌羊，并对圈舍、用具仔细消毒，及时清理粪便，堆积发酵或焚烧消毒。

⑤死亡动物应深埋或焚烧。

⑥预防本病重在加强饲养管理，消除发病诱因，保护饲料和饮水清洁、卫生，加强灭鼠工作，受威胁羊群可注射疫苗。

264. 怎样防治羔羊痢疾？

羔羊痢疾主要是由 B 型魏氏梭菌引起的初生羔羊的急性毒血症，以剧烈腹泻和小肠发生溃疡及神经症状为特征，死亡率很高。

本病发病因素复杂，应采取综合防治措施，方能有效。

（1）抓膘保暖。加强母羊的饲养管理，是预防羔羊痢疾的首要措施。应大力搞好母羊的抓膘保膘工作，使所产羔羊体格健壮、抗病力强。实行计划配种，避免在最冷的季节产仔，兴建和修补棚圈，保持羊舍温度，防止羔羊受冻。

（2）合理哺乳。羔羊出生后，应合理哺乳，避免羔羊饥饱不匀。哺乳期间，对母羊实行补饲，适当减少放牧时间，母羊产羔后舍饲数日。

（3）预防接种。每年秋季注射羔羊痢疾菌苗或羊快疫、猝疽、肠毒血症、羔羊痢疾、羊黑疫五联菌苗，产前2～3周再接种一次。

（4）消毒隔离。在产仔之前，做好棚圈及用具的消毒工作。一旦发病，应随时隔离羔羊。对易受羔羊痢疾危害的羊群，最好设置保暖较好并隔成小栏的育羔圈，专门饲养生产7～10天的母子，每小栏以饲养1～2对母子为宜，轮流交替使用。如某栏发生羔羊痢疾，应立即隔离病羔，转移未发病的羔羊，并彻底对栏舍进行消毒。

（5）药物预防。羔羊出生12小时内，灌服土霉素0.15～0.2克，每日1次，连续灌服3天，有一定预防效果，停药期7日。对病羔羊要及时发现，精心护理，积极治疗。预防羔羊痢疾的药物有许多，应根据当地实际应用效果试验选用。

（6）治疗措施。①土霉素0.2～0.3克，停药期7天；或再加胃蛋白酶0.2～0.3克，加水灌服，每日2次。②磺胺脒0.5克、鞣酸蛋白0.2克、次硝酸铋0.2克、重碳酸钠0.2克，加水灌服，每日3次。停药期28天。③病初灌服增减承气汤20～30毫升，6～8小时后改服增减乌梅汤，每次30毫升，每日1～2次，对已下痢的羔羊，一开始就服增减乌梅汤。④用环丙沙星注射液静脉注射，黄连素肌内注射或口服，有较好效果，环丙沙星停药期14日，弃奶期84小时。

在选择上述药物治疗的同时，对脱水严重的，静脉注射5%葡萄糖生理盐水20～100毫升；心脏衰弱的，皮下注射25%安钠加0.5～1.0毫升；食欲不好的，灌服人工胃液（胃蛋白酶10克，浓盐酸 5 毫升，水 1 升），每日 1 次。为了治疗并发性肺炎，可用链霉素 40 万～80 万单位肌内注射，每日 2 次，停药期 18 日。

265. 怎样防治羊痘？

山羊痘又称羊天花，是由山羊痘病毒引起的一种急性接触性传染病。其特征为皮肤和某些部位的黏膜呈现规律性病变，即红斑、丘疹、水疱、脓疱和结痂。

防治措施：

（1）平时加强饲养，增强羊的抵抗力，引种必须严格检疫，并隔离观察 21 天，确信无病的种羊方可混群饲养。

（2）定期进行预防注射，对流行地区的健康羊群，每年用羊痘鸡胚化弱毒疫苗进行预防接种，注射 1 周后可产生免疫力，免疫期为 7～12 个月。

（3）发病后，及时隔离病羊，对污染的场地、饮水、饲料、用具要严格消毒。对疫群中未发病羊只进行紧急预防接种。同时，可用中药葛根汤（葛根 15 克、紫草 15 克、苍术 15 克、黄连 9 克、白糖 30 克、绿豆 30 克）煎药灌服可预防本病发生。

（4）本病无特效药物可治疗，对病羊主要实行对症治疗，对皮肤上的痘疱，涂以络合碘或紫药水，水疱或脓疱破裂后，应先用 3% 来苏儿或石炭酸洗净，然后涂药，对黏膜上的病灶先用 0.1% 高锰酸钾洗涤后，涂以碘甘油或紫药水。康复羊血清有一定治疗效果，成年羊每只 5～10 毫升，羔羊 2～5 毫升，皮下或肌内注射，如用免疫血清，效果更好。用利巴韦林、病毒灵加抗生素有一定疗效。

（5）为了防止继发症或发现有继发感染时，可以使用抗生素或磺胺类药物静脉注射或肌内注射，每日 2 次。磺胺类药物停药期 28 日。

266. 怎样防治羊快疫？

羊快疫是由腐败梭菌引起的羊的一种急性传染病。以真胃呈出血性、炎性损害为特征。

防治措施：由于本病的病程短促，往往来不及治疗。且无特效治疗药物，多采用对症治疗，且疗效不明显。因此，必须加强平时防疫措施，加强饲养管理，严格检疫消毒，注意在发生疫病后转移牧地，到干燥地区放牧。

在疫区和本病威胁区，每年可定期注射"羊快疫、猝疽、肠毒血症三联菌苗"或"羊快疫、猝疽、肠毒败血症、羔羊痢疾和羊黑疫五联菌苗"，能有效控制本病的流行。

267. 怎样防治山羊肝片吸虫病？

山羊肝片吸虫病是由片形科片形属的肝片吸虫和大片吸虫寄生在山羊的肝脏胆管内，引起急性和慢性肝炎、胆管炎，伴发全身中毒和营养障碍的一种寄生虫病。马、驴、骡、猪可感染，人也可偶然感染。

治疗可用吡喹酮，每千克体重一次内服 40～50 毫克，停药期 28 天，弃奶期 7 日。

预防措施：

（1）预防性驱虫。用上述任一药物坚持每年 3 次的普遍驱虫工作，第一次在虫体大部分成熟之前 20～30 天进行，即成虫期前驱虫；第二次在虫体大部分成熟时进行，即感染期驱虫；第三次在第二次后经 3 个月进行，即每年的 8 月、9 月、12 月各驱虫一次。最好还能做好带虫动物的驱虫。

（2）加强粪便管理。收集粪便，采取堆肥发酵、干晒或沼气沉淀发酵等方法杀灭粪便中的虫卵。同时对病死羊肝脏、胆囊进行无害化处理。

（3）消灭中间宿主。结合兴修水利，填平低洼沟港地带，改变椎实螺的生存环境，有条件的地方，可辅以化学药物灭螺。

（4）加强放牧和饮水卫生管理。尽量减少到沼泽、水沟、低洼地带放牧，在无螺的高坡地带放牧，在流行季节每个月轮牧一次。不让牲畜在死水塘、沟内饮水，以避免误吞囊蚴。割草喂羊时，必须将打回的草晒干，以便杀灭湿草上附着的尾蚴。

268. 怎样防治羊球虫病？

羊球虫病是由艾美耳科艾美耳属的球虫寄生在羊肠道引起以拉稀、消瘦为主要病状的疾病。根据流行病学、临床症状可基本诊断，用饱和盐水漂浮法检查粪便中的卵囊，发现大量卵囊即可以确诊。

预防措施：加强饲养管理，搞好羊圈及环境、用具的消毒。成年羊和羔羊最好分群饲养和管理。定期进行药物全群预防。

治疗措施：使用球痢灵，每千克重量 50～70 毫克混入饲料中喂给，连用 5～7 天，停药期 14 天，弃奶期 48 小时。

269. 怎样防治山羊疥螨病和痒螨病？

羊疥螨病又称羊"疥癣病"，是由羊疥螨引起的一种接触性慢性寄生性皮肤病。病羊以皮肤发生剧烈的痒觉、脱毛、患部逐渐向四周扩延等为特征，并具有高度的传染性，对养羊业危害很大，同时可以感染人及其他动物。羊痒螨病是一种接触性传染病，由痒螨属的螨引起。这两种病的预防，可采取如下措施：

（1）因地制宜，利用适当的药物定期进行药浴，在每年夏初和秋末各进行一次。

（2）羊舍不可过于拥挤，要保持干燥、通风、透光、并勤换垫草，被污染的栏舍及用具等须彻底消毒。

（3）对新购入的羊，应进行隔离观察后方可合群饲养，病羊则应隔离治疗。

治疗羊疥螨和痒螨病的方法很多且相同。一般在寒冷季节或个别发病羊采取局部用药；在温暖季节或大群发病采用药浴疗法。治疗时应先用温肥皂水洗刷患部的污物和痂皮，待干燥后进行涂药、喷药或药浴。一次涂药面积不能超过全身皮肤的 1/3。如果用药发现中毒，应尽快用温肥皂水将药洗去，涂上油类。常用灭螨药处方：用 1% 阿维菌素皮下注射，每 50 千克体重皮下注射 1 毫升，停药期 35 天，泌乳期禁用。

270. 怎样防治山羊弓形虫病？

弓形虫病又称为弓浆虫病，是流行于各地的人畜共患的寄生虫病。此病在人畜及野生动物中广泛传播，不但对畜牧业发展带来严重的威胁，而且会影响人类的健康。急性弓形虫病的主要症状是发热、呼吸困难和中枢神经障碍（转圈运动）等。另外还可引起患病母羊的早产、流产和死产。当虫体进入子宫后，新生羔羊在生后前几周内死亡率很高，有些病羊死于呼吸困难。本病是羔羊产前死亡的重要原因之一。

弓形虫病根据临床表现、病理变化和流行特点可作为诊断参考，但确诊须进行显微镜诊断病原和血清学试验，以及动物接种，查出虫体，血清免疫反应阳性才能作出结论。预防措施为避免羊只吞食猫、狗的粪便，及采取预防传染的一般卫生措施。

治疗措施：①磺胺嘧啶加甲氧苄嘧啶，前者每千克体重 70 毫升，后者每千克体重 14 毫升，每日口服 2 次，连用 3～5 天，停药期 28 日。②磺胺-6 甲氧嘧啶，每次按每千克体重 60～100 毫克剂量，肌内注射，每 1 次，连用 5 天，停药期 28 日。③磺胺嘧啶钠，每千克体重 0.2～0.7 毫克，肌内注射，每日 2 次，连用 5 天，停药期 12 日。

271. 怎样治疗山羊瘤胃膨气？

瘤胃膨气是羊瘤胃内饲料发酵，迅速产生大量气体而致的疾病，多发于春末夏初放牧的羊群。症状表现为不安、拱背伸腰、肷窝突起、反刍嗳气停止。腹部迅速膨胀，腹围增大，叩击呈鼓音；心律加快，呼吸困难，步态不稳。

治疗措施：①胃管放气。②5% 碳酸氢钠溶液 1500 毫升洗胃，以排出气体及胃内容物。③氧化镁 130 克加水 300 毫升灌服。④灌服石蜡油 100 毫克，鱼石脂 2 克，酒精 10 毫升，加水适量。⑤用 16 号针头瘤胃穿刺放气。

272. 怎样治疗山羊的不孕症?

（1）引起羊不孕症的主要原因。引起不孕症的原因十分复杂，一定要根据具体情况具体分析。

①疾病引起的不孕症。引起母羊不孕的疾病，除某些内外科疾病及传染病外，主要是生殖器官疾病。例如阴道炎、子宫颈管炎、子宫颈管狭窄及闭锁、子宫弛缓、子宫内膜炎、盆腔炎、卵巢硬化、卵巢炎、卵巢功能减退和萎缩、持久黄体、卵巢囊肿及输卵管炎等疾病。

②饲养管理不当引起的不孕。饲料不足时，羊只机体瘦弱，其生殖机能受到破坏，从而造成不孕。精料过多，且运动不足，可使母羊肥胖，卵巢脂肪变性和浸润，致使卵巢功能减退而造成不孕。饲料营养不全而造成不孕，如维生素 A 不足或缺乏，可以使子宫内膜的上皮变性角质化，胚胎着床受阻，卵细胞及卵泡上皮变性、卵泡闭锁或形成囊肿。维生素 B 缺乏时，发情周期失调，并且生殖腺变性。维生素 E 缺乏时，可引起早期胚胎死亡。维生素 D 缺乏，可影响钙磷代谢引起不孕。缺乏磷时，可使卵巢功能受到影响，阻碍卵泡的生长和成熟。钙不足时，可影响子宫的紧张性，而易发生感染。饲料中含雌激素类物质过多时，可使生殖功能紊乱。

③繁殖技术性不孕。繁殖技术性不孕是由于繁殖技术不良所引起的，如发情鉴定不准确，配种不适时，精液处理方法不当，精液中有效精子数少，精液自身品质不良，怀孕诊断技术差，不能及时发现空怀，配种时造成子宫感染发炎。

④气候水土性与衰老性不孕。母羊的生殖功能与日照、气温、湿度、饲料成分的变异及其他外界因素都有密切关系。衰老性不孕是指未达到衰老期的母羊，未老先衰，生殖功能过早的停止。如发生卵巢功能减退或萎缩，子宫角也缩小，在大龄母羊应考虑这方面的原因。

（2）防治措施。不孕症应以预防为主，治疗上主要采取对症治疗的办法。①加强饲养管理，精料补充要适当注意补充各种微量元素。②及时淘汰病老羊。老年母羊或生殖系统有内科病的母山羊应及时予以淘汰，以免造成饲养成本浪费。③对症状轻微的母羊予以积极治疗，但应注意其引起不孕症的原因，区别对待。

273. 怎样防治山羊异嗜症？

异嗜症主要是由于山羊矿物质、微量元素和维生素缺乏而啃咬栏栅、墙壁等异物的异嗜癖；羔羊则由于母乳缺乏，处于饥饿状态，引起消化功能紊乱而吞食羊毛等异物。病羊神经兴奋性增强，食欲减退，逐渐消瘦，被毛粗乱枯焦，发育停滞，食欲错乱，喜舔食有咸味的杂物，啃咬栏栅、墙壁，专吃被粪尿污染的饲草，羔羊则喜食羊毛。由于异物刺激胃肠，因而产生腹痛、臌气、食欲障碍、拉稀和便秘等消化功能紊乱，逐渐消瘦，甚至死亡，剖检可在胃肠内发现异物。

治疗措施：①给予营养全面、富含矿物质和维生素的饲料。②内服氯化钴或硫酸钴对异嗜症有良好效果，可增进食欲，改善营养状况，加强造血器官功能。

274. 怎样防治山羊中暑？

山羊中暑亦称山羊热衰竭，根据致病原因的不同分为日射病和热射病两种类型。日射病是由于阳光直晒，引起脑充血及中枢神经系统过热，以致血管运动中枢和呼吸中枢麻痹；热射病是由于外界温度过高，热发散不良所引起的全身过热。导致发病的原因是曝晒和闷热。主要症状：病初精神不振，向羊群中心部互相拥挤，继由四肢发抖，步态不稳，呼吸短促，眼结膜变蓝紫色，体温升高到 $40℃\sim42℃$，心跳急而弱，很快昏倒。如不及时抢救，则很快死亡。

（1）预防措施：不在炎热的太阳下放牧，栏舍要通风凉爽，防止闷热；多给清凉饮水和多汁饲料。

（2）治疗措施：①将羊只迅速转移阴凉通风处，往头部浇淋冷水。②注射安钠加，大羊一次 3～5 毫升。③给予清洁食盐饮水。④用十滴水 3～5 毫升，加水灌服。

275. 怎样治疗母羊难产？

母羊难产一般由于年老体弱的母羊营养缺乏，特别是蛋白质、维生素和矿物质缺乏，青壮年和身体健康的母羊难产多数因胎位不正所致。母羊难产多在胎位不正或母羊年龄过老和体质虚弱的情况下发生。

母羊已到分娩期，并且有分娩的表现，但阵缩和努责无力，时间拖长，羔羊产不出来，最后母羊精神沉郁，卧地不起。如属胎位不正的难产，则母羊情绪紧张，来回走动，不断努责，有时望腹，不断咩叫，但产不出羊羔。

预防措施主要是加强饲养管理。治疗措施：①对年老体弱的母羊难产主要是补充营养，临产前喂糖水，或注射葡萄糖溶液，以增强其娩出能力，切忌把胎儿强行拉出，这样常导致母羊后躯麻痹，不能起立，以致死亡。②对于胎位不正的胎羔要进行人工矫正与助产，必要时可进行剖腹取出胎儿。

276. 怎样治疗山羊尿中毒？

羊因饲入大量人尿，特别是陈旧人尿，易引起中毒。一般在饲后 20 分钟左右开始四肢痉挛，步态蹒跚，呼吸迫促，心悸亢进，结膜发绀，皮肤呈蓝紫色，腹部臌胀，口吐白沫，体温下降，继之死亡。剖检见肝、肺、脾肿大，胃内容物发酵，黏膜脱落。

预防措施：羊圈附近有尿桶、尿坑的地点，要注意防止羊只误饲。平时要保证足够饮水，放牧归圈时，应先充分饮水，以防饲尿。

治疗措施：①生魔芋 200～250 克捣碎，加酸泡菜水 1000～1500 毫升混合内服。②熟猪油 250～500 克加热溶化，加温水 500毫升混合内服。③内服止酵剂，瘤胃臌胀时，应穿刺放气。

277. 怎样治疗山羊有机磷农药中毒？

山羊有机磷中毒是误食含有机磷农药的牧草或水源引起。羊流涎，呕吐，腹泻，多汗，呼吸困难，尿失禁，黏膜苍白，瞳孔缩小，肺水肿，便血等，致使中枢神经系统功能紊乱。表现兴奋不安，全身抽搐，最后出现呼吸肌麻痹，而导致窒息死亡。

治疗措施：①每千克体重用解磷啶 15～30 毫克，溶于 5% 葡萄糖溶液 100 毫升中静脉注射。②肌内注射硫酸阿托品 10～30 毫克。③用硫酸镁或硫酸钠 30～40 克，加水灌服。

278. 山羊可以加工成哪些产品？

山羊养成后，可以进行屠宰加工。具体方法是从羊颈脉上 1/3 处入刀放血，然后剥皮、开膛，取出内脏，取后剔骨分割加工。板皮晒干后送往制革厂家，可加工成羊皮茄克服、高级睡衣、皮鞋、提包等生活用品。血和骨分别收集加工成血粉和肉骨粉，作饲料使用。羊脂肪是很好的化工原料。羊蹄可加工烤羊蹄，羊蹄筋可制作蹄筋罐头。羊小肠可加工成肠衣出口创汇，羊胆可提取胆色素。羊肉可分割加工成烤羊肉、羊肉卷、羊肉片、羊肉串、羊肉馅等人们喜爱的各种羊肉产品。

279. 怎样制作烤羊肉串？

下面提供两种羊肉串配料配方（按 10 千克鲜肉计应加入香料的分量），以供参考。

配方 1：新疆羊肉串料（武汉产）3 包，味精（鲜度在 99%，以下全用此鲜度）140～180 克，精盐 72 克，特鲜 1 号 2 包（武汉产），姜、香葱（剁细）各 80 克，白糖 15 克，肉松粉 50 克，红薯淀粉 500 克。

将上述原料放在切好的肉条中拌和均匀，腌泡 10 分钟即可用竹签穿成串待烤。

配方 2：十三香 200 克，味精（鲜度 99%）140～180 克，精盐 72 克，特鲜 1 号 2 包，生姜、香葱各 80 克，白糖 15 克，松肉粉 50 克，红薯淀粉 500 克。

将以上各种原料放入切好的鲜肉条中拌匀，腌泡到 15 分钟即可穿串待烤。

注意：以上 2 种方法的肉品干湿度为肉串能吸附香料不落，不流水为宜。有水流出就稀了，不易保持风味，太干就耗油，应掌握在手握一把肉觉得湿润但不出水为佳。

280. 我国肉羊质量安全存在哪些问题？

我国在发展肉羊健康养殖生产过程中，在产品质量及其安全方面还存在以下问题：

（1）肉羊良种化程度低下。我国肉羊产业带优势资源显著，但资源优势未能充分发挥，良种化程度不高，生产性能差，与发达国家相比相差很大，与世界平均水平也有一定差距。目前我国肉羊的良种覆盖率仅为 55%，羊胴体重只有世界平均水平的 79%，是澳大利亚的 55%。此外，高档羊肉生产能力不足，我国高档牛羊肉的比重不足 5%。

（2）质量安全问题突出。长期以来，由于防疫机构不健全，手段落后，检验设备不完善，我国肉羊饲养业中疫病时有发生，一些重大疫病未能有效控制，药物有毒有害物质残留超标问题突出，羊肉安全质量水平低下，影响了肉羊生产，并成为羊肉出口的主要障碍。据不完全统计，20 世纪 80 年代以来，新发生或传入我国的疫病多达 34 种，目前我国羊的死亡率为 7%～9%，尤其是我国肉羊优势区域，这类问题很突出。

（3）标准化生产水平低下。我国肉羊的饲养、屠宰、加工与销售基本上采用的是传统的生产与经营方式，加上疫病时有发生，个体屠宰占绝大多数，使得我国羊肉产品的档次普遍不高，安全性与卫生状况较差，严重削弱了我国羊肉的出口竞争力。

281. 怎样提高我国肉羊质量安全水平？

按照农业部《优势农产品质量安全推进计划》，提高我国肉羊质量安全水平和市场竞争力的推进措施有：

（1）加快标准的制定工作。为了规范生产，保证质量，在优势肉羊产业区应加强标准制（修）定与实施的力度。制定黄淮山羊、南江黄羊、马头山羊、建昌黑山羊的品种标准，种畜场环境标准，种畜场建设标准，羊饲养管理技术规程，屠宰用活肉羊质量及分类分级标准，屠宰场建设标准，羊屠宰加工企业环境标准，羊屠宰加工企业技术条件，羊屠宰设施设备标准，羊肉质量分级标准、羔羊肉质量分级标准，肉羊产品加工操作控制规程，羊肉产品贮藏运输标准，肉羊产品质量与安全档案记录准则，羊屠宰卫生管理规范，羊屠宰 HACCP 使用准则，肉羊产品质量评价准则，羊防疫档案记录规程，口蹄疫等疫病检疫防疫规程，肉羊产品生产企业质量评价认证标准，无公害肉羊产品质量评价认证等标准。

（2）大力推广无公害羊肉系列标准，加强标准化养殖示范区（基地）建设。

（3）建立和完善检验检测体系。建立和完善检验检测体系是优势区域标准化生产的重要保障，为优质安全生产和发挥区域优势起着决定性的保驾护航作用。

（4）例行监控制度。羊肉品质的保障来自于生产全过程的控制，对优势肉羊生产区应实施例行监控制度。主要监控内容包括：产地环境、投入品、检验检疫制度、疫情病害控制等。对于一些大型养殖场和屠宰加工企业实施有毒、有害物质与兽药残留监控计划，推行 HACCP 质量安全控制制度。加大对假种畜、假兽药、假疫苗、违禁饲料及饲料添加剂、假肥羊、滥用食品添加剂、劣质肉羊产品的打击力度，严把产地产品检疫和质量检验关。对肉羊生产全过程进行质量安全控制，包括生产投入品（养殖环境、品种、饲料、兽药和疫苗、兽医器械、屠宰加工机械、饲料添加剂、包装材料等）、生产加工过程、冷链运输系统等。

（5）加快资格认证步伐，实施品牌战略。深入开展肉羊无公害食品、绿色食品、有机食品、产地检疫认证及 HACCP、GMP等企业管理认证和专业技术人员资格认证工作。

（6）积极推进先进的质量安全提高和保障措施。在肉羊的优势区域内进一步密切科研、教学、推广、企业和农户之间的联系，动员和吸收社会各界力量参加高新技术的推广工作，重点推广优良肉羊品种及配套饲养技术，主要疫病综合防治、饲料配合等一大批适用的高新技术，同时提高农民的组织化程度，充分发挥各类中介组织在优质安全羊肉产品经营中的作用。

282. 养殖专业户或企业怎样才能生产出"放心羊肉"？

严格按标准生产，执行无公害或绿色食品等国家及行业标准，严格投入品控制和管理，严把饲料兽药关，不使用违禁药物和激素，并执行严格的休药期制度，未达到休药期时间的产品严禁上市，认真做好山羊防疫工作，主动接受畜牧部门的防疫监督和检疫检验，病、死山羊肉严禁上市流通，定期对所生产的产品和投入品进行检测，以保障质量安全，规范山羊生产记录，建立质量安全可追索制度。

283. 无公害羊肉生产要执行哪些标准？

无公害羊肉生产应执行以下标准：NY 5027《无公害食品畜禽饮用水水质》、NY 5028《无公害食品 畜禽产品加工用水水质》、NY 5148《无公害食品 肉羊饲养兽药使用准则》、NY 5149《无公害食品 肉羊饲养兽医防疫准则》、NY 5150《无公害食品 肉羊饲养饲料使用准则》、NY/T 5151《无公害食品 肉羊饲养管理准则》和 NY 5147《无公害食品 羊肉》等。

284. 绿色羊肉食品生产过程要执行哪些标准？

绿色羊肉食品生产过程应执行以下标准（表3.3）。

表 3.3　　　　绿色羊肉食品生产过程应执行的标准

序号	标准号	标准名称
1	NY/T 391—2000	绿色食品　产地环境技术条件
2	NY/T 392—2000	绿色食品　食品添加剂使用准则
3	NY/T 471—2000	绿色食品　饲料和饲料添加剂使用准则
4	NY/T 473—2001	绿色食品　动物卫生准则
5	NY/T 658—2002	绿色食品　包装通用准则
6	NY/T 843—2004	绿色食品　肉及肉制品
7	NY/T 472—2006	绿色食品　兽药使用准则

285. 怎样对鲜山羊奶进行灭菌消毒？

（1）巴氏消毒法。将羊奶加热到63℃（62℃～64℃）保持30分钟。这种消毒法只杀灭病原菌，可利用微生物仍能存在，并可保持鲜奶的风味和维生素。

（2）高温灭菌法。将鲜奶温度提高到75℃以上，达到消毒和灭菌的目的。煮沸消毒是家庭常用的消毒方法，奶品加工厂则用专门设备消毒。

286. 怎样做好山羊的长途运输工作？

山羊必须使用专用车辆（船舶）进行运输，动物防疫监督机构或其认可兽医对活羊分批进行监装。装运前由启运地动物防疫监督机构或其授权的认可兽医监督车辆（船舶）消毒工作。长途运输活羊如果以中转场为单位装车（船），不同中转场的羊不得用同一车辆（船舶）运输。运输途中不得与其他动物接触，不得卸离运输工具，并需使用来自本场的饲料饲草。

刚经过长途运输的山羊，虽然疲劳与饥渴，但不能暴饲暴食。在炎热季节注意降温解暑，在寒冷季节应注意保温防寒。宜关在干燥、通风、温度适宜的地方，喂少量水分较少的鲜草或青干草，饲料饲草不宜与引进地变更过大，实现平稳过渡；饲养场地与饲喂工具要彻底消毒，不宜与其他牲畜关在一起；密切观察，若有异常立即诊治；待其完全恢复后再参与配种或采精。

287. 怎样进行山羊的短距离运输？

应选择晴朗天气，避开炎热和寒冷的时候进行运输，运输的羊只应该体质健壮，饲喂六成饱，驱赶羊只时不要急躁，以减少应急反应，运输工具要进行严格消毒，每批次运输的羊只规格要基本一致，运输羊只密度也不能过大，种羊和肉羊最好分开运输。

288. 怎样检疫山羊炭疽病？

（1）首先观察病羊的症状。羊炭疽病发病分为最急性和急性。最急性发病时，山羊突然倒地，全身痉挛，呼吸极度困难，瞳孔散大，磨牙，口鼻等天然孔流出带有气泡的黑紫色血液，几分钟内死亡。急性发病时，可见病羊呆立、垂头，呼吸困难，体温上升到41℃～42℃，口中流出大量红色唾液，全身抽搐，尸体长时间不僵直。

本病因发病突然，死亡甚快，严禁解剖，需根据流行病学和临床症状结合细菌学和血清学检查才可确诊。

（2）细菌学检查。采取临死前或刚死后羊的末梢血管的血液涂片，用亚甲蓝染色镜检，可见带有红色荚膜的大肠杆菌，单个或短链存在，即可确诊。

（3）沉淀反应。取被检血液或病料脏器（磨碎）用生理盐水稀释5～10倍，煮沸15～30分钟，冷却后过滤至液体完全清亮供检。用毛细吸管吸取透明液，缓慢地沿管壁加入到已装有等量炭疽沉淀血清的细玻璃管内，务必使滤液和血清形成接触面，静置

15 分钟，若接触面形成清晰的白色沉淀环，即可诊断为炭疽病。

（4）应急措施。发生炭疽病并确诊后，应立即逐级上报疫情，划定和宣布疫点、疫区，并封锁疫区，进行严格的检疫、消毒，直到最后一头病羊痊愈或死亡后，如经 3 周后不再发生新病例，方可解除封锁。

289. 怎样检疫山羊口蹄疫？

（1）宰前检疫。口蹄疫主要症状是口腔黏膜和蹄部的皮肤形成水疱和溃疡。病畜病初体温升高，食欲减退，闭口流涎。继而在唇内、舌部、齿龈和鼻镜等处出现大小不等的水疱，疱壁较薄，疱内液体呈微黄色或无色。水疱破裂后形成浅表的边缘整齐的红色烂斑。同时，可见趾间和蹄冠也发生水疱，并很快破裂后形成烂斑。病畜表现移步困难，重者蹄壳脱落。羊对本病的易感性较低，症状与牛基本相似，但较轻微，水疱较小并很快消失。山羊的水疱多见于口腔。

（2）宰后检验。宰后应仔细检查瘤胃黏膜，尤其是肉柱部分常见浅平褐色糜烂，胃肠有时出现出血性炎症。心脏因心肌纤维脂变，可见柔软扩张。病势严重时，左心室壁和室中间隔往往发生明显的脂肪变性和坏死，断面可见不整齐的斑点和灰白色或带黄色的条纹，形似虎皮斑纹，称"虎斑心"。心内膜有出血斑，心外膜有出血点。肺有气肿和水肿，腹部、胸部、肩胛部肌肉中有淡黄色麦粒大小的坏死灶。

（3）处理。体温增高的患病羊的肉尸、内脏及副产品等高温处理后出场；体温正常的患病羊，其剔过骨的肉尸及其内脏，经产酸无害处理法处理后出场，如有不能进行产酸无害处理者，高温处理后出场；患畜的头（包括脑）、蹄、角、食道、膀胱、血、骨髓、角及肉屑等高温处理后出场，毛皮消毒后出场。

290. 怎样检疫山羊日本血吸虫病？

在日本血吸虫病疫区放牧的山羊容易感染日本血吸虫病。日本血吸虫病的检疫按 GB/T 18640—2002《家畜日本血吸虫病诊断技术》执行。该标准规定了粪便毛蚴孵化法和间接血凝试验技术。适用于含羊在内的家畜日本血吸虫病的诊断、检疫、流行病学调查，间接血凝试验还可用于基本消灭和消灭地区血吸虫病的监测。

291. 怎样确定山羊的适度规模经营？

山羊生产受到多种因素的影响，在确定规模时必须充分考虑以下因素：

（1）山羊生活习性的特殊性。山羊是食草动物，喜干燥，爱清洁，厌恶潮湿，活泼好动。因此，养羊要有足够的放牧场地和活动场地。

（2）气候因素的影响

我国南北方气候差别很大，北方干燥少雨，南方多雨潮湿，故在北方和西部养羊规模一般大于南方。在栏舍方面，南方羊舍必须采用防潮措施，常用方法是将羊舍建成"吊脚楼"，即羊床必须离地面 1～1.5 米，而在北方只要做地面防潮处理就可以。从实际情况看，在南方目前尚没有大规模养羊场，有的地方建设了较大规模的养羊场，但效果不理想，根本原因是气候不同于北方、草料不足、措施不配套等因素所决定的。

（3）草场资源的影响

草场资源的面积和单位面积牧草产量是决定山羊养殖规模的重要参考指标。当然，山羊的采食范围广泛，除了野草以外，灌木树叶也是山羊的草料资源。

以南方为例，一般要 0.3～0.4 公顷自然草山草场才能养一只山羊，如采用人工种植高产优质牧草，则每公顷牧草面积可养 150～240 只山羊。

（4）农村专业户养羊规模

农村专业户在确定养羊规模时，一定要根据草山资源条件、可种草面积确定生产规模，切不可不切实际盲目扩大养殖规模。

根据调查，南方农村一般专业户养羊规模不宜过大，一般水平的农户饲养能繁母羊 50～80 只，年出栏商品羊 100～200 只；条件较好的农户常年存栏能繁母羊 100 只，年出栏商品羊 200～300 只；条件优越的可适当扩大规模。如确定办规模羊场，必须有充足的种草基地，适当的放牧场和具备栏舍面积 5 倍以上的运动场。

292. 专业户养羊经营管理要注意哪些事项？

专业户养羊是我国目前养羊业的主体，主要在草原牧区和丘陵山区。规模由每户数十只至数百只，有少数的规模更大。专业户养羊必须注意以下几点：

（1）选择好草场及搞好人工种草。根据草场和人工种草面积资源确定发展规模，实行舍饲与放牧相结合。

（2）选择好品种及做好调运工作。引种要到非疫区选择健康优良品种。山羊品种选择要根据用途选定，如作种用，必须选调优良纯种。一般 1 户只养 1 个品种，以防混杂。如是商品生产，则可采用杂交改良办法。同时引种时一定要注意引种的自然条件与本地的差异不要太大，考虑山羊的适应性。例如小尾寒羊在北方饲养效果好，但在南方高温高湿地区则生长不佳。引种前 1 个月注射疫苗。种羊公母比例一般为 1：（20～25），起运前要防止供方对种羊喂高浓度食盐水。羊运回后休息 1 小时，先饮水，再喂柔软青草至六成饱，至第 3 天草料恢复正常用量。

（3）保护好羔羊。提高产羔率、羔羊成活率是专业养羊成败的关键。

（4）控制疾病。搞好综合防治措施，严格控制山羊疾病。

（5）补充精料。山羊在舍饲与放牧相结合的饲养方式情况下，应合理补充精料，保证山羊营养需要。

（6）按时出栏。山羊一般应在 8～10 月出栏。掌握好市场行情和价格变化规律，在价格合理的时候出栏，可使经济效益最大化。

293. 公司加农户养羊经营管理有哪些特点？

公司加农户养羊是近几年来我国山羊生产发展所涌现的一种新的经营方式，是以山羊生产龙头企业为主体，发展农户专业养羊的一种新的生产模式。主要特点是统一引种、统一组织管理、统一防疫、统一饲养标准、统一技术指导、统一养殖模式、统一组织销售的分散饲养。能形成较大养殖规模，充分利用当地自然饲草资源，降低市场风险；有利于推广科学技术，提高农户养殖水平，促进生产发展；利于选种选育，及时更换新种公羊或采用人工授精方法，防止近亲繁殖而造成品种退化；统一组织销售可降低营销成本。除此之外，其最大的特点是可以保障山羊肉的质量安全。

294. 公司加农户养羊经营管理要注意哪些事项？

公司加农户养羊经营管理要注意如下事项：①建好种羊繁育场，选择好种羊专业户。②选择1～2个优良品种饲养。③组建一支过硬的管理队伍和技术队伍。④制定一套过硬的管理制度和科学的技术措施。⑤企业与农户之间均应重合同，守信用，互惠互利，紧密配合，企业与农户之间签订购销合同。⑥企业可走养殖与加工相结合的综合经营道路。⑦严格实施无公害生产措施。除保证投入品和生产全过程达到无公害标准要求外，还应着重做好羊粪尿和其他废弃物的无害化处理。可采取建沼气池的办法处理粪尿，达到环境保护的要求。

295. 怎样对病死山羊尸体进行无害化处理？

病死山羊等畜禽废弃物中含有大量的病原微生物、寄生虫卵以及滋生的蚊蝇，会使环境中病原微生物种类增多，病原菌和寄生虫大量繁殖，造成人、畜传染病的蔓延，尤其是人畜共患病时，会导致疫情发生，给人畜带来灾难性危害。肉羊育肥后期使用药物治疗时，应根据所用药物执行休药期。达不到休药期的，不应作为无公害肉羊上市。发生疾病的种羊在使用药物治疗时，在治疗期或达不到休药期的不应作为食用淘汰羊出售。病死山羊尸体及其产品的无害化处理必须严格按照《畜禽病害肉尸及其产品无害化处理规程》执行，禁止上市销售或变相上市销售，防止危害人体健康，防止污染环境，造成疫病流行，影响山羊生产健康发展。无害化处理方法有：

（1）销毁。经检疫，确认是炭疽、口蹄疫、恶性水肿、气肿疽、狂犬病、羊快疫、羊猝疽、羊肠毒血症、肉毒梭菌中毒症、钩端螺旋体病、李氏杆菌病、布鲁氏菌病等传染病或两个以上器官发现肿瘤的病羊整个尸体、血液、皮毛、骨、蹄、角、内脏，必须采用焚毁或深埋等销毁措施。

（2）化制。除销毁类以外的其他传染病、中毒病及死因不明的死羊，病羊的整个尸体及内脏，分别投入干化机化制，也可投入湿化机化制。

（3）高温处理。经检疫，确认是结核病、副结核病、羊痘、山羊关节炎、脑炎病羊的胴体和内脏，用高温蒸煮或一般煮沸法处理，使其达到无害化要求。

（4）炼制食用油。利用高温将不含病原体的脂肪炼制成食用油。炼制时温度必须在 100℃ 以上，时间必须达到 20 分钟，炼制用脂肪应确保不含病原体。

病死山羊尸体是一种非常危险的传染源，因此，及时正确地处理山羊尸体，在防治山羊疫病和维护人体健康上有十分重要的意义。以上四种处理方法各有其优缺点，在实际操作过程中应根据具体情况加以选择。

第四章 肉兔的健康养殖技术

296. 世界肉兔养殖概况如何？

根据1996年统计资料，世界上至少有186个国家从事肉兔生产。从生产结构来看，以传统粗放型饲养的小兔场生产的兔肉占46%，商品化工厂化饲养的兔场生产的兔肉占24%，中型兔场生产的兔肉占30%。世界上许多国家都有养兔组织，各级养兔组织在肉兔养殖业发展中发挥了组织、宣传、推广、桥梁和纽带作用。

297. 国内肉兔健康养殖现状如何？

我国肉兔养殖占家兔饲养总量的80%～90%，20世纪90年代中后期肉兔养殖发展迅速，年产量达世界第一，产量已超40万吨。肉兔生产主要集中在山东、四川、重庆、江苏、山西、河北、河南、福建、安徽等省市，其中山东、四川两省兔肉产量及出口量占全国总量的50%以上。我国养兔业的发展不仅体现在养兔数量与质量的提高上，而且适度规模养殖的比重增加，专业化、区域化趋势更加明显，生产者抵抗风险能力明显提高，以无公害养殖为主的健康养殖逐渐被广大养殖生产者接受和应用，产品质量得到显著的提高。

298. 为促进我国肉兔养殖业的健康发展，应采取哪些对策和措施？

近年来因受兔肉出口量下降和价格降低的影响，肉兔产业经受了冲击，不少养殖户担忧肉兔养殖的前景。根据有关专家分析，肉兔养殖有光明前景，关键在于提高产品质量，积极开拓国内市场，适度规模饲养和发展加工。

我国人口众多，但兔肉消费量人年均只有0.4千克，与兔肉消费大国相比差4~5倍。虽然近年来兔肉出口下降，但国内市场消费量仍在上升，因此，国内市场是一个很有发展潜力的大市场。要改变传统落后的养殖方式，努力提高规模化效益，进行生产资源的合理配置，发展以100~150只的生产用种兔为基础的专业场、专业户的适度规模饲养，实行标准化生产，注重提高产品质量安全，以企业和专业户为龙头，采用"公司＋农户"、"公司＋基地"的模式，实行与生产加工销售结合的产业化经营，将成为肉兔生产发展的必由之路。

299. 影响肉兔产品安全性的主要因素有哪些？

影响肉兔产品质量安全性的主要因素除环境、投入品和防疫检疫的因素外，由于我国肉兔传统分散养殖所占的比重还比较大，广大养殖户缺乏健康养殖技术，管理水平还相对落后，特别是投入品的使用不规范，都将对兔肉的安全生产形成隐患。

300. 国家对肉兔的健康养殖有哪些标准和规范？

目前，国家对肉兔健康养殖的标准和规范主要是无公害食品和绿色食品标准，见表4.1。

表 4.1   **兔肉生产标准**

序号	标准号	标准名称
1	GB/T 18407.3—2001	无公害食品 畜禽肉产地环境要求
2	NY 5027—2001	无公害食品 畜禽饮用水水质
3	NY 5028—2001	无公害食品 畜禽产品加工用水水质
4	NY 5129—2002	无公害食品 兔肉
5	NY 5130 — 2002	无公害食品 肉兔饲养兽药使用准则

序号	标准号	标准名称
6	NY 5131—2002	无公害食品　肉兔饲养兽医防疫准则
7	NY 5132—2002	无公害食品　肉兔饲养饲料使用准则
8	NY/T 5133—2002	无公害食品　肉兔饲养管理准则
9	NY/T 391—2000	绿色食品　产地环境技术条件
10	NY/T 392—2000	绿色食品　食品添加剂使用准则
11	NY/T 471—2000	绿色食品　饲料和饲料添加剂使用准则
12	NY/T 473—2001	绿色食品　动物卫生准则
13	NY/T 658—2002	绿色食品　包装通用准则
14	NY/T 843—2004	绿色食品　肉及肉制品
15	NY/T 472—2006	绿色食品　兽药使用准则

301. 肉兔的健康养殖对场地的选择要符合哪些原则?

肉兔的健康养殖对场地的选择要符合以下原则：环境友好的原则；最大限度地适应家兔的生物学特性的原则；有利于提高劳动生产效率的原则；有利于防疫的原则；综合考虑多种因素，力求经济实用，科学合理和节约的原则；结合生产经营者的发展规划和设想，为以后的长期发展留有余地的原则。

302. 怎样从环境的角度选择肉兔生产场址?

为达到养殖产品质量安全的目的，肉兔生产场址的选择从环境角度有以下要求：被选场址有天然屏障，树林植被覆盖率高，空气清新，无污染。地势干燥，避风向阳。场周围 1500 米内没有化工厂、屠宰场、制革厂等环境污染源，离居民点和其他规模畜禽场距离分别在 500 米和 1000 米以上，并且要有足够清洁的水源供应。

303. 为什么兔场场址要选择地势高的地方?

兔场场址应选在地势高、有适当坡度、背风向阳、地下水位低、排水良好的地方。低洼潮湿、排水不良的场地不利于家兔体热调节，而有利于病原微生物的生长繁殖，特别是适合寄生虫（如螨虫、球虫等）的生存。为便于排水，兔场地面要平坦或稍有坡度，以 1%～3% 的坡度为宜。

304. 怎样从防疫的角度布局规模化肉兔场？

为了便于防疫，肉兔场行政管理区、生产区、隔离区应按从上风口到下风口的方向排列。

（1）管理区。位置位于生产区的上风处，并与生产区和隔离区保持一定距离，与生产区相通处设车辆消毒池、紫外线消毒间和更衣室，与外界相通大门有消毒池。

（2）生产区。本区是肉兔场的核心。一般种兔和生产兔设置在防疫比较安全和环境最佳的位置，幼兔和育成兔安排在内一点，育肥商品兔安排在离场区大门较近的地段，以方便运输。

（3）隔离区。本区应分设兽医室、诊断室、引种观察室、病兔隔离舍、尸体处理间以及粪污处理区等。隔离区应与生产区保持一定距离，位于生产区的下风处，四周应有隔离带和单独出入口，以利防疫。

305. 对兔舍设计与建筑有何要求？

（1）兔舍形式、结构、内部布置必须符合不同类型和不同用途家兔的饲养管理和卫生防疫要求，也必须与不同的地理条件相适应。

（2）兔舍设计应符合家兔生活习性；便于饲养管理和提高工作效率；有利于清洁卫生，防止疫病传播。

（3）兔舍建筑材料，特别是兔笼材料要坚固耐用，防止被兔啃咬损坏；在建筑上应有防止家兔打洞逃跑的措施。

（4）在建筑上要有防雨、防潮、防暑降温、防兽害及防严寒等措施。兔舍门要求结实、保温、防兽害，门的大小以方便饲料车和清粪车的出入为宜。

（5）兔舍地面要求平整、坚实，能防潮，舍外地面要低于舍内地面 20～25 厘米，舍内走道两侧要有坡面，以免水及尿液滞留在走道上；室内墙壁、水泥预制板兔笼的内壁、承粪板的承粪面要求平整光滑，易于消除污垢，易于清洗消毒。

（6）兔舍内要设置排粪尿与排水系统。

（7）在兔场和兔舍入口处应设置消毒室或消毒池，以便于进出入员的消毒。

（8）保证兔舍内通风透气。

规模化肉兔场的兔舍需要添置兔笼、饲槽、草架、饮水器、产仔箱等设备。

306. 对肉兔场饮用水有何卫生要求？

肉兔场饮用水应该清洁卫生，符合《无公害食品　畜禽饮用水水质》要求，各项卫生指标严格按《无公害食品　畜禽饮用水水质》执行。

307. 肉兔场存在哪些污染？

肉兔场的污染物主要有兔子的粪便、尿液，兔子呼吸排出的气体和清洗兔场的污水污染等。企业和个人要遵守《中华人民共和国水污染防治法》，防止畜禽饮用水被污染，防止地表水和地下水污染，《中华人民共和国水污染防治法》对水质污染防治措施有详细的规定。

308. 如何对肉兔场粪尿进行无害化处理？

依据 GB 18596—2001《畜禽养殖业污染物排放标准》的要求，兔场粪便等污染物的处理包括收集、处理和再生利用三个方面。目前通常采用的处理类型与技术要点如下：

①堆酵法，即堆肥腐肥法，技术要点是建设足够大的混凝土粪肥堆酵池，逐日集堆，自然发酵灭菌，定期消毒，定期还田。

②沼气法，技术要点是建设沼气池，按期投放，循环使用，

沼气用于生产生活，废渣还田。

③氧化法，技术要点是建设或选择足够大的专用池塘，主要排放流体污染物，利用水面曝气和太阳辐射，形成自然厌氧和好氧发酵，定期消毒，清塘还田。

④接种法，技术要点是在堆肥腐肥法基础上，在饲养或粪便收集过程中，添加多种有益微生物复合菌群发酵剂。

⑤干燥法，技术要点是建设平整场地和晾晒机械，对固型粪便进行日光快速干燥杀菌，粉碎，制成有机肥料，装袋出售。

分离法，对于水冲式粪便，利用专用机械进行固、液分离，固体粪肥用堆肥腐肥法处理，液体用氧化法处理。

309. 怎样对病死兔进行无害化处理？

为了预防兔病传播，应严格按 GB 16548《畜禽病害肉尸及其产品无害化处理规程》采取适宜方法处理病死兔尸体。严禁将病死兔到处抛弃、出售或作饲料用。可采取以下方法对病死兔进行无害化处理。

（1）焚烧。将病死兔放入焚烧炉中进行火化，或者在指定地点洒上燃油燃烧后，再将未烧完的残余部分实行深埋的一种无害化处理方法。

（2）深埋。选择干燥、地势较高，远离住宅、道路、水井、河流及兔场的指定地点，挖深坑（2 米以上）掩埋尸体，尸体上覆盖一层石灰后再覆黏土夯实。

（3）化制。将病死兔密闭封运至特设的加工厂（化制站）中，经干化机或湿化机加工处理，其无害化处理后的残余部分（如肉粉、骨粉）可以利用。

310. 我国培育的肉兔品种有哪些？

我国培育的肉兔品种有中国白兔、虎皮黄兔、塞北兔、喜马拉雅兔、安阳灰兔、哈白兔等。

311. 中国白兔有何生产性能？

中国白兔又称菜兔，是世界上较为古老的优良兔种之一，分布在全国各地，以成都平原饲养最多。

生产性能：性成熟较早，一般 3～4 月龄可配种繁殖，仔兔初生重 40～50 克，30 日龄 300～450 克，3 月龄 1.2～1.3 千克，成年兔 1.8～2.3 千克。母兔年产仔 5～6 窝，每窝产仔 8～10 只，最多可产仔 15 只，屠宰率 45％～50％，肉质鲜美。

312. 喜马拉雅兔有何生产性能？

该兔是一个广泛饲养的优良皮肉兼用品种。生产性能：成年公兔体重 2.8～3 千克，母兔 3.2～3.8 千克。性成熟早，5～6 月龄可配种繁殖，年产 5～6 胎，每胎产仔 7～8 只，最多达 15～16 只。仔兔初生重 50～60 克，3 月龄体重 1.4～1.6 千克。

313. 哈白兔有何生产性能？

哈白兔仔兔初生重 60～70 克，70 日龄体重 2.5 千克，3 月龄体重 3.5～3.8 千克。成年兔体重达 5.5～6 千克，屠宰率 53.3％。母兔繁殖力强，每胎产仔 8～10 只，育成率 85％以上。具有遗传性稳定、耐寒、耐粗饲、适应性强、饲料转化率高、生长发育快、产肉率高、皮毛质量好等特点。缺点是饲养条件要求较高，群体较小。

314. 齐兴肉兔有何生产性能？

齐兴肉兔是四川省畜牧科学研究院选育的肉兔新品种。齐兴肉兔全身纯白，红腿，35 日龄断奶均重。700 克，90 日龄重 2.2 千克，成年体重 3.6 千克。该兔繁殖力强，年总产仔数可达 50 只。齐兴兔与齐卡兔系配套生产商品杂优兔，胎平均产仔 8.2 只，90 日龄均重 2.54 千克，料肉比为 3.28∶1，育肥成活率 90％以上，全净膛屠宰率达 52％，蛋白质含量达 22％，并具有适应性广，抗病力强等优点。

315. 我国从国外引进了哪些优良兔品种？

我国从国外引进的优良品种有新西兰兔、加利福尼亚兔、丹麦白兔、日本大耳白兔、比利时兔、公羊兔、青紫蓝兔和齐卡兔等。

316. 新西兰兔有何生产性能？

新西兰兔体形中等，最大的特点是早期生长发育快。在良好的饲养条件下，8周龄体重可达1.8千克，10周龄体重可达2.3千克。3月龄2.7～3.3千克，屠宰率54%～58%，肉质细嫩。成年公兔体重4～5千克，母兔4.5～5.5千克。母兔繁殖力强，最佳配种年龄5～6月龄，年产5窝以上，每胎产仔7～8只。

317. 齐卡兔有何生产性能？

齐卡兔是由大型兔种（G）、中型兔种（N）和小型兔种（Z）组成的专门化肉兔杂交配套系原种，是德国育种专家选育而成的。1986年我国四川省从德国引进，目前已推广到全国各地。

生产性能：配套系原种，G系成年体重6～7千克，仔兔初生重70～80克，35日龄1～1.2千克，3月龄2.7～3.4千克，日增重35～40克，料肉比3.2：1；N系成年体重4.5～5千克，仔兔初生重60～70克，3月龄体重2.8～3千克，日增重30～35克，料肉比3.2：1；Z系成年体重3.6～3.8千克，仔兔初生重60～70克，3月龄体重2～2.5千克；商品代肉兔28日龄断奶体重600～650克，2月龄体重1.8～2千克，3月龄体重3～3.5千克，日增重35～40克，料肉比2.8：1，屠宰率51%～52%。。

318. 怎样进行兔的人工授精？

输精之前6小时做好母兔诱导排卵工作，可采取以下任意一种诱排方法：①用结扎输精管的公兔交配刺激，或在公兔腹下围

一兜布，防止阴茎插入阴道；②耳静脉注射绒毛膜促性腺激素 50
单位；③静脉或肌内注射黄体生成素 10～20 单位；④肌内注射
人工合成的促黄体生成素释放激素类似物 5 微克。用兔用输精器
或用 1 毫升容量的小吸管装上橡皮乳头代替输精器，经煮沸消毒
后备用。

输精部位应在阴道深部 7～8 厘米处。输精方法有倒提式：
即术者坐在高低适中的凳子上，倒提母兔两后肢，使其臀部夹在
两腿之间，左手提起尾巴，暴露阴门，右手持输精器，从阴门插
入，注入精液；爬卧式：助手将母兔爬卧固定在输精台上，一手
提起尾巴，操作者输精；仰卧式：由助手或操作者左手抓住母兔
颈皮，并翻转兔体，使之腹面朝上，右手持输精器输精。

注意事项：输精时应做到无菌操作，输精前器械要消毒，母
兔外阴部用 75％酒精消毒，再用生理盐水药棉擦洗。每次输精量
0.5～1.0 毫升，每输一兔，换一输精器。抽出输精器后要用手轻
拍母兔臀部一下，以防精液倒流，然后将母兔放回原笼休息。

319. 肉兔的性成熟年龄是多大？初配年龄多大适宜？

肉兔性成熟年龄决定于品种、个体、营养水平及遗传因素。
正常饲养条件下，公兔性成熟年龄为 4～4.5 月龄，母兔 3.5～4
月龄。

各类肉兔初配年龄及初配时应达到的体重：大型兔 7～8 月
龄，4.5 千克；中型兔 6～7 月龄，3 千克；小型兔 5～6 月龄，2
千克。

320. 兔子喜欢的食物有哪些？

①蔬菜：胡萝卜、红薯、洋白菜（卷心菜）、黄瓜、萝卜叶
子、南瓜、青菜。喂食蔬菜时必须洗净后沥干水再喂。②水果：
橘子、香蕉、葡萄、苹果、草莓。喂食水果时要适当减少兔子的
饮水量，以调节水分的吸收。③青草：荠菜、车前草、蒲公英、

鹅菜。④其他食物：豆腐渣。⑤不能喂食的食物：刺激性强的蔬菜不宜喂兔子，如洋葱、韭菜、大蒜等。

321. 肉兔有何饲养标准？

（1）美国肉兔饲养标准

美国肉兔饲养标准是根据美国国家研究委员会（NRC）1977年修订的饲养标准，其营养需要量略高于其他饲养标准（见表4.2）。

表 4.2 美国肉兔饲养标准

养　分	成年兔、未孕兔、妊娠初期母兔	妊娠后期母兔、泌乳带仔母兔	生长兔、肥育兔
总消化养分（%）	65	70～80	80
消化能（MJ/kg）	11.42	12.30～14.06	14.06
蛋白质（%）	12～16	17～18	17～18
脂肪（%）	2～4	2～6	2～6
粗纤维（%）	12～14	10～12	10～12
钙（%）	1.0	1.0～1.2	1.0～1.2
磷（%）	0.4	0.4～0.8	0.4～0.8
食盐（%）	0.5	0.65	0.65
镁（%）	0.25	0.25	0.25
钾（%）	1.0	1.5	1.5
锰（mg）	30	50	50
锌（mg）	20	30	30
铁（mg）	100	100	100
铜（mg）	10	10	10
蛋氨酸＋胱氨酸（%）	0.5	0.56	0.56
赖氨酸（%）	0.6	0.8	0.8
精氨酸（%）	0.6	0.8	0.8
维生素 A（IU）	8000	9000	9000
维生素 D（IU）	1000	1000	1000
维生素 E（mg）	20	40	40

养　分	成年兔、未孕兔、妊娠初期母兔	妊娠后期母兔、泌乳带仔母兔	生长兔、肥育兔
维生素 K（mg）	1.0	1.0	1.0
烟酸（mg）	30	50	50
胆碱（mg）	1300	1300	1300
维生素 B_6（mg）	1.0	1.0	1.0
维生素 B_{12}（mg）	10	10	10

注：该饲养标准系自由采食状态下的日粮标准。

（2）法国肉兔饲养标准

1984 年，法国农业研究院公布的各类兔的饲养标准（表4.3），适用性强，基本反映了现代养兔业的生产水平。

表 4.3　　　　　　　法国肉兔饲养标准

养　分	生长兔	哺乳兔	妊娠兔	成年兔	肥育兔
消化能（MJ/kg）	10.46	10.88	10.46	9.20	10.46
粗纤维（%）	14	12	14	15～16	14
粗脂肪（%）	3	5	3	3	3
粗蛋白质（%）	16	18	16	13	17
钙（%）	0.5	1.1	0.8	0.6	1.1
磷（%）	0.3	0.8	0.5	0.4	0.8
钾（%）	0.8	0.9	0.9	—	0.9
钠（%）	0.4	0.4	0.4	—	0.4
氯（%）	0.4	0.4	0.4	—	0.4
镁（%）	0.03	0.04	0.04	—	0.04
硫（%）	0.04	—	—	—	0.04
钴（mg）	1	1	—	—	1
铜（mg）	5	5	—	—	5
锌（mg）	50	70	70	—	70
铁（mg）	50	50	50	50	50
锰（mg）	8.5	2.5	2.5	2.5	2.5
碘（mg）	0.2	0.2	0.2	0.2	0.2
维生素 A（mg）	600	1200	1200	—	1000

养　分	生长兔	哺乳兔	妊娠兔	成年兔	肥育兔
维生素 D（mg）	90	90	90	—	90
维生素 E（mg）	50	50	50	50	50
维生素 K（mg）	—	2	2	—	2
蛋氨酸＋胱氨酸（％）	0.5	0.6	—	—	0.55
赖氨酸（％）	0.6	0.75	—	—	0.70
精氨酸（％）	0.90	0.80	—	—	0.90
苏氨酸（％）	0.55	0.70	—	—	0.60
色氨酸（％）	0.18	0.22	—	—	0.20
组氨酸（％）	0.35	0.43	—	—	0.4
异亮氨酸（％）	0.6	0.70	—	—	0.65
苯丙氨酸＋酪氨酸（％）	1.2	10.4	—	—	1.25
缬氨酸（％）	0.70	0.85	—	—	0.8
亮氨酸（％）	1.5	1.25	—	—	1.2

（3）国内建议饲养标准

目前，我国养兔生产中大多采用"青粗饲料＋精料（配合料）"的饲养方式。为适应这种需要，杭州余杭金兔牧业公司、杭州养兔中心种兔场等提出了"各类兔建议饲养标准"（表4.4）和"精料补充料建议营养水平"（表4.5），供养兔者参考。

表 4.4　　　　　　　　各类兔建议饲养标准

养　分	生长兔	哺乳兔	妊娠兔	成年兔	肥育兔
消化能（MJ/kg）	10.46～11.29	10.46	10.87～11.29	10.87	12.97
粗蛋白质（％）	16	15	18	14～16	10～18
粗脂肪（％）	3～5	3～5	3～5	3～5	3～5

养　分	生长兔	哺乳兔	妊娠兔	成年兔	肥育兔
粗　纤维（%）	10～14	10～14	10～12	10～14	8～10
钙（%）	0.5～0.7	0.5～0.7	1.0～1.2	0.6～0.8	1.0～1.2
磷（%）	0.3～0.5	0.3～0.5	0.5～0.8	0.4～0.6	0.5～0.8
蛋氨酸＋胱氨酸（%）	0.80	0.75	0.80	0.70	0.70
赖氨酸（%）	1.0	0.9	1.1	0.8	1.1
食盐（%）	0.5～0.6	0.5～0.6	0.5～0.6	0.5～0.6	0.5～0.6

表 4.5　　　　　精料补充料建议营养水平

养　分	生长兔	哺乳兔	妊娠兔	成年兔	肥育兔
消化能（MJ/kg）	10.46	10.46	11.30	9.20	11.30
粗蛋白质（%）	16.5～17	16～17	18～18.5	15	15～16
粗脂肪（%）	3～3.5	3～3.5	3～3.5	2.0	3.0
粗纤维（%）	13～14	13～14	11～12	14	14～15
钙（%）	1.0	1.0	1	0.6	0.6
磷（%）	0.5	0.5	0.5	0.4	0.4
蛋氨酸＋胱氨酸（%）	0.5～0.6	0.4～0.5	0.6	0.3	0.6
赖氨酸（%）	0.6～0.8	0.6～0.8	0.6～0.8	0.6	0.6
食盐（%）	0.5	0.5	0.5～0.7	0.5	0.5
维生素 A（IU）	6000～8000	6000～8000	8000～10000	6000	6000
维生素 D（IU）	1000	1000	1000	1000	1000

322. 肉兔可摄食哪些青绿饲料？

兔是草食动物，喜欢摄食青绿饲料，肉兔可摄食的青绿饲料主要有：

（1）野草类。有野苋菜、马齿苋、胡枝子、野豌豆、车前草、艾蒿、苦荬菜等。宜选择叶多、草嫩、纤维素含量低的优质草为好。

（2）蔬菜类。有大白菜、萝卜菜、胡萝卜、南瓜叶、苦麻菜等。包心菜虽属高产，但以少量饲喂为宜，以免引起兔子腹泻等消化道疾病。

（3）牧草类。包括黑麦草、苏丹草、矮象草、篁竹草、紫云英等。

（4）树叶类。主要有槐、桑、榆、杨、茶、松等树叶。尤以营养丰富的槐、桑、松树叶最佳，既可补充饲料来源不足，又可预防兔子腹泻等病症。

（5）水生植物类。包括水浮莲、水葫芦、水花生和红萍、绿萍等。这类饲料因含水量高，宜洗净、晾干后再喂。

323. 肉兔可摄食哪些粗饲料？

粗饲料能为肉兔日粮提供必需的粗纤维，是饲养肉兔不可缺少的常用饲料之一。

（1）干草类。主要由青野草或栽培牧草晒制而成。如青干草、苜蓿干草等。制成的干草粉可用作生产颗粒饲料的原料之一。

（2）秸秆类。主要指作物收获后残留的茎秆和叶片，如豆秸、花生藤、甘薯藤等，是肉兔冬季和早春的主要饲料来源。

（3）荚壳类。是作物籽实脱壳后的副产品，如谷壳、豆荚和秕谷等。棉籽壳因含棉酚毒素，应控制使用。

324. 肉兔可摄食哪些能量饲料？

（1）谷实类籽实。常用的有玉米、大麦、小麦、高粱、稻谷等。玉米是肉兔最常用的能量饲料，含能量高、适口性好，喂量可占饲料的 10%～30%。

（2）谷物加工副产品。包括米糠、麦麸及高粱、玉米皮壳等。麦麸营养丰富、适口性好，具有轻泻性，喂量可占饲粮的5%～15%。

（3）糖、酒等加工副产品。包括糖蜜、酒糟、豆渣、甜菜渣等。肉兔日粮中适量加入糖蜜可改善饲料适口性和颗粒料质量，喂量可占饲粮的 3%～6%。

325. 肉兔可摄食哪些蛋白质饲料？

（1）动物性蛋白质饲料。常用的有畜禽副产品（如肉骨粉、血粉、羽毛粉等）、水产副产品（如鱼粉、鱼干等）及虫类（如蚕蛹、蝇蛆、蚯蚓等），饲粮中用量为3%～5%。无公害肉兔养殖规定不能使用肉骨粉作为蛋白质饲料。

（2）植物性蛋白质饲料。常用的是饼粕类，如豆饼、菜籽饼、棉籽饼、花生饼、芝麻饼及豆粕、菜籽粕等，饲粮中可占10%～20%。

（3）单细胞蛋白质饲料。主要包括酵母、藻类等。常用的有啤酒酵母、石油酵母等，一般日粮中添加2%～3%为宜。

326. 如何配制肉兔的饲料？

（1）肉用幼兔全价配合饲料配方。该配方以草粉、玉米、豆饼、鱼粉等为主。每千克饲料含消化能 10.46～10.88 兆焦，粗蛋白质15%～17%，粗纤维12%～14%，钙0.7%～0.9%，磷0.6%～0.8%（表4.6）。

表 4.6　　　　　　　肉用幼兔全价配合饲料配方　　　　　　　%

原　料	1～3 月龄幼兔	3～5 月龄幼兔
干草粉	30	40
大麦或玉米	19	24
小　麦	19	10
豆　饼	13	10
麦　麸	15	12
鱼　粉	3	2.5
骨　粉	0.5	0.5
食　盐	0.5	0.5

注：每吨饲料中添加多维素 200 克，硫酸亚铁 100 克，硫酸锰 25 克，硫酸锌 14 克，硫酸铜 3 克。

（2）肉用种兔全价配合饲料配方。该配方以混合干草粉、玉米粉、豆饼、麦麸、鱼粉等为主。每千克饲料含消化能 10.46～11.3 兆焦，粗蛋白质 15%～18%，粗纤维 12%～14%，钙 0.6%～1.1%，磷 0.5%～0.8%（表 4.7）。广谱饲料可喂种公兔及繁殖母兔。

表 4.7　　　　　　　肉用种兔全价配合饲料配方　　　　　　　%

原　料	广谱饲料	哺乳母兔料	妊娠母兔料
混合草粉	35	20	28
玉米粉	35	40	40
豆　饼	10	20	15
麦　麸	12.5	12.5	10.5
鱼　粉	5	4	4
骨　粉	2	3	2
食　盐	0.5	0.5	0.5

注：每吨饲料添加多维素 200 克，氯化肥碱 400 克，硫酸亚铁 100 克，

硫酸铜 10 克。

（3）生长育肥肉兔全价配合饲料配方。该配方以草粉、大麦、玉米、豆饼、鱼粉为主。每千克饲料中含消化能 10.46～10.88 兆焦，粗蛋白质 14%～15%，粗纤维 15%～16%，钙 0.5%～0.6%，磷 0.3%～0.4%（表 4.8）。

表 4.8　　　　　生长肥育兔全价配合饲料配方　　　　　%

原　料	配方 1	配方 2
干草粉	30	20
秸秆粉	10	20
大麦或玉米	16	14
小麦或稻谷	16	14
麦　麸	9	9
豆　饼	14	18
鱼　粉	2	2
饲料酵母	1	1
骨　粉	1.5	1.5
食　盐	0.5	0.5

注：每吨饲料添加多维素 200 克，硫酸亚铁 100 克，碳酸钙 25 克，硫酸铜 3 克。

（4）肉兔预混料配方。肉兔矿物质维生素预混料配方见表 4.9。

表 4.9　　　　　肉用兔矿物质维生素预混料配方　　　　　%

原　料	配　方	原　料	配　方
磷酸钙	70	硫酸钴	0.065
碳酸镁	13.8	硫酸锰	0.035

原 料	配 方	原 料	配 方
碳酸钙	7.7	碘化钾	0.005
氯化钠	7.7	维生素 A	1000 国际单位/千克饲料
氯化铁	0.535	维生素 D	100 国际单位/千克饲料
硫酸锌	0.1	维生素 E	5 毫克/千克饲料

注：该预混料按 5% 添加到配合饲料中。

327. 国家对肉兔饲料安全卫生指标有何规定？

农业部颁布的无公害食品标准 NY 5132—2002《无公害食品肉兔饲养饲料使用准则》对肉兔饲料安全卫生指标作了以下规定（表 4.10）。

表 4.10　　　　　饲料安全卫生指标限量

序号	安全卫生指标项目	原料名称	指标限量	备注
1	砷（以总砷计）mg/kg	磷酸盐	≤20.0	
		沸石粉、膨润土、麦饭石、氧化锌	≤10.0	
		硫酸铜、硫酸锰、硫酸锌、碘化钾、碘酸钙、氯化钴	≤5.0	
		硫酸亚铁、硫酸镁、石粉	≤2.0	
2	铅（以 Pb 计）mg/kg	磷酸盐	≤30	
		石 粉	≤10	
3	氟（以 F 计）mg/kg	石 粉	≤2000	
		磷酸盐	≤1800	
4	汞（以 Hg 计），mg/kg	石 粉	≤0.1	
5	镉（以 Cd 计）mg/kg	米 糠	≤1.0	
		石 粉	≤0.75	

序号	安全卫生指标项目	原料名称	指标限量	备注
6	氰化物（以HCN计），mg/kg	胡麻饼粕	≤350	
		苜蓿干	≤100	
7	游离棉酚（mg/kg）	棉籽饼粕	≤1200	
8	异硫氰酸酯（以丙烯基异硫氰酸酯计）（mg/kg）	菜籽饼粕	≤4000	
9	六六六（mg/kg）	米糠、小麦麸、大豆饼粕	≤0.05	
10	滴滴涕（mg/kg）	米糠、小麦麸、大豆饼粕	≤0.02	
11	沙门氏杆菌	饲料	不得检出	
12	霉菌 1×10^3 个/g	玉米	<40	限量饲用：40～100，禁用：>100
		小麦麸、米糠	<40	限量饲用：40～80，禁用：>80
		豆饼粕、棉籽饼粕、菜籽饼粕	<50	限量饲用：50～100，禁用：>100
13	黄曲霉毒素 B_1（mg/kg）	玉米、花生饼粕、棉籽饼粕、菜籽饼粕	≤50	
		豆粕	≤30	

注：1. 摘自 GB 13078—2001《饲料卫生标准》。2. 所列允许量均为以干物质含量为 88% 的饲料为基础计算。

328. 肉兔饲料中不能使用哪些添加剂和药品？

肉兔配合饲料、浓缩饲料、精料补充料和添加剂预混合饲料使用药物饲料添加剂应符合表 4.11 的规定。

表 4.11　允许用于肉兔饲料药物添加剂的品种和使用规定（摘于农业部 168 号公告）

名　　称	含量规格（%）	用法与用量（g/1000kg）	作用与用途	休药期（天）
盐酸氯苯胍	10	1000～1500	用于防治兔球虫病	7
氯羟吡啶	25	800	用于防治兔球虫病	5

329. 肉兔养殖有哪几种饲养方式？

肉兔的饲养方式可分为笼养、放养和棚养三种，其中以笼养最为理想，放养最为粗放。

330. 种公兔非配种期的饲养管理要点有哪些？

我国北方地区肉兔配种繁殖多集中在春秋两季，夏冬季多为非配种期。

（1）饲养。非配种期公兔只需给予中等营养水平的饲料，使其保持适度膘情。日粮应以青绿饲料为主，饲喂量每日每只 800～1000 克，另外每日每只饲喂 30～50 克精料。冬季可每日每只喂给粗饲料 200～500 克，胡萝卜 300～500 克。

（2）管理。非配种期种公兔可采用小群饲养或单笼饲养，要求饲养环境卫生清洁，通风透气。尽可能给公兔创造运动条件，在专门的区域进行放养运动，每周放养 2～3 次，每次运动 1～2 小时。

331. 种公兔在配种期的饲养管理技术要点有哪些?

(1) 饲养。饲喂配种期种公兔的日粮应符合饲养标准,营养全面,易于消化吸收。每日每只兔喂精料 50~100 克,青绿饲料 500~800 克。

(2) 管理。①搞好卫生:要求饲养环境卫生清洁,通风透气。②加强运动:运动有利于增强种公兔的体质,每天放种公兔出笼运动 2~3 小时,或者让种公兔能在较大的笼内自由活动。③合理配种使用:公兔适宜单笼饲养,尚未到配种年龄的公兔不能过早参加配种,青年公兔实行隔日配种制度,成年公兔每天可交配 2 次,连续配 2 天,应休息 1 天。以下 4 种情况不宜配种:公兔食欲、精神不好或身体有病时,换毛期,天热没有降温设备,饲喂前后半小时以内。

332. 种母兔的饲养管理技术要点有哪些?

(1) 空怀期的饲养管理。①饲养:饲养空怀期母兔应以青绿饲料为主。空怀母兔应保持适度膘情,过肥过瘦都不利于繁殖。对过瘦母兔应在配种前 15 天左右增加精料喂量,迅速恢复其体膘;对过肥母兔应减少精料喂量,增加运动量;对长期不发情母兔除应改善饲养管理条件外,还可采用人工催情。②管理:对空怀母兔的管理应做到笼舍内空气新鲜、安静卫生、光照充足。一般要求每天光照 16 小时以上。如果母兔体质过于瘦弱,就应适当延长休产期,减少配种胎次,不能为单纯追求繁殖胎次而忽视母兔健康,影响种兔使用年限。

(2) 妊娠期的饲养管理

①饲养:要供给妊娠母兔全价营养物质,根据母兔的生理特点和胎儿的生长发育规律,采取正确的饲养措施。妊娠前期(妊娠后 1~18 天),因母体器官和胎儿的增长速度很慢,所需营养物质不多,饲养水平稍高于空怀期即可;妊娠后期(妊娠后 19~

30 天），因胎儿生长速度很快，所需营养物质很多，应比空怀期高 1～1.5 倍。

对膘情较好的母兔，妊娠前期夏季以青绿饲料为主，推荐以下日粮配方：青绿饲料 800～1000 克，混合精料 35～40 克，骨粉 1.5～2 克，食盐 1 克；冬季饲料搭配块根、块茎如胡萝卜 150～250 克，优质青干草 150～200 克，精料 50～60 克。妊娠后期适当增加精料的喂量。

对膘情较差的母兔，妊娠 15 天开始增加饲喂量，推荐以下日粮配方：青绿多汁料 600～800 克，精料 50～70 克，骨粉 2～2.5 克，食盐 1 克。

②管理：一是加强护理，防止流产。母兔流产一般在妊娠后 15～25 天内发生，引起流产的原因分为营养性、机械性和疾病性等。为防止流产的发生，母兔妊娠后必须一兔一笼，防止挤压；不要无故捕捉，摸胎动作要轻；饲料要清洁、新鲜，无霉变，且不要任意更换；保持环境安静卫生，减少应激；发现病兔及时隔离治疗。二是做好产前准备工作。一般在临产前 3～4 天就要准备好产仔箱，经清洗、消毒后在箱底铺垫一层晒干柔软的箱草，临产前 1～2 天放入笼内，供母兔拉毛筑窝，产房应有专人负责，冬季室内要防寒保暖，夏季要防暑防蚊。三是做好接产工作。母兔分娩前表现食欲减少，神态不安，乳房变大，并能挤出乳汁。临产前几小时母兔会拉毛。凡是拉毛早而又拉毛多的母兔，其乳汁量多，母性也强。初产母兔，有的不会拉毛，可以人工帮助拔毛，把乳头周围的毛拔光，以刺激泌乳，又方便仔兔吸奶。母兔分娩过程很快，很少难产，一般 20 分钟左右即可结束分娩。

（3）哺乳期的饲养管理

①饲养：哺乳母兔为了保证身体营养需要和分泌足够的乳汁，需要消耗大量的营养物质，饲养水平要高于空怀母兔及妊娠母兔，特别要保证足够的蛋白质、无机盐和维生素。夏秋季节以青绿饲料为主，每天每兔可饲喂青绿饲料 1000～1500 克，混合精料 50～100 克；冬春季节，每天每兔喂优质干草 150～300 克，

青绿多汁饲料 200～300 克，混合精料 50～100 克。

　　饲养哺乳母兔的好坏，一般可以根据仔兔的生长发育和粪便情况进行辨别。如果母兔泌乳旺盛，仔兔吃饱后腹部胀圆，肤色红润光亮，安睡不动；如果母兔泌乳不足，则仔兔腹部空瘪，肤色灰暗无光，乱爬乱抓，经常发出"吱吱"叫声。另外，如产仔箱内清洁、干燥，很少有仔兔粪尿，则说明哺乳正常，饲养很好；如果产仔箱内积留尿液过多，则说明母兔饲料中含水量过高；如果粪便过于干燥，则说明母兔饮水不足；如果饲喂发霉变质饲料，还会引起仔兔消化不良，甚至下痢。

　　②管理：一是要防止乳房炎。引起乳房炎的原因很多，有母兔泌乳过多，仔兔太少，乳汁过剩引起的；有母兔泌乳不足，仔兔太多，引起争食而咬伤乳头造成的。因此要有针对性地加以及时防治，对于泌乳过多而产仔少者，可采取寄养法；对于奶水不足的母兔，可加喂黄豆、米汤或红糖水，也可喂给催乳片。二是母兔与仔兔分开饲养，定期哺乳。即平时将仔兔从母兔笼中取出，安置在适当地方或专设的保温室，哺乳时就把仔兔送回母兔笼内。分娩初期每天哺乳 2 次（早晚各 1 次），每次 10～15 分钟，20 日龄后每天哺乳 1 次。三是搞好笼舍的环境卫生，保持兔舍、兔笼的清洁、干燥。四是做好夏季的防暑和冬季的保暖工作。

333. 仔兔的饲养管理技术要点有哪些？

　　（1）睡眠期的饲养管理。从仔兔出生到 12 日龄左右为睡眠期。刚出生的仔兔，体表无毛，眼睛紧闭，耳孔闭塞，体温调节能力很差，消化器官发育尚不完全，如果护理不当，很容易死亡。①饲养：仔兔出生后即让吃足初乳。②管理：一是寄养仔兔。一般泌乳正常的母兔可哺育仔兔 6～8 只，但生产中母兔每胎产仔数差异很大，多的达 10 只以上，少的仅 1～2 只，故调整寄养仔兔是必要的。其方法是将出生日期相近的仔兔（不超过 2 天）从巢箱中取出，按体形大小、体质强弱分窝，然后在仔兔身上涂上被带母兔的尿液或乳汁，以扰乱其嗅觉，防止母兔拒绝寄养，最后把仔兔放进各自的巢箱内，并观察母兔的哺乳情况，防止意外发生。二是强制哺乳。有些母兔护仔性不强，尤其是初产母兔，产仔后拒绝哺乳，使仔兔缺奶挨饿，如不及时处理，就会导致仔兔死亡。强制哺乳的方法是将母兔固定在巢箱内，使其保持安静，然后将仔兔安放在母兔乳头旁，使其自由吸吮，每天1～2次，连续3～5天后，大多数母兔就会自动哺乳。三是人工哺乳。如果仔兔出生后母兔死亡、无奶或患乳房炎等疾病不能哺乳或无适当母兔寄养时，可采用人工哺乳。人工哺乳可用牛奶、羊奶或炼奶等代替（1周内加水1～1.5倍，1周后加水1/3，2周后可用全奶）。也可用豆浆或米汤加适量食盐代替，温度保持在37℃～38℃，喂时可用玻璃滴管或注射器，任其自由吮吸。四是防寒保暖。初生仔兔的抗寒能力很差，受冻极易引起死亡。据试验，仔兔保温室的温度最好能保持在15℃～20％。一旦发现仔兔受冻，就应及时保温抢救，一般可将受冻的仔兔放入40℃～50℃的温水中，露出口鼻并慢慢摆动，也可用25瓦灯泡或红外线灯照射取暖，效果很好。

（2）开眼期的饲养管理。开眼期是养好仔兔的关键时期，此期要抓好补料、断奶和管理工作。

①及时补料：仔兔睁开眼后，生长发育很快，而母乳开始逐渐减少已满足不了仔兔营养需要，故要及时补料。补饲时间一般在15日龄左右开始出巢寻食食物时为宜。最初几日补给的饲料要少而营养丰富，且易消化，如豆浆、豆渣或切碎的幼嫩青草、菜叶等，最好补饲全价配合饲料。20日龄后逐渐混入少量精料，如麦片、麸皮、少量木炭粉、维生素、无机盐以及具有消炎杀菌作用的大蒜、洋葱等，以预防球虫，增强体质，减少疾病。补给的饲料应由少到多，少喂多餐，每天5～6次。

②断奶方法：仔兔断奶时间一般为28～30天。断奶方法有一次断奶法和分次断奶法。同窝仔兔大小均匀时，可采用一次断奶法。仔兔大小不均时，要先断大的，后断小的，实施分次断奶法。断奶时只移走母兔，将仔兔留在原笼中，尽量做到饲料、环

境、管理人员"三不变"，以防发生各种不利的应激因素，导致疾病发生。断奶时间还要考虑到仔兔的发育状况。

③加强日常管理：仔兔睁开眼时要逐只检查，发现开眼不全的要帮助开眼。方法是用药棉蘸温开水或生理盐水洗净封住眼睛的黏液，每天检查一次，患眼病的可用眼药水治疗。经常检查仔兔的健康状况，主要看耳色，一般鲜红为健康，暗或深红色的为有病。产仔箱要经常清理，始终保持笼舍清洁卫生，安静、舒适、干燥，还要注意防止鼠害。

334. 幼兔的饲养管理技术要点有哪些?

幼兔是指断奶到 3 月龄左右的小兔。其主要特点是生长发育较快，对营养物质的需求高；消化系统不完善；抗病力较差，死亡率较高，是较难饲养的时期。

（1）饲养：幼兔饲料应体积小，易消化，营养丰富，适口性好，粗纤维含量低。青饲料应青嫩、新鲜，不要喂含纤维高的饲料，精料应以麸皮、豆饼、玉米等配合而成，并加入少量青干草粉。饲喂上要定时定量，少量勤添，并结合观察兔粪软硬和消化好坏，合理调整喂量。对体弱的兔，日粮中可拌入适量的牛奶、羊奶或奶粉，效果很好；留作种用的后备兔，要防止出现过肥而影响种用情况。

（2）管理：兔舍要防寒保暖，保持清洁卫生、通风干燥。按日龄大小、体质强弱分成小群饲养。笼养以每笼 3～4 只为宜，群养可以 15～20 只为 1 群。幼兔易感染球虫病，尤其是梅雨季节，要在饲料中加洋葱、大蒜或抗球虫药物进行预防。做好生产记录，定期称重，及时掌握兔群的生长情况。如一直生长很好，可留作后备种兔；如生长缓慢，则应单独饲养和观察。

335. 青年兔的饲养管理技术要点有哪些?

青年兔是指 3 月龄至初配前的未成年兔，又称育成兔或后备兔。青年兔的抗病力已大大增强，是其一生中最容易饲养的阶段。

（1）饲养。青年兔吃得多，长得快，是长肌肉、长骨骼的阶段。因此，饲养上必须供给充足的蛋白质、矿物质元素和维生素。饲料应以青饲料为主，适当补饲精饲料，每天每只可喂给青饲料 500～600 克，混合精料 50～70 克。5 月龄以后的青年兔，应控制精料喂量，防止过肥，影响种用。

（2）管理。青年兔管理的重点是及时做好公、母兔分群，防止早配、乱配。根据生产实践，3 月龄的公母兔生殖器官开始发育，已有配种要求，但未达到体成熟年龄。所以，从 3 月龄开始就要将公、母兔分群或分笼饲养；对 4 月龄以上的公、母兔进行一次选择，把生长发育好、健康无病、符合种用要求的留作种用，并单笼饲养；不作种用的青年兔及时去势进入生产群，多喂精饲料，以利育肥出售。

336. 育肥兔的饲养管理技术要点有哪些？

肉兔育肥分为幼兔育肥、青年兔育肥和成年兔育肥 3 种类型。

（1）幼兔育肥。仔兔断乳至达到屠宰体重（2.5～3 千克）的阶段。幼兔育肥期一般为 50～60 天。按幼兔生长发育特点，分育肥前期、育肥中期和育肥后期。

①育肥前期：仔兔断乳后 15 天之内为育肥前期，由于仔兔刚断奶，对环境不太适应，故此期应加强饲养管理。饲料营养水平要求较高，粗蛋白质应占 17%～18%，并保证微量元素和维生素的供给，最好喂全价颗粒饲料，同时注意保温，同窝兔不要拆散。

②育肥中期：仔兔断乳后 15～35 天为育肥中期，此期幼兔骨骼生长快，应减少精料比例，日粮粗蛋白质含量为 15%，能量9.5～10.5 兆焦/千克，膘情保持中等。增加青绿饲料喂量，冬季青绿饲料缺乏时，可多喂优质青干草，适当补喂块根块茎饲料。按体形大小重新组群，大型育肥兔每笼 8～10 只，地面垫草或网

上饲养，每组 10～15 只。要保证运动空间，充足的光照，有助骨骼生长。凡不做种用的公兔应早期去势，室温应保持 15℃～20℃，防止温度过高或过低，影响生长。

③育肥后期：又称催肥期。此期应以精料为主，减少粗料供给量。如采用全价颗粒料，能量水平不低于 12 兆焦/千克，粗蛋白质为 15.5%～16.5%，最适合育肥的饲料有玉米、大豆、豆饼、麸皮、马铃薯、红薯等，如能量不足，可在饲料中加入 2%～3% 的植物油或动物油。也可在育肥期采用自由采食方法，减少光照，适当增加饲养密度，减少活动空间，保持环境安静等措施，增强育肥效果。在屠宰前 15 天应停止用药，并严格遵守农业部 278 号令，在休药期内的肉兔严禁上市屠宰，防止药物残留影响兔肉质量。

（2）青年兔育肥。指 3 月龄到配种前淘汰的后备兔催肥。肥育期一般为 30～40 天，肥育期内的饲料配方如下：配方一：优质干草粉 20%，秸秆粉 20%，玉米或大麦 15%，小麦或燕麦 14%，麸皮 9%，豆饼 18%，鱼粉或肉粉 2%，酵母或肉骨粉 1.5%，食盐 0.5%。配方二：优质干草粉 30%，秸秆粉 10%，玉米或大麦 16%，小麦 16%，麸皮 9%，豆饼 15%，鱼粉或肉粉 2%，饲料酵母或肉骨粉 1.5%，食盐 0.5%。以上两个配方中，每吨添加多维素 200 克，硫酸铜 3 克，硫酸亚铁 100 克，碳粉钙 25 克。

（3）成年兔育肥。成年兔育肥是指生产过程中淘汰的无种用价值的种兔育肥。淘汰种兔在屠宰前进行短期育肥，可以增加体重，改善肉质。肥育良好的兔子在此期间可增加体重 1～1.5 千克。其育肥技术要点是选择肥度适中的兔子，凡过肥或过瘦的兔子应尽早宰杀，不予育肥；直接以笼养为主，并保持笼位狭小，光线较暗，温度适宜；公兔一般应去势，日粮尽量用优质颗粒料，配合块根块茎饲料；肥育期 30 天左右，当增重达 1 千克以上时即可宰杀。

337. 怎样对养兔场进行消毒？

（1）火焰消毒。用煤油或液化气的火焰喷射器对耐烧的笼具、用具、地面、墙壁的火焰消毒。

（2）煮沸消毒。如把注射用具、工作服帽在 100℃ 的沸水中煮沸 30～45 分钟消毒。

（3）蒸气消毒。按每立方米空间用甲醛 25 毫升、水 12.5 毫升、高锰酸钾 12.5 克的配比对兔舍密封熏蒸消毒，经过 10～24 小时后再开门窗通风换气。

（4）喷雾消毒：用对兔体和操作人员安全（或副作用小）的消毒药（如 0.1% 新洁尔灭，3% 过氧乙酸）实行喷雾器喷雾消毒，主要对空气、地面、墙壁、笼具、体表、兔巢的消毒。此外，还有紫外线消毒、浸液消毒、喷洒消毒等方法。

同时，选用消毒药剂首先是安全，即对人兔安全，无残留、不污染环境；其次是有效，即能够有效地杀灭各种（或指定）病原微生物；然后再考虑廉价性，最后是考虑选几种药交替使用，防产生耐药菌，以便提高消毒效果。

338. 肉兔哪些疾病需要免疫预防？

（1）预防病毒性出血症：用兔瘟灭活疫苗，30 日龄和 60 日龄各免疫 1 次，以后每隔半年 1 次。

（2）预防大肠杆菌病：用兔大肠杆菌多价灭活菌苗，幼兔断奶前 1 周首免，每隔半年免疫 1 次。

（3）预防巴氏杆菌：用兔巴氏杆菌灭活菌苗，45 日龄首免，以后每隔半年 1 次。

（4）预防魏氏梭菌病：用兔魏氏梭菌肠炎灭活菌苗，45 日龄前首免，以后每隔半年免疫 1 次。

以上所用疫苗单独使用的少，一般是由 2 种或 2 种以上组成的多联苗，多联苗具有使用方便，价格低廉的优点，但免疫效果有时略差一点。

339. 怎样防治肉兔中毒?

中毒是肉兔因误食被农药、鼠药、有毒植物或霉变饲料引起的一种中毒性疾病。

(1) 预防措施。①做好预防工作:加强采购、采割工作人员的责任心,严禁使用短期内喷过农药的青绿饲料和发霉、变质、有异味饲料,清除夹杂在青绿饲料中的各种有毒植物,对从未使用过的野生植物应先作饲喂试验,及时发现群体中的异常情况。②催吐轻泻排毒:发现病兔,立即中止饲喂的草料;个别轻微中毒实行催吐,严重的内服轻泻药,以排除胃内容物。催吐可由塑料吸管或禽类剑羽等软物刺激咽喉壁,或灌服2%～5%的温盐水;轻泻每只兔可内服5%硫酸镁溶液30～50毫升。其后再灌服绿豆和甘草煎汤50毫升,每天2次,连用2天。

(2) 治疗措施。①对症用药:有机氯农药中毒可肌内注射苯巴比妥钠0.05克;有机磷农药中毒可肌内注射1%硫酸阿托品2毫升,或静脉注射4%解磷啶1～2毫升,或静脉注射25%氯磷定0.5～1毫升,每隔2～3小时注射一次;霉菌中毒可用黄连素10毫升,或紫药水2毫升加冷开水一次灌服;鼠药中毒可用0.1%～0.5%的硫酸铜溶液30～50毫升灌服。②强心补液。重症者在以上方案基础上,再用5%葡萄糖液30～50毫升或生理盐水100毫升,加20%安钠加1毫升,混合耳静脉注射,每日2次,连用2～3天。

340. 怎样防治兔瘟?

兔瘟又称病毒性出血症。是由兔出血症病毒引起的一种急性、热性、败血性和毁灭性传染病,是养兔业危害性最大的传染病,目前我国各地均有不同程度的发生和流行。兔瘟的防治主要在于预防,治疗尚无有效药物。

(1) 预防措施。①加强饲养管理,提高机体免疫力。②坚持自繁自养。严禁从疫区引进种兔和兔产品。如确需引种,在做好调查的前提下，严格检疫，隔离观察 1 个月，确认安全后方可合群。③搞好环境卫生消毒。防止病死兔对水源、饲料、用具的污染。④定期接种疫苗。发病区每年春秋两季用兔瘟疫苗预防接种，每只皮下或肌内注射 1～2 毫升，5～7 天后产生免疫力。

（2）应急措施。发现此病后，可采取如下紧急应急措施。①隔离病兔，划定疫区。并在近期内控制兔及其产品进出疫区，防止疫情扩散。②深埋死兔，严格消毒。对病死兔及其排泄物等要深埋或焚烧，兔笼、兔舍、用具要严格消毒，消毒药可用 2％～5％的火碱水或 10％的福尔马林或 3％过氧乙酸。③紧急预防，消除隐患。对疫区和受威胁区可用兔出血症灭活苗或兔出血症细胞培养甲醛灭活苗（DJPK）进行紧急接种，大小兔一律注射 1 毫升，接种后 5～7 天即可产生免疫力，免疫期为 4～6 个月。④病兔治疗。对发病初期的兔和种用价值高的种兔，可肌内注射高免血清或阳性血清进行紧急治疗，每只肌内注射 0.2 毫升，即可抵抗强毒攻击，可收到良好的效果。

对病兔喂服下列中药：板蓝根、大青叶、金银花、连翘、黄芪等份量混合研末备用，幼兔每次 1～2 克，日服 2 次，连用 5～7 天；成年兔每次 2～3 克，日服 2 次，5～7 天为一疗程，灌服或拌料喂食均可。青绿饲料用 0.5％的高锰酸钾溶液浸泡后，晾干饲喂。

341. 怎样防治兔巴氏杆菌病？

兔巴氏杆菌病是肉兔常见的一种危害性较大的呼吸道传染病，常呈地方性流行，造成大批死亡，是危害家兔的主要细菌性疾病。兔巴氏杆菌病临诊症状比较复杂，主要表现为败血症、传染性鼻炎、中耳炎、肺炎、结膜炎、子宫脓肿、睾丸炎和脓肿等。防治方法如下：

（1）加强饲养管理。特别在发病季节要尽力改善不合理的饲养管理方法，防止感冒，以减少本病的发生。一旦发生本病应立即隔离病兔，死兔深埋或焚烧，兔舍、设施、用具严格消毒；及时淘汰病兔，严禁其他畜禽及人员进入兔舍，防止本病的扩散和流行。平时可在饲料中加入喹乙醇等药物，每吨饲料加入量为800～1000 克，预防效果很好。

（2）定期预防注射。本病多发地区每年春秋两季应用兔巴氏杆菌灭活苗（或三联苗）注射，每只皮下或肌内注射 1～2 毫升，5～7 天后产生免疫力，预防效果好。

（3）建立无病兔群。兔场要定期检疫，随时淘汰病兔和带菌兔，建立无巴氏杆菌兔群。对兔群可用 0.3%～0.5% 煌绿溶液 2～3 滴进行滴鼻试验，经 18～24 小时检查，如果有大量脓性鼻液流出者为阳性，反之则为阴性。同时严把引种关，加强饲养管理，定期接种，通过几年的净化处理基本可以控制本病的发生。

（4）积极对症施治。本病早期可选用具有抑制多杀性巴氏杆菌作用的抗菌药物，并结合对症治疗，有一定疗效；对慢性者只能在饲料或饮水中加入药物，并配合对症治疗，方可达到预期效果。

①抗生素类。青霉素、链霉素或青霉素、链霉素混合肌内注射各 10 万单位，每日 2 次，连用 3～5 天，休药期 18 日；或庆大霉素每千克体重 10 毫克，肌内注射，每日 2 次，休药期 40 日；或硫酸卡那霉素，每千克体重 20 毫克，肌内注射，每日 1 次，连用 3～5 天，休药期 28 日；或土霉素片口服，每千克体重 20～40 毫克，每天 2 次，连用 5 天，休药期 7 日。

②磺胺类。20% 磺胺嘧啶钠 2～3 毫升，加维生素 C、维生素 B_{12} 各 5～10 毫升，肌内注射每日 2 次，连用 3～5 天，休药期 18 日；或兔病 120（磺胺甲基嘧啶）按每千克体重 0.2～0.3 毫升肌内注射，重症可酌加，每日 2 次，连用 3 天，休药期 18 日；或内服碘胺嘧啶片，每次 0.25 克（1/2 片），每日 2 次，连用 5～7 天，为了提高疗效，每一次口服量可加倍，休药期 18 日。

③中草药。黄连、黄芩各 2 克，黄柏 8 克，煎水灌服，每天 2 次，连服 3 天；或穿心莲、硼砂、桔梗、甘草各 2 份，僵蚕、全蝎、陈皮、朱砂、冰片各 1 份，混合备用，每 2.5 千克体重用

0.5 克，灌服或加入饲料中，每天 2 次，连服 3～5 天。

④手术法。对局部成熟的脓肿型可采用先切开排脓，后用 3％过氧化氢、0.1％新洁尔灭冲洗干净，再涂以四环素等消炎药膏进行治疗。

342. 怎样防治兔葡萄球菌病？

葡萄球菌病是由金黄色葡萄球菌引起的全身所有器官或部位器官化脓性炎症或败血症的一种常见传染病。病兔表现为脓毒败血症、转移性脓毒血症、脚皮炎、乳房炎和黄尿病。防治方法如下：

（1）加强清洁卫生。保持笼舍卫生，定期消毒，杀灭病原微生物；经常检查笼具，及时修整边刺，垫草保持柔软、干燥、清洁，以防外表破损，搞好产前产后母兔和仔兔的饲养管理和防护，防止感染。

（2）搞好预防工作。对患过此病的兔场（特别是老养兔场）可在母兔的饲料中添加土霉素、磺胺类药物，休药期 18 天；或用金黄色葡萄球菌培养液制成菌苗，每只皮下注射 1 毫升。

（3）药物及时治疗。肌内注射青霉素或庆大霉素，每千克体重 2 万～4 万单位，每日 2 次，连用 3～5 天，休药期 40 天；或口服红霉素，每千克体重 5～1o 毫克，每日 2 次，连用 2～3 天，休药期 3 天；或长效磺胺片，按每千克体重 0.2～0.5 克口服，每日 1 次，连用 3～5 天，休药期 18 天。

（4）局部脓肿处理。对皮肤脓肿的病兔可用消毒针头刺破脓肿，去净脓液，涂上青霉素或红霉素软膏；对已形成溃疡面的应由 0.5％雷佛努耳溶液或 0.1％的高锰酸钾溶液洗净伤口，涂上红霉素软膏或紫药水，再用纱布绷带包扎，以防再感染；对患乳房炎的母兔，轻者用 0.1％的高锰酸钾溶液冲洗乳头，然后涂上鱼石脂软膏，重者可用 0.1％普鲁卡因注射液加上青霉素（约 10 万单位），在乳房硬结周围打封闭针，每天 1 次，连用 3～5 天，休药期 7 天。

343. 怎样防治肉兔皮肤真菌病？

皮肤真菌病又称癣病、秃毛癣。它是由真菌感染皮肤引起皮肤局部炎症和脱毛的一种皮肤性传染病。防治方法如下：

（1）改善饲养条件。此病多发于饲养、卫生条件差的场户，所以首先应从加强饲养管理等措施上入手。

（2）严格隔离消毒。本病为人畜共患病，所以发现本病应严格隔离治疗，严重的淘汰，笼舍及环境应严格消毒，防止饲养员特别是小孩感染。消毒最好用火焰喷射消毒，然后再用 2% 的精制敌百虫溶液喷雾。

（3）实施综合治疗。单个病例可用灰黄霉素按每千克体重 25 毫克制成水悬剂进行胃管服用，每日 1 次，连用 15 天；群体治疗可用 0.75 克灰黄霉素拌入 1 千克精料中饲喂，连喂半个月。局部病灶可用水杨酸、克霉唑、硫磺等软膏和精制敌百虫溶液涂擦患部，5 天为一疗程，休药期 12 日。

344. 怎样防治野兔热？

野兔热又称兔土拉杆菌病，一般多发生在夏季。主要通过排泄物污染饲草、饮水、用具以及吸血节肢动物等媒介传播。此病菌分布广泛，是家兔、人及其他动物共患病之一。

野兔热的主要特征为体温升高，肝、脾及其他器官肉芽肿与坏死，并形成干酪坏死病灶、淋巴结肿大。急性病例常表现败血症状、体温升高、精神委顿、步态不稳、贫血、下痢、黏膜苍白，发病率较高，死亡率高。防治方法如下：

（1）预防。做到自繁自养，不随便引进种兔，经常灭鼠、杀虫，消灭疫源和传播媒介，对可疑病兔应及早扑杀消毒。肉不可食用，以防传染给人畜。

（2）治疗。链霉素治疗效果较好，每只兔肌内注射 10 万单位，一日 2 次，连用 3 天。休药期 18 天。

345. 肉兔健康养殖对兽药使用有何规定？

肉兔饲养场的饲养环境应符合 NY/T 388 的规定。肉兔饲养者应供给肉兔充足的营养，所用饲料、饲料添加剂和饲用水应符合《饲料和饲料添加剂管理条例》、NY 5132 和 NY 5027 的规定。应按照 NY 5133 加强饲养管理，采取各种措施以减少应激，增强动物自身的免疫力。应严格按照《中华人民共和国动物防疫法》和 NY 5131 的规定进行预防，建立严格的生物安全体系，防止肉兔发病和死亡，及时淘汰病兔，最大限度地减少化学药品和抗生素的使用。必须使用兽药进行肉兔疾病的预防和治疗时，应在兽医指导下进行，并经诊断确诊疾病和致病菌的种类后，再选择对症药品，避免滥用药物。所用兽药应符合《中华人民共和国兽药典》、《中华人民共和国兽药规范》、《兽药质量标准》、《进口兽药质量标准》和《兽用生物制品质量标准》的相关规定。所用兽药应产自具有兽药生产许可证和产品批准文号的生产企业，来自具有兽药经营许可证和进口兽药许可证的供应商。所用兽药的标签应符合《兽药管理条例》的规定，所用兽药按农业部第 278 号公告执行休药期制度。

346. 肉兔健康饲养过程中可以使用哪些药物？

为保障肉兔产品质量安全和有效地防治疾病，肉兔饲养过程中药物的使用要遵循以下规定：

（1）优先使用疫苗预防肉兔疾病，所用疫苗应符合《中华人民共和国兽用生物制品质量标准》的规定。

（2）允许使用消毒防腐剂对饲养环境、兔舍和器具进行消毒，应符合 NY 5133 的规定。

（3）允许使用符合《中华人民共和国兽药典》二部和《中华人民共和国兽药规范》二部中收载的适用于肉兔疾病预防和治疗的中药材和中药成方制剂。

（4）允许使用符合《中华人民共和国兽药典》、《中华人民共和国兽药规范》、《兽药质量标准》和《进口兽药质量标准》规定的钙、磷、硒、钾等补充药，酸碱平衡药，体液补充液，电解质补充药，营养药，血容量补充药，抗贫血药，维生素类药，吸附药，泻药，润滑剂，酸化剂，局部止血药，收敛药和助消化药。

（5）允许使用国家畜牧兽医行政管理部门批准的微生态制剂。禁止使用未经国家畜牧兽医行政管理部门批准的兽药或已经淘汰的兽药。

（6）禁止使用《食品动物禁用的兽药及其他化合物清单》中的药物及其他化合物。

347. 种兔的运输要做好哪些准备工作？

必须引进兔只时，应从健康种兔场引进，在引种时应经产地检疫，并持有动物检疫合格证明。兔只在起运前，车辆和运兔笼具要彻底清洗消毒，并持有动物及动物产品运载工具消毒证明。

348. 肉兔哪些疫病需要进行监测和检疫？

要求肉兔饲养场和动物防疫监督机构监测和检疫的疫病有兔出血病、兔黏液瘤病、野兔热等。

349. 怎样检疫兔出血病？

兔出血病是兔的病毒性致死性传染病，世界动物卫生组织和我国分别将之列为 B 类或二类动物疫病。农业部于 2002 年发布了《兔出血病血凝和血凝抑制试验方法》（NY/T 571－2002），对兔出血病检疫和诊断做出了规定。此外，兔出血病病原学检测还可以进行琼脂扩散试验和 RT－PCR 检测。三种检测方法相比较，血凝抑制方法在实际应用中，因人"O"型红细胞获得及储存困难而受限制，而琼脂扩散试验敏感性很低，而 RT－PCR 检测方法敏感性和特异性都非常高。

350. 怎样检疫兔黏液瘤病？

兔黏液瘤是兔的病毒性致死性传染病，世界动物卫生组织和我国分别将之列为 B 类或二类动物疫病。农业部于 2002 年发布《兔黏液瘤病琼脂凝胶免疫扩散试验方法》（NY/T 547－2002），使用抗体抗原兼测的琼脂凝胶免疫扩散试验（液体法）技术，可满足我国对内和对外诊断及检疫兔黏液瘤病的需要。

351. 怎样检疫野兔热？

山羊野兔热的临床症状表现为体温升高到 40.5℃～41℃，呼吸加快，后肢麻痹，颈部、咽背、肩胛前及腋下淋巴结肿大，有时出现化脓灶，脾和肝常见有结节。妊娠母羊流产、死胎或难产。羔羊还表现腹泻、黏膜苍白、麻痹、兴奋或昏睡，不久死亡。

（1）根据临床症状和病理变化可做出初步诊断，确诊需进一步做实验室诊断。

（2）实验室诊断。在国际贸易中，无指定诊断方法，替代诊断方法为病原鉴定。主要方法有：

①病原分离与鉴定：组织器官如肝、脾等压片或固定切片，或血液涂片可以检查到细菌。免疫荧光抗体试验是一种非常可靠的方法。还可通过接种豚鼠或鼠进行病原的分离和鉴定。病原分离鉴定可采集动物淋巴结、肝、肾和胎盘等病灶组织。

②血清学检查：试管凝集试验、酶联免疫吸附试验、土拉杆菌皮内试验。

第五章 南方常见优质牧草栽培技术

352. 适宜南方栽培的牧草有哪些？

禾本科有杂交苏丹草、鸭茅、杂交狼尾草、一年生黑麦草、多年生黑麦草、高羊茅、黄竹草等；豆科有紫花苜蓿、白三叶、毛苕子、百脉根、紫云英、胡枝子等；其他科牧草有菊苣、籽粒苋、苦荬菜等。

353. 白三叶的关键栽培管理技术要点有哪些？

（1）播种技术：白三叶种子细小，播前需精细整地，翻耕后施入有机肥或磷肥，可春播也可秋播。单播每 667 平方米播种量为 750～1000 克，与禾本科的黑麦草、鸭茅、羊茅等混播时，禾本科与白三叶比例为 2∶1。单播多用条播，也可用撒播，覆土要浅，1 厘米左右即可。在未种过白三叶的土地上首次播种时，需用白三叶根瘤菌接种剂拌种。

（2）栽培管理技术：苗期生长慢，要注意防除杂草危害。每年要施磷肥，混播地增加适量氮肥，保持草地高额产量。在南方温暖潮湿的冬季，茎腐病可能发生，线虫、病毒病对白三叶草也会造成危害。

354. 紫花苜蓿在南方栽培的关键技术有哪些？

（1）播种时间。适时播种，控制播种量，采用根瘤菌拌种，浅播浅盖促全苗。在南方春、秋两季均可播种。南方冬季不太寒冷，秋播墒情好，杂草危害较轻，时间选择在 9 月初至 10 月底，翌年 3 月上、中旬始花即可收获第一茬，一年可收获 5～7 茬，每 667 平方米年产鲜草 4000～7000 千克。春播 2 月底至 3 月底，6 月下旬即可收获第一茬，当年可收获 3～4 次。

（2）播种方式。有条播、撒播及穴播几种。南方以条播为主，行距 25～30 厘米，条播要严格控制播种量。苜蓿种子小，幼芽顶土能力差，播种过深，幼芽不易出土。播种深度应掌握在 1.0～1.5 厘米，播后每 667 平方米用 300～500 千克草木灰或火烧土盖种、压种，促进全苗。条播时，每 667 平方米播种量 0.8～1.5 千克；撒播，每 667 平方米播种量 1.5～2.0 千克。播后应仔细耙耱。在从未种过苜蓿的土地上种植时，应接种苜蓿根瘤菌，可获得良好的增产效果。

（3）管理技术。苜蓿苗期植株矮小，苗期生长缓慢，易受杂草侵害，应注意及时防除杂草。苜蓿耗水量较大，在干旱季节、早春和每次刈割后浇水，对提高苜蓿产草量非常显著。越冬前灌冬水，有利植株越冬。苜蓿的虫害有蚜虫、蓟马、浮尘子、盲椿象等，可用乐果、敌敌畏等喷雾防除。苜蓿发生锈病、褐斑病、菌核病、霜霉病等，可用多菌灵、托布津等药剂防治。苜蓿头茬应在初花期刈割，过早会影响产量，过迟则降低饲用价值。留茬以 5 厘米为宜，以利再生。最后一茬苜蓿收割不宜太晚，以便为安全越冬翌年生长积累养分。

355. 百脉根的栽培管理要点有哪些？

（1）整地要求：百脉根种子细小，幼苗生长缓慢，与杂草竞争力弱，易受遮阴或混播影响，整地应精细，要求上松下实。由于种子硬度高，播种前一般要浸种或理化处理，提高发芽率。

（2）施肥技术：南方多为红壤酸性土，播种前可施石灰。百脉根虽耐贫瘠，但对肥料反应敏感，施肥可提高产量，尤其是磷钾肥。播种前施足基肥（南方可直接用石灰和磷肥做基肥）。

（3）播种技术：百脉根春、秋播种均可，当年极少开花。春播在 3～5 月，在南方宜秋播，一般为 8 月下旬至 9 月播种，太迟不利于幼苗当年越冬。播种方式以条播为好，行距 30～40 厘米，播种深度 1～2 厘米，每 667 平方米播种 0.5～1 千克。也可与其他牧草如儒雅茅、多年生黑麦草、白三叶混播。另外还可以进行无性繁殖（根、茎扦插等）。山区种植宜采取等高线开沟播种。

（4）田间管理：苗期应注意清除杂草。春播的百脉根，到下半年 10 厘米范围内长有 17 株，第 2 年生长的百脉根叶层更紧密，杂草就不易侵入了，一般不再进行中耕除草。放牧管理应保持有 7.5～10 厘米的叶组织。每次刈割后应及时浇水、松土，有利其再生。茎腐病和根腐病是其主要病害，应及时防治。

356. 紫云英的关键栽培管理技术有哪些？

（1）紫云英种子硬实率达 20％，播前要用温水浸种，以提高种子发芽率。适时播种可使紫云英增加有效的分蘖数，抵抗冻害。在 9 月上旬到 10 月均可播种，每 667 平方米用种量 3 千克左右，播种前用根瘤菌和磷肥拌种。与晚稻套种时宜留薄薄的浅水层，撒播后两三天种子露芽时，再将田面落干。与黑麦草混播，比例为 2∶1（即每 667 平方米播种紫云英 2.5 千克，黑麦草 1.25 千克）。

（2）种植紫云英一般不施基肥。苗期至开春前施用复合肥或硼肥作苗肥，可促使幼苗健壮，根系发达，提早分枝，加强抗寒能力。开春后至拔节前施以速效氮肥，并配合施用磷钾肥，可显著促进茎叶生长。紫云英忌积水，在水分过多时要开沟排水。

（3）紫云英鲜草产量为 2000～3000 千克，每年可割 2～3 次。留种应选排水良好，土质带沙，肥力中等，非连作田块，播种量为每 667 平方米 1.5 千克。种子田不宜施氮肥，每 667 平方米增施 10 千克过磷酸钙可提高种子产量和质量。在荚果 80％变黑时收获最好，每 667 平方米收种子 50～60 千克。

357. 怎样栽培管理一年生黑麦草？

一年生黑麦草较适于单播，条播行距为 15～30 厘米，播种深度为1～2厘米，每667平方米播种量2～2.5千克；也可撒播，但不必覆土，可适当增加播种量。春秋播种都可以，冬季温和的地区适于秋播。对氮肥敏感，每次刈割后每公顷施氮肥90～120千克。在分蘖、拔节或抽穗时要保持土壤湿润，而雨季要注意排水。一年生黑麦草主要用作青饲，多在抽穗时刈割营养物质丰富。

358. 多年生黑麦草的栽培管理关键技术有哪些？

多年生黑麦草可春播或秋播，最宜在9～10月播种，条播行距为15～30厘米，播深为1～2厘米，每667平方米播种量为2～2.5千克，人工草地可撒播，最适宜与白三叶、红三叶混播，建植优质高产的人工草地，其播种量为每年多年生黑麦0.7～1千克，白三叶012～0.35千克或红三叶0.35～0.5千克。

单播时播前需精细整地，保墒施肥，一般每667平方米施农家肥1500千克、磷肥20千克用做底肥；混播时加强水肥管理，除施足基肥外，要注意适当追肥，每次刈割后应及时追施速效氮肥，生长期间注意浇灌水，可显著增加生长速度，分蘖多，茎叶繁茂，可抑制杂草生长。

359. 杂交狼尾草栽培管理的关键技术有哪些？

（1）播种技术：杂交狼尾草根系发达，植株高大，需要深厚的土层，一般深耕30厘米，土地翻耕平整后土壤要求平坦无明显的坑洼，土粒均匀无明显的大土块，清除灌木丛、根及各类杂草、石块。最好在冬天深耕冻垡，确保土壤疏松。3月耙地做畦，畦宽4米，开好田间套沟，避免田间积水，于4月中下旬移栽。

（2）育苗技术：杂交狼尾草用杂交一代种子繁殖应先行育苗。每公顷苗床用有机肥1.5万千克，或纯氮300千克，另加300千克过磷酸钙。长江中下游于3月下旬播种，每公顷用种22.5～30千克，采用稀条播，行距15～18厘米。先开沟，施杀虫剂，防治地下害虫咬食种子，播后设置小棚用薄膜覆盖。苗床温度最好控制在 20℃～25℃，播后保持土壤湿润。

（3）大田管理技术：幼苗长至 3～4 片真叶时，可施用化肥 1 次，每公顷施用尿素 30～45 千克。施肥后中耕，将化肥埋入土中，如遇苗床干旱，则应人工灌水。幼苗长到 6～8 片真叶时，即可向大田移栽，1 公顷苗床的种苗可栽种 30～40 公顷大田，1 公顷大田栽培 4.5 万株左右，行株距 30 厘米×60 厘米，每穴 1 苗。杂交狼尾草移入大田时，由于气温不高，生长缓慢，杂草很快侵占土地。因此，早期除草十分重要。活棵后要及时中耕松土，促进地温增加和肥力。杂交狼尾草适宜割草高度为 1.3 米左右，过早影响产量，过晚影响品质。留茬高度一般为 15～18 厘米。过高过低都会影响再生和产量。每次刈割后应及时施肥和中耕。一般每年刈割 4～5 次，每公顷年产量 1.5 万～2.25 万千克。华南地区供草期每年 300 天左右，长江中下游地区供草期每年 180～220 天，从 6 月上旬到 10 月底均可供应鲜草。

360. 杂交苏丹草的关键栽培技术有哪些？

（1）种子发芽最低土壤温度 16℃，最适生长温度 24℃～33℃，当表土 10 厘米处温度达 12℃～16℃时开始播种。杂交苏丹草可以春播，也可以夏播，江淮地区春播的时间以清明至谷雨为宜，每 667 平方米留苗 2 万株左右。在精细整地、施足基肥的情况下，多采用条播或穴播的方式，行距 40～50 厘米，播深 1.5 厘米，每 667 平方米播种量 1～1.5 千克，出苗后根据密度要求，进行间苗定苗。撒播量应加倍。

（2）适时刈割、割后追肥。春播杂交苏丹草，第一次刈割应在出苗后 35～45 天时进行（过早产量偏低，过晚茎秆老化，影响再发），以后每隔 20 天左右即可再行刈割。在江淮地区一年可刈割 6～7 次。为了保证鲜草全年高产，每次刈割后都要进行追肥，每次每 667 平方米追尿素 8～10 千克。

（3）留茬适中，以利再发。杂交苏丹草的再发，要依靠地面和地上残茬的分蘖和分枝。因此，每次刈割不能留茬太低。要保证地面留有 1～2 个节，一般留茬高度以 10～15 厘米为宜。

（4）精细管理，防治虫害。种植杂交苏丹草也要加强田间管理。出苗后要中耕 2～3 次，每次刈割后易生杂草，要及时中耕。杂文苏丹草的害虫主要是蚜虫，如不及时防治，影响刈割后的再发。田间防治主要用抗蚜威或氧化乐果。

（5）每年换种，保证高产。由于杂交苏丹草是高粱和苏丹草的杂交种，它的高产是利用杂种一代的优势。所以不能自行留种。需要年年在隔离区制种，用户则需年年换种，这和杂交水稻、杂交玉米、杂交油菜等是一样的。

361. 苇状羊茅栽培管理的关键技术有哪些？

苇状羊茅可春秋两季播种，华北大部分地区以秋播为宜。播前精细整地，施足底肥，对于特别贫瘠的土壤，最好每 667 平方米施入 1500～2000 千克的有机厩肥作为基肥。多采用条播，行距 30 厘米，播深 2～3 厘米，每 667 平方米播种 1.0～2.0 千克，播后适当镇压。可单播，还可与白三叶、红三叶、苜蓿、地三叶、百脉根和沙打旺等豆科牧草以及鸭茅、藕草等禾本科牧草混播，建立高产优质、持久的人工草地。苗期生长缓慢，应注意中耕除草。返青和刈割利用后适时浇水，追施速效氮肥，越冬前追施磷肥，可有效提高产量和改善品质。施足底肥，若在每次刈割后，追施速效氮肥（每 667 平方米追施尿素 5 千克或硫酸铵 10 千克），可大幅度提高产量。

362. 牧草用籽粒苋的关键栽培管理技术有哪些？

（1）要获得高产，必须选择土质疏松、肥沃的地块种植，一般的耕地、田园、地头等都可种植；沙化土质、盐碱地和低洼地不宜种植籽粒苋。籽粒苋抗旱性较强，因此在丘陵坡地也可种植。

（2）籽粒苋不抗寒，稍遇低温就易发生冻害，因此播种期不可过早。籽粒苋种子细小，在水肥条件较好的地块每 667 平方米播种量 0.15～0.2 千克，但在一般地块种植，为了保全苗，并且有利于在苗期间苗收草，播种量要加大到 0.4～0.5 千克。种子细小顶土能力弱，因此覆土要浅，2～3 厘米为宜，过深易造成缺苗；覆土后必须及时镇压，以利保持土壤墒情，保证种子及时萌发。由于籽粒苋植株高大，分枝较多，因此播种应采用大垄条播，行距 60～70 厘米，利于高产。

（3）籽粒苋幼苗细小并且生长缓慢，极易受杂草危害，因此苗期中耕除草非常必要，也是种植籽粒苋能否成功的关键。小面积地块以人工除草为主，大面积地块可利用防除狭叶草的除草剂进行化学除草。当籽粒苋株高达 20～30 厘米以后，生长速度非常快，可有效自行抑制杂草生长。

（4）籽粒苋对地力消耗较大。因此，为了获得高产，在施底肥（农家肥）的同时还应追施有机肥或化肥，化肥以氮肥为主。

（5）籽粒苋的收割方法应该将间苗和刈割相结合进行。从苗期到株高 100 厘米期间，应进行间苗收获。方法是间大留小，间密留稀，逐渐间成单株，使留苗株距达到 30 厘米左右。当株高达到 100 厘米以上时，采用割头法进行刈割收获，留茬 30～50 厘米，以利再生芽的生长。一般经过 30～45 天后，即可进行刈割第二茬，在东北地区，一年可刈割 2 茬，南方地区可刈割 3～5 茬。采用上述方法进行收获，我国大部分地区可保证畜禽从每年的 6 月下旬到 9 月中下旬每天都能吃到新鲜的青绿饲料，可有效促进畜禽生长，提高其生产能力。

（6）新收获回来的籽粒苋鲜草，应及时用小型切草机切碎或用菜刀切碎，要保证当天收获的鲜草当天用完，以防变质。对从未采食过青绿饲料的畜禽，应提前 7～10 天进行训饲。喂猪时，应按科学比例把切碎的籽粒苋鲜草与全价精饲料合理搭配并搅拌均匀后投料，根据猪生长时期的不同，一般鲜草可替代育肥猪日粮的 15％～20％，并根据鲜草含水量的大小，确定鲜草的日投喂量。鲜草在母猪日粮中占有比例更大，特别是在空怀期和妊娠前期，可取代大部分的精饲料，而在妊娠后期和哺乳期，则要减少鲜草的饲喂量。

363. 苦荬菜的关键栽培技术有哪些？

（1）轮作与整地：苦荬菜适应性强，各种谷物作物、蔬菜、瓜果类均为它的良好前作，而苦荬菜的种子小而轻，顶土力弱。因此，要耕翻、整平耙细，保好墒，以保证出苗齐全。苦荬菜高产优质，是需肥较多的作物，播种前需要施足腐熟的有机肥料作基肥，一般每 667 平方米施用 2300～5000 千克。

（2）播种：一般采用直播，也可育苗移栽。通常在土地刚化冻即开始播种，北方可与春小麦同时播种，南方也可秋播，或在麦类、豌豆等早熟作物以后进行复种，实现一年 2 茬。播种方法多采用条播、机播、耧播，也可撒播；条播行距 20～30 厘米，每 667 平方米播种量为 0.5～0.8 千克，播深 2～3 厘米，播后及时镇压。

（3）田间管理技术：宜密植，如过稀则不仅影响产量，而且会促使茎秆老化，降低品质。因此，条播时应掌握适宜的播种量，一般不间苗。密度过大时可适当地疏苗，2～3 株一丛，株距 4～6 厘米。苗高 4～6 厘米时及时中耕除草，以后每刈割一茬都要及时追肥、灌水，以便促进再生并显著提高产量和品质。

（4）收获：苦荬菜高产、优质，再生能力强，在北方各地每年可刈割 3～5 次，南方一年可刈割 6～8 次，每 667 平方米生产鲜草 6000～8500 千克。而且营养价值高，含较高的粗蛋白、粗脂肪、维生素，粗纤维含量很低。利用以青饲为主，也可以青贮。青饲的方法有摘叶和刈割两种。小面积的多摘叶利用，即摘取外部大叶，保留内叶使其继续生长；大面积栽培的多刈割。当株高 40～50 厘米时开始刈割，割去上部，留茬 15～20 厘米；以后每隔 20～30 天刈割 1 次，留茬 4 厘米左右，最后一次齐地割倒。采种的适宜时期为大部分果实的冠毛露出时为宜。刈割后晒干及时脱粒，种子要防潮。种子寿命较短，隔年种子的发芽率即大大降低，因此要年年更新种子。通常刈割 1～3 次后停割留种或者不刈割而留种，每 667 平方米可产种子 25～60 千克。

364. 菊苣栽培管理的关键技术有哪些？

（1）施基肥技术：菊苣对土质要求不严，喜中性偏酸土壤。因种子细小，根系发达，故深耕后应精细整平，每 667 平方米用有机肥 1000～2000 千克或复合肥 20～25 千克作基肥。同时要挖好排水沟，忌田间积水。

（2）播种技术：播种可选择春播或秋播。春播以日气温稳定通过 6℃为准，北方地区可选在 4 月上、中旬播种；秋播可在 8 月底或 9 月初播种。栽培不受季节限制，最低气温在 5℃以上都可播种，有条播、育苗、切根三种方法繁殖。①条播。每 667 平方米用种子 200 克，因种子细小，播前用细沙土将种子拌匀，播种深度 1～2 厘米，播后镇压保墒。②育苗。每 667 平方米用种子 100 克，先将苗床灌水，然后将与细沙土拌匀的种子撒在苗床上，在上面撒上草木灰，播种深度 1～1.5 厘米。保持苗床湿润，5～6 叶期间苗，可选择行株距为（40×20）厘米，苗 8000～9000 株。移栽时将叶片切掉 4/5，栽后立即浇水。③切根。将肉质根切成 2 厘米长的小段，然后进行催芽移栽，行株距为（30×15）厘米。

（3）田间管理技术：播种后一般 5 天可出齐苗，出苗后追施速效氮肥，每 667 平方米施尿素 15～20 千克，以促使幼苗快速生长。菊苣不耐涝，地里积水要及时排除，以防烂根。每次刈割后及时浇水和施肥。

365. 牧草病虫害的综合防治方法有哪些？

（1）提高认识，加强植物病虫害检疫工作。植物检疫工作是国家保护农业生产的重要措施。它是由国家颁布法令对植物和植物产品，特别是种子、苗木、繁殖材料进行管制，防止危险性病虫害传播蔓延。目前，国家颁布的对外植物检疫对象一类有33种，二类有52种；国内植物病虫草检疫对象共有32种，各地在选购草种时，一是要有植物检疫的观念，一定要在有法定单位出具植物检疫证书的正规单位或公司购种；二是播种后若发现可疑病虫害，一定要及时上报有关部门。

（2）加强草种选择。根据气候、地域选择适生草种，使用抗病虫的草种和质量高的种子。

（3）推广混播技术。混播可以增加草种适应地域范围和生长优势，降低或减轻病害虫害的侵染危害，防治病虫害扩散。可以不同草种混播，也可以同一草种的不同品种混播。

（4）整地平土，改变病虫适生环境。播种前要加强土壤翻耕及平整处理，犁好厢沟，清除周围障碍、杂物，以利表层排水，空气流通，阳光穿透。

（5）改进栽培技术。适宜的播种密度、适时播种、适时刈割或收获、正确施肥、科学灌排能促进牧草健康生长，减轻病虫的发生危害，是防病、避病的重要手段。播种密度对许多真菌、细菌和病毒病害的发生有关系，密植区域病害严重。氮肥过多，植株感染病害严重。串灌、大水漫灌常导致病害的流行。

366. 牧草常见化学防治方法主要有哪些？

（1）直接用药法：根据牧草的病害，选择合适的药物，直接施药。

（2）种苗处理：用化学农药处理种子、苗木、接穗、插条及其他繁殖材料，以控制病虫害。防治对象不同，用药的种类、浓度、处理时间和方法也不同。

（3）土壤处理：通常在播种前用药剂处理土壤，杀死或抑制病原物、土壤中害虫。土壤施药的方法有表面撒粉、药液灌溉、撒施毒土或颗粒剂；还可采用沟施、穴施或注射等方法来进行。

367. 牧草锈病的主要防治措施有哪些？

（1）选用抗病品种。

（2）适当增施磷、钙肥，夏季忌施高氮化肥。

（3）适时刈割、放牧，控制病害发生，尤其是发病后应及时刈割和放牧，减少下茬草的菌源。

（4）一般不采用化学农药防治，但对种子地或发生较重的地，可采用粉锈宁、代森锌喷粉或喷雾，或萎锈灵与百菌清混合剂均可。

368. 怎样防治牧草褐斑病？

（1）选择抗病品种，合理推广种植。

（2）牧用草场采用适牧或刈割措施，能有效控制其危害。

（3）草籽繁殖场于秋季刈割一次，让新发的幼苗越冬，减少菌量。4月下旬至5月上旬、中旬病害盛期，用粉锈宁、羟锈宁、多菌灵、甲基托布津喷洒。

369. 怎样防治牧草白粉病？

（1）有计划地引进或繁殖抗病品种，筛选在当地适应性强，表现好的推广种植。

（2）及时刈割，清除病残体。三叶草草场可以不用化学防治，只要有计划地轮片适牧和刈割，就可以防止病害发生。

（3）种子繁殖场，应以农事作业和化学防治结合控制，秋季或初春适牧或刈割一次，减少越冬病原。春季草场进入封闭期后，于侵染始期进行第一次药剂防治，始盛期进行第二次药剂防治。

（4）高脂膜加多菌灵或甲基托布津复配喷雾；粉锈宁、敌锈钠或瑞毒霉等可湿性粉剂喷雾，若与200倍高脂膜复配施用，防效更好。

370. 怎样防治苗枯病（猝倒病）?

（1）搞好开沟排水工作，注意排水。

（2）精选种子，适量播种。

（3）用401抗生素800倍液浸种24小时，然后用清水冲洗晾干播种。

（4）用粉锈宁或羟锈宁、疫霜灵、百菌清、瑞毒霉等按种子重量的0.4%拌药播种。

371. 牧草菌核病的主要防治方法有哪些?

（1）清除混在种子中的菌核。用盐水（1∶20）或黄泥水（3∶20）选种。

（2）选择本地环境条件下抗病品种，合理推广种植。

（3）轮作。发病历期长，病情严重的地块，可与多年生黑麦草和其他禾本科牧草、作物轮作，避免与豆科植物连作，旱地轮作期限至少2～3年。

（4）加强田间管理。播种时用磷肥拌种或苗期增施磷钾肥，冬季施草木灰，提高幼苗抗寒和抗病能力。注意排水，降低地下水位和田间湿度。

（5）春季随时检查发病中心。用乙烯菌核剂或菌核净喷雾两次，也可用石灰水（1∶10）泼浇发病中心。